高职高专规划教材

机械工程材料

主　编　张宝忠

副主编　晁拥军　陈云祥

浙江大學出版社

内 容 提 要

本书是根据教育部《关于加强高职高专人才培养工作的若干意见》等文件对高职高专人才培养的要求，针对从事机械类专业的工程技术应用性人才的实际要求，在总结高职高专机械类专业人才培养模式的教改经验基础上进行编写的。

本书的主要内容有：金属的晶体结构与力学性能、金属的结晶与铁碳相图、金属的塑性变形与再结晶、铁碳合金与铸铁、钢的热处理、合金钢、非铁合金与粉末冶金材料、非金属材料与复合材料、零件的失效与选材。各章后面均附有思考练习题。

本书可作为高职高专学校机械类专业的教材，也可作为各类成人教育和中等职业教育机械类专业的教材和相关工程技术人员的参考书。

高职高专机电类规划教材

参编学校（排名不分先后）

浙江机电职业技术学院	杭州职业技术学院
宁波高等专科学院	宁波职业技术学院
嘉兴职业技术学院	金华职业技术学院
温州职业技术学院	浙江工贸职业技术学院
台州职业技术学院	浙江水利水电高等专科学院
浙江轻纺职业技术学院	浙江工业职业技术学院
丽水职业技术学院	湖州职业技术学院

前　言

随着我国加入WTO的进程，我国正成为世界的“制造中心”，材料科学与制造技术不断进行深层次的结合，使制造业发生了日新月异的变化。为了深化高等职业教育改革，推动高职高专的发展，培养21世纪与我国现代化建设要求相适应的，在先进制造业中从事技术应用、设备运行和维护的应用型人才。根据教育部高教司《关于加强高职高专人才培养工作的若干意见》等文件对高职高专人才培养的要求，以从事机械专业的工程技术应用性人才的实际要求出发，在总结高职高专机械类专业人才培养模式的教改经验基础上编写了本教材。

本书的编写具有以下特点：

(1) 以培养生产第一线的高等技术应用性人才为目标。减少繁琐的理论内容，注重知识的实际运用。

(2) 对于某种材料的知识掌握，按成分、处理方法、组织、性能、应用的因果关系来建立，有助于对知识的理解和掌握，并将重点放在材料的应用上。

(3) 合理安排了新材料、新工艺、新技术的课程内容。

(4) 强调理论联系实际，以应用为目的，重视对学生的实践训练；以掌握概念、强化应用为教学重点。

(5) 力求做到重点突出、通俗易懂和易于自学。

(6) 名词、术语、牌号均采用了新的国家标准，使用了法定计量单位。

本书由于具有很强的实践性，因此广大教师应注重采用先进的教学方法和手段，将基础知识与技术应用有机结合起来。采用实践训练、讨论等多种教学方法，以达到更好的教学效果。

参加本书编写的人员有宁波职业技术学院张宝忠（前言、绪论、第3章、第5章、第7章、第8章、附表Ⅰ，Ⅱ，Ⅲ，Ⅳ，Ⅴ），温州职业技术学院晁拥军（第1章、第2章、第4章），浙江机电职业技术学院陈云祥（第6章、第9章）。全书由浙江大学宋炳华主审。

本教材在策划、编写过程中得到了有关专家、学者和兄弟院校同行的支持和指教，在此一并表示诚挚的感谢。在本书的编写中，曾参考并引用了有关文献资料、插图等，在此对上述作者也表示由衷的感谢。

由于编者水平有限，书中难免有缺点、错误，恳请读者批评指正。

编者

2004年2月

目　录

绪 论

材料是人类生活和生产的物质基础，是人类在与自然界相处的进程中，为改善自身的生存条件，不断利用自然、改造自然所创造的共同财富。生产技术的进步和生活水平的提高与新材料的应用相关，每一种新材料的出现和应用都使社会生产和生活发生重大的变化。可以说材料的应用具有划时代的意义，因此人类历史才划分为石器时代、铜器时代、铁器时代，现代社会已跨入人工合成材料时代。

信息、材料、能源和生物工程被称为现代技术的四大支柱，材料科学更被很多国家确定为重点发展的学科之一。材料科学的发展已影响到人类生活的各个方面，材料科学在现代技术中的地位和作用越来越突出。

材料科学是人类在与自然界和谐相处的过程中，不断发现自然界赋予人类现成材料的应用价值，和为满足人类更高的生产、生活需求不断合成、制造具有更高应用价值材料的实践中发展起来的。大约两三百万年前人类即开始用石头作为生产工具。我们的祖先在六七千年前的原始社会末期就已掌握了制作陶器的技术，到东汉出现了瓷器，并逐渐传至阿拉伯地区、非洲和欧洲。瓷器作为中国文化的象征，对世界文明发展具有重大作用。我国青铜的冶炼在夏以前就开始了，到殷、西周时期已发展到较高的水平，普遍用于制造各种兵器、工具、食器。著名的司母戊鼎是迄今为止世界上最古老的大型青铜器，它反映了我国古代在青铜材料冶炼和应用方面达到了当时世界的顶峰，创造了灿烂的青铜文化。在我国的春秋战国时代铁器已大量应用，从西汉到明代的一千五六百年间，我国的钢铁生产技术远远超过了世界各国，留下了大量的珍贵文物和历史文献。进入 20 世纪以来，现代科学技术和生产技术飞跃发展，特别在 20 世纪 60 年代到 70 年代人工合成的高分子材料发展迅速，全世界的有机合成材料产量和钢产量的体积已经相等，并作为结构材料代替钢铁，同时，具有良好导电性能和耐高温的特殊性能高分子合成材料和具有特殊性能的陶瓷材料也得到了迅速发展，新型复合材料也层出不穷。近几年，纳米材料的研究与应用已影响到工程技术的方方面面，并不断改变人类生活的面貌。

毋庸置疑，中华民族在材料及其应用方面对人类文明和人类进步作出了巨大贡献。但也应清楚地认识到，18 世纪以后，长期的封建统治和闭关锁国，严重地束缚了我国生产力的发展，使我国的科学技术处于停滞落后状态。

材料的种类很多,其中用于机械制造的各种材料,称为机械工程材料。机械工程材料可分为金属材料、非金属材料(高分子材料、陶瓷材料)和复合材料。

金属材料是最重要的机械工程材料,它包括钢铁材料和非铁材料。钢铁材料也称为黑色金属,如铸铁、钢。非铁材料也称为有色金属,如铜及铜合金、铝及铝合金。钢铁材料应用最广,占整个结构材料、零件材料和工具材料的90%左右。

非金属材料主要是指高分子材料和陶瓷材料。非金属材料不但能代替部分金属材料,而且在很多情况下,具有其特有的性能,并不断得到越来越广泛的应用。近年来,非金属材料特别是高分子材料发展特别迅速。金属材料、非金属材料和复合材料相互补充、相互结合,已形成了材料科学的完整体系。

当今,机械工业正向着高速化、自动化和精密化方向发展,机械工程材料的使用量越来越大,在产品的设计与制造过程中,所遇到的有关材料和热处理问题也日益增多。例如,在选择材料时可供选择的材料种类很多,如何选择既能满足使用性能又具有良好的经济性和工艺性的材料,不仅在制造时需要考虑,在产品的设计阶段就应充分加以考虑。因此,具备与专业相关的材料知识,对于机械设计与制造领域的工程技术人员来说是相当重要的。合理地选材对充分发挥材料本身的性能潜力,获得理想的使用性能,节约材料,降低成本,保护环境都起着巨大作用。

本课程的主要内容有金属学基本理论、金属的力学性能、金属的塑性变形、钢的热处理、铁碳合金与铸铁、合金钢、非铁合金、非金属材料及工程材料的选用等部分。

本课程在讲授材料的知识时,重点强调材料的应用。对于某种材料的知识掌握,按成分、处理方法、组织、性能、应用的因果关系来思考,将有助于对知识的理解和掌握,并将重点放在材料的应用上。

本课程是实践性和实用性较强的课程,在教学中应注重理论联系实际,运用好理论讲授、实践教学、课堂讨论等多种教学形式。有些内容将随着后续课程、课程设计和毕业设计的开设,甚至在今后的工作实践过程中才能深化掌握和理解。

第1章

金属的晶体结构与力学性能

从物理学得知，所有的固态金属都有一些共同的物理特性，这与金属内部原子规则排列和原子中外围电子的分布及运动有关。但是，不同的金属材料具有不同的力学性能；即使是成分相同的材料，当经过不同的热加工或冷变形加工后性能也会有很大差异。金属材料在工程上所表现出来的机械性能，是由金属内部的组织和结构所决定的。

1.1 纯金属的晶体结构

我们平时所看到的金属材料，表面上似乎没有什么区别，但如果采用金相分析方法，在金相显微镜下就可以发现，各种金属的内部组织是有很大差别的。用这种方法所观察到的组织称为金属材料的显微组织，显微组织是决定金属材料机械性能的重要内在因素。

铸铁是工业生产中常见的一种金属材料，在显微镜下可以看到不同种类的铸铁具有不同形式的石墨，图1-1是灰铸铁和球墨铸铁中石墨分布情况的显微组织示意图。

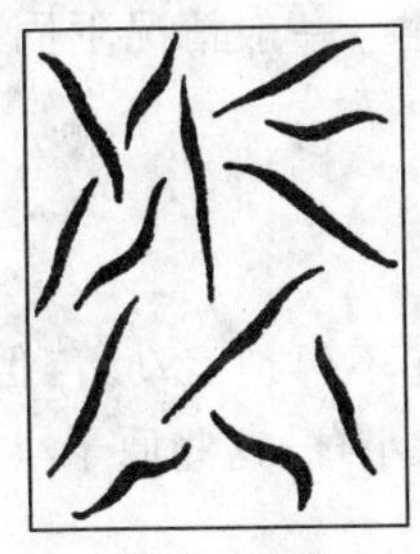
(a) 粗片状石墨

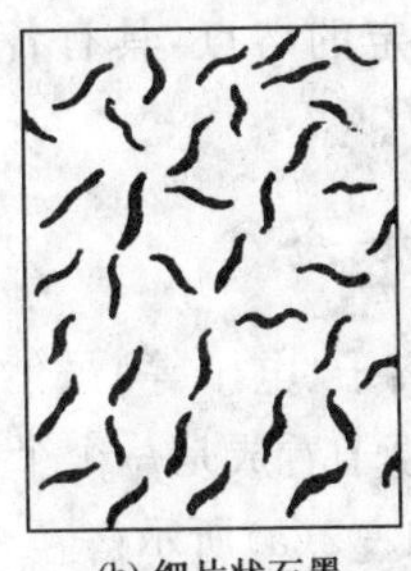
(b) 细片状石墨

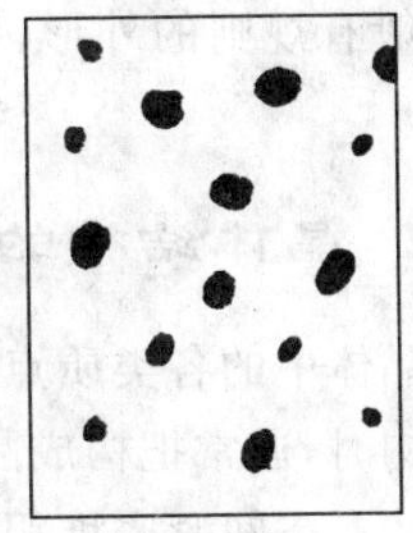
(c) 球状石墨

图1-1 灰铸铁(a)(b)和球墨铸铁(c)中石墨分布示意图

我们可以做一个模拟的实验：拿三张同样质量的纸，分别剪出上述各图所示的石墨形状的孔(因为石墨在铸铁中相当于孔洞)。再将纸上方固定，下面挂以砝码并逐步增加，结果就会看到：剪有粗片状孔洞的纸容易被拉断，球状孔洞的不易被拉断，而细片状孔洞的居中。这个模拟的实验说明，金属材料的性能与其内部的组织形态有着十分密切的联系。当然这只是直观的比喻，但是在工程实际中，恰恰就是利用这样的基本原理来提高铸铁强度的。球墨铸铁、孕育铸铁就是在一般灰铸铁的基础上发展起来的高强度铸铁，不同铸铁的机械性能如表1-1所示。

表1-1　不同铸铁的机械性能

铸铁类别	σ_b/MPa	δ/%	HB	石墨形状
普通铸铁	120～200	0.5	117～148	粗片状
孕育铸铁	300～400	1～6	197～269	细片状
球墨铸铁	400～500	5～15	190～270	球　状

我们利用X射线进行结构分析得知：金属的原子在空间是按一定次序排列起来的，不同的金属有不同的排列方式，这种排列方式称为金属的晶体结构。金属的晶体结构是决定金属性能的极为重要的内在因素。

在纯铁中分别加入1%的镍、锰或硅，由于它们的原子溶入了铁的晶体内，使其晶体结构发生不同程度的变化，性能也有所变化。所以在研究金属材料的组织与性能关系时，不但要研究显微组织，而且还要研究更加微观的晶体结构，这样才能更深刻地揭示金属材料性能变化的规律。

1.1.1　金属是晶体

固态物质根据其原子排列特征，可分为晶体和非晶体两类。自然界中，除了少数物质，如普通玻璃、沥青、石蜡等外，绝大多数固态的无机物都是晶体。晶体的特点是：组成晶体的基本质点(原子、离子或分子)在三维空间排列是有一定规律的。因此晶体一般有规则的外形，具有一定的熔点，具有各向异性。一般情况下固态金属都是晶体。

1.1.2　晶体结构的基本概念

实际晶体中的各类质点(包括离子、电子等)虽然都是在不停地运动着，但是，在讨论晶体结构时，通常把构成晶体的原子看成是一个个固定的小球，这些原子小球按一定的几何形式在空间紧密堆积，如图1-2(a)所示。

为了便于描述晶体内部原子排列的规律，将每个原子视为一个几何质点，并用一些

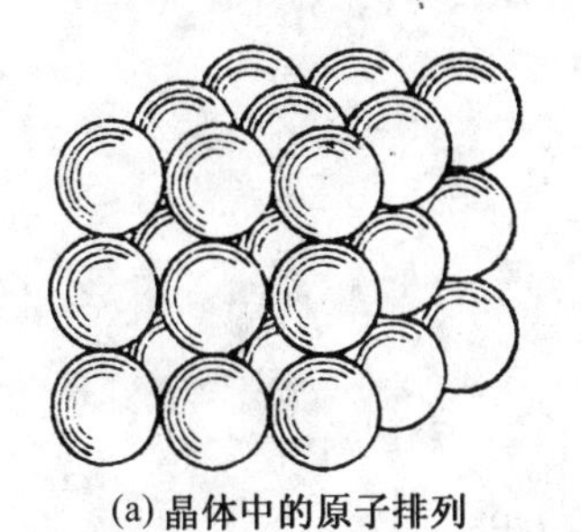

(a) 晶体中的原子排列

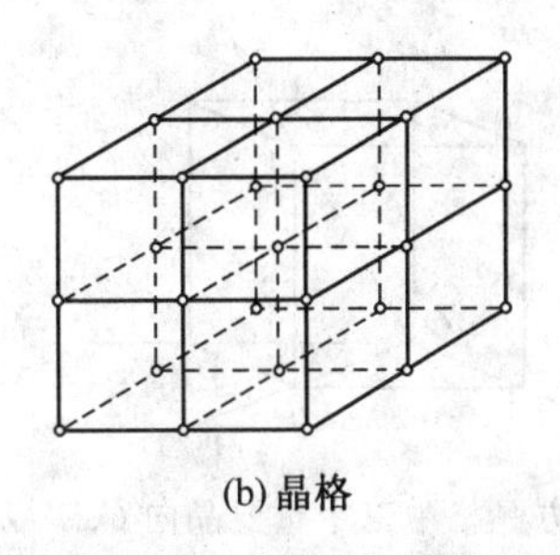

(b) 晶格

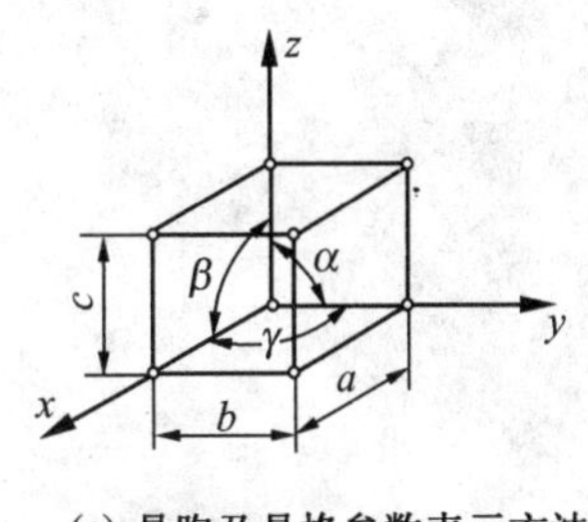

(c) 晶胞及晶格参数表示方法

图 1-2　简单立方晶格示意图

假想的几何线条将各质点连接起来，便形成一个空间几何框架。这种抽象的用于描述原子在晶体中排列方式的空间几何框架称为晶格，如图 1-2(b)所示。由于晶体中原子作周期性规则排列，因此可以在晶格内取一个能代表晶格特征的，由最少数目的原子排列成的最小结构单元来表示晶格，称为晶胞，如图 1-2(c)所示。晶格可以看成是由晶胞不断重复堆砌而成的。通过对晶胞的研究可找出该种晶体中原子在空间的排列规律。

为研究晶体结构的需要，在晶体学中还规定用晶格参数来表示晶胞的几何形状及尺寸。晶格参数包括晶胞的棱边长度 a, b, c 和棱边夹角 α, β, γ，如图 1-2(c)所示，晶胞的棱边长度又称为晶格常数，其度量单位为 Å。当三个晶格常数 $a = b = c$，三个轴间夹角 $\alpha = \beta = \gamma = 90°$ 时，这种晶胞组成的晶格称为简单立方晶格。

在晶格中由一系列原子组成的平面称为晶面，而晶面则又是由一行行的原子列组成，晶格中各原子列的位向称为晶向。为了便于对各种晶面和晶向进行研究，了解其在形变、相变以及断裂等过程中所起的不同作用，按照一定规则将晶格的任意一个晶面或晶向都确定出特定的符号，表示出它们的方位或方向。这种数字符号分别称作晶面指数和晶向指数(这部分内容本书不作详述)。

图 1-3 所示的晶面是立方晶格中具有重要意义的三种晶面。图 1-4 所示的是立方晶格中具有重要意义的三个晶向。

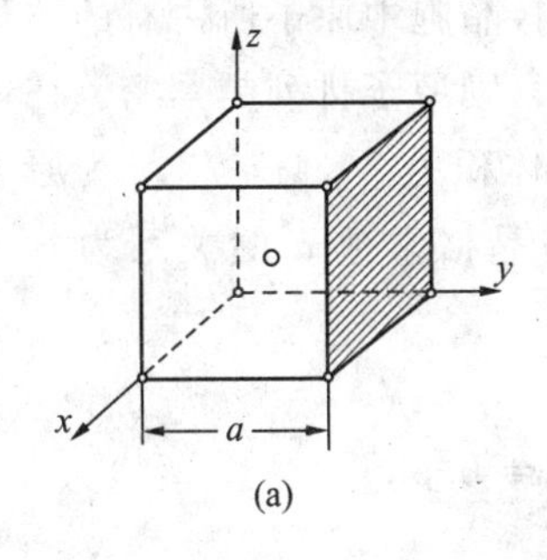

(a)

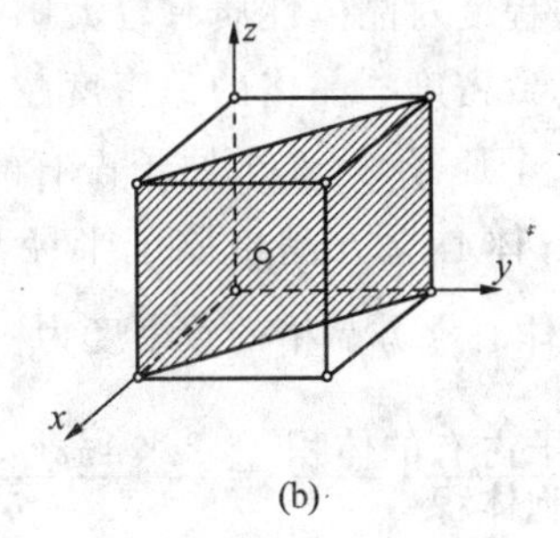

(b)

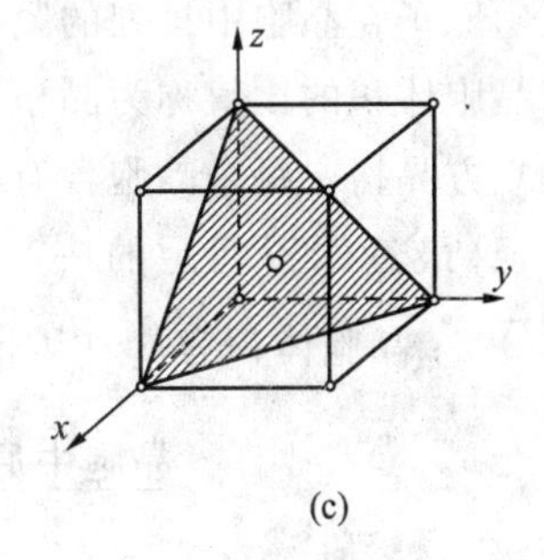

(c)

图 1-3　立方晶格中三种重要晶面

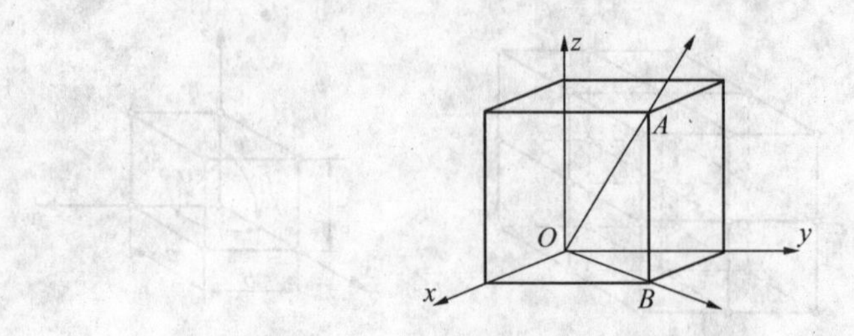

图 1-4 立方晶格中三个重要晶向 Ox，OA，OB

1.1.3 三种典型的金属晶体结构

根据晶体晶胞中原子小球堆砌规律的不同，可以将晶格基本类型划分为 14 种。在金属材料中，常见晶格类型有体心立方晶格、面心立方晶格、密排六方晶格 3 种。

体心立方晶格的晶胞是一个立方体，在立方体的 8 个角上和晶胞中心各有一个原子，如图 1-5 所示。体心立方晶胞每个角上的原子均为相邻八个晶胞所共有，而中心原子为该晶胞所独有，所以体心立方晶胞中的原子数为 $1+8\times1/8=2$ 个。属于这种晶格类型的金属有 Cr，W，Mo，V 等。

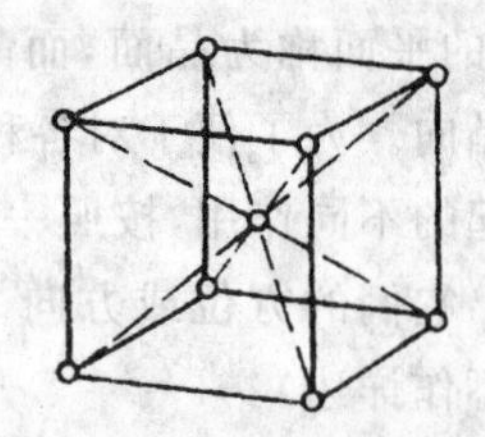

图 1-5 体心立方晶胞示意图

原子在晶胞中排列的紧密程度对晶体性质有较大影响，晶胞中原子所占有的体积与晶胞体积的比值称为晶格的致密度。晶格的致密度越大，则原子排列越紧密。在体心立方晶格中每个晶胞含有 2 个原子，这 2 个原子占有的体积为 $2\times4\pi r^3/3$，r 为原子半径（最近原子间距的一半）；体心立方晶格原子半径与晶格常数 a 的关系为 $r=a\sqrt{3}/4$；晶胞体积为 a^3。因此体心立方晶格的致密度为

$$\frac{\text{晶胞中原子占有的体积}}{\text{晶胞体积}}=\frac{2\times4\pi r^3/3}{a^3}=0.68$$

这表明在体心立方晶格中有 68%的体积被原子所占有，其余为空隙。

面心立方晶格和密排六方晶格的晶胞示意图分别如图1-6和图1-7所示。3种典型的晶体结构晶格特征如表1-2所示。属于面心立方晶格类型的金属有γ-Fe,Cu,Ni,Ag等;属于密排六方晶格类型的金属有Mg,Zn,Cd,α-Ti等。

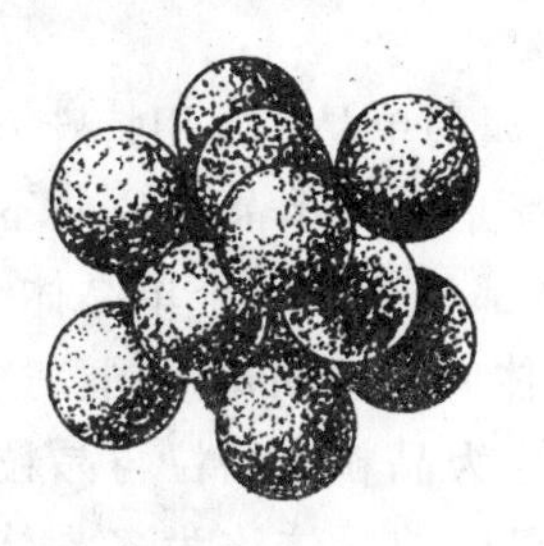
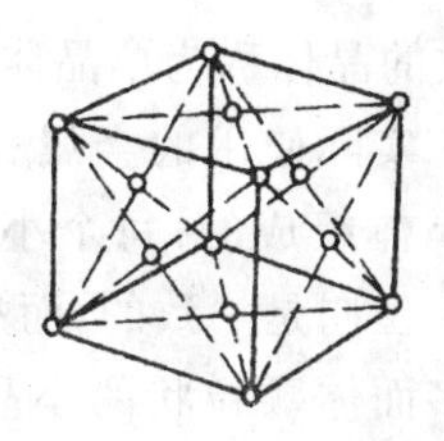
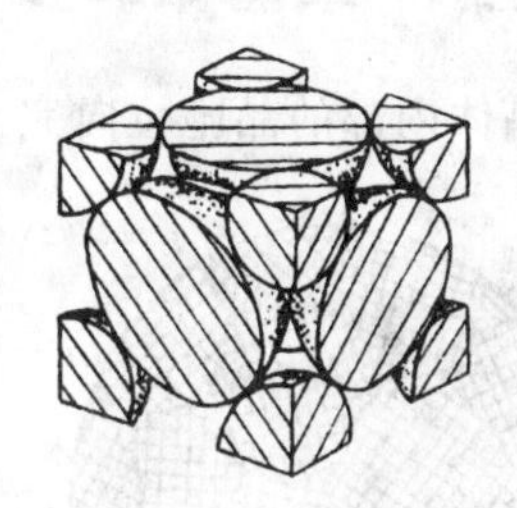

图1-6　面心立方晶胞示意图

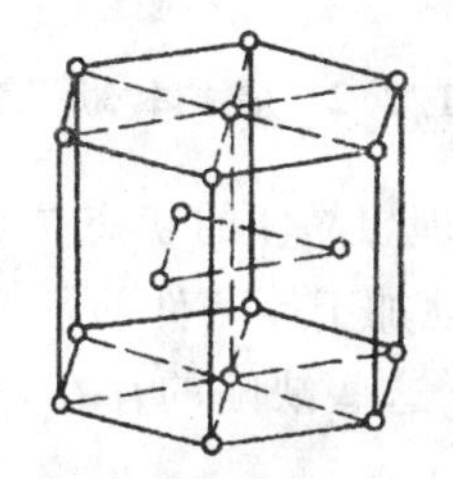
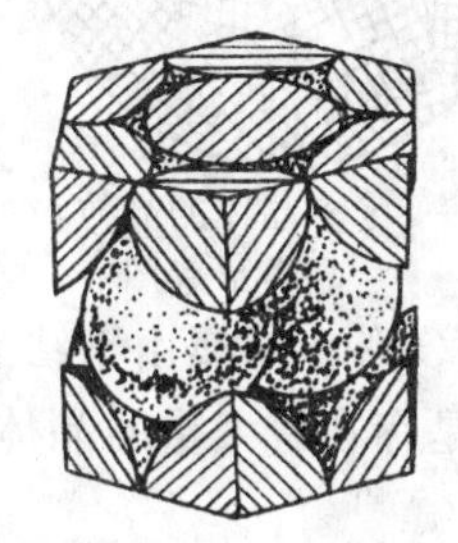

图1-7　密排六方晶胞示意图

表1-2　晶体类型及特性参数

结构类型	晶格常数	晶胞中原子数目	最近原子间距 d_0	致密度
面心立方	a	$1/8\times8+1/2\times6=4$	$a\sqrt{2}/2$	0.74
体心立方	a	$1/8\times8+1=2$	$a\sqrt{3}/2$	0.68
密排六方	a,c	$1/6\times12+3+1/2\times2=6$	a	0.74

注:只有理想密排六方结构的轴比 $c/a=1.633$,致密度 $=0.74$。

由于晶体中不同晶面和晶向上原子密度不同,原子间结合力也就不同,因此晶体在不同晶面和晶向上表现出不同的性能,这就是晶体具有各向异性的原因。但在实际金属材料中,一般却见不到它们具有这种各向异性的特征。例如在不同晶向测得的α-Fe单晶的弹性模量是不同的,在(OA)方向 $E=286000$MPa,在(Ox)方向 $E=132000$MPa,而实际应用的α-Fe(工业纯铁)取样测试,从任何位向所测得的结果均为 $E=210000$MPa左右。这是因为实际金属是由若干不同位向的多晶体组成,实际金属的晶体结构与理想晶体结构有很大的差异。

1.2 纯金属的实际晶体结构

1.2.1 单晶体和多晶体

晶体内部的晶胞位向完全一致的晶体称为单晶体。金属的单晶体是用特殊方法制得的。实际使用的金属材料都是由许多晶格位向不同的微小晶体组成的；每个小晶体都相当于一个单晶体，内部的晶格位向是一致的，而小晶体间的位向却不同。这种外形为多面体颗粒状的小晶体称为晶粒。晶粒与晶粒间的界面称为晶界。由许多晶粒组成的晶体称为多晶体。如图1-8所示。

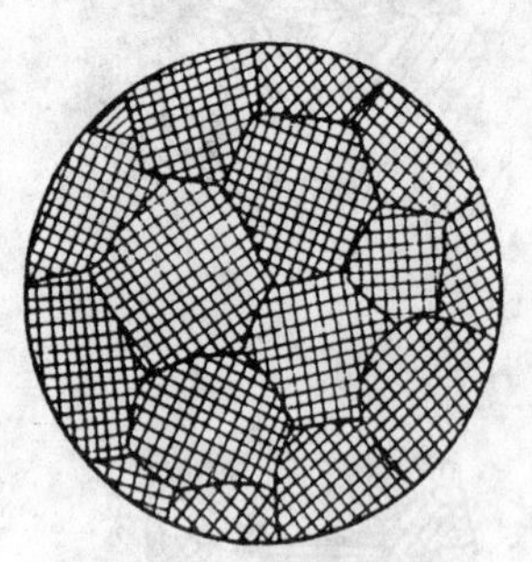

图1-8 多晶体的晶粒与晶界示意图

1.2.2 晶体缺陷

理想晶体的状态是金属晶体内部原子规则有序地排列。而实际上金属由于结晶或其他加工等条件的影响，内部原子排列并不是理想状态的，而是存在着大量的晶体缺陷。这些缺陷的存在，对实际金属的性能会产生显著的影响。

根据晶体缺陷存在形式的几何特点，通常将它们分为点缺陷、线缺陷和面缺陷三大类。

1. 点缺陷

点缺陷的特征是，在晶体空间三个方向上尺寸都很小，不超过几个原子间距。最常见的点缺陷是晶格空位和间隙原子，如图1-9所示。实际晶体结构中，并不是所有结点都被原子占满，而是在某些结点处出现“晶格空位”；而个别晶格结点之间的间隙处出现“间隙原子”。点缺陷的存在，会使其周围的晶格发生变形，我们称之为晶格畸变。

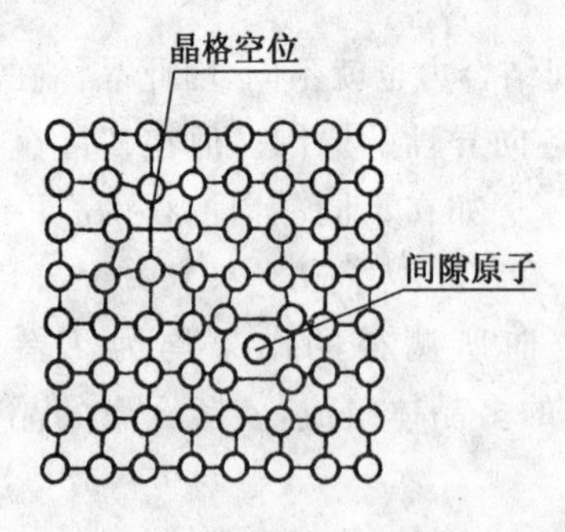

图1-9 点缺陷示意图

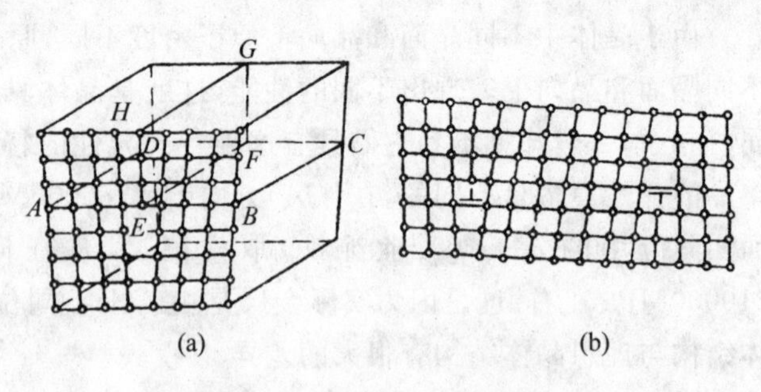

图1-10 刃型位错几何模型

2. 线缺陷

线缺陷的特征是在晶体空间两个方向上尺寸很小，而第三个方向的尺寸很大，属于这一类的主要是各种类型的位错。

位错是一种很重要的晶体缺陷。其特点是围绕晶体中一条很长的线，在一定范围内原子发生有规律的错排，都离开它们原来的平衡位置。位错的主要类型有刃型位错和螺型位错。这里只介绍简单立方晶体中的刃型位错几何模型。如图1-10所示，在一个完整晶体的某一晶面（如图示 *ABCD* 面）上，沿 *EF* 线垂直插入半个晶面（图中 *EFGH* 面），由于这多出的晶面像刀刃一样切入，使晶体中以 *EF* 为中心线的附近一定范围的区域内原子位置都发生错动，其特点是 *ABCD* 晶面上半部原子受挤压，下半部受拉伸，而位错线中心的原子错动最大，晶格畸变严重，离位错线越远，晶格畸变越小，直至恢复正常。金属晶体中的位错线往往大量存在，相互连接呈网状分布。单位体积晶体中位错线的总长度称为位错密度（单位为 cm/cm^3 或 cm^{-2}）。通过透射电子显微镜可以观察位错并测定其密度。一般在退火状态下，金属的位错密度约 $10^4 \sim 10^6$ cm^{-2}，经过冷变形加工后金属的位错密度可增加到约 10^{12} cm^{-2}。

晶体中的位错不是固定不变的，在相应的外部条件下，晶体中的原子发生热运动或晶体受外力作用而发生塑性变形时，位错在晶体中能够进行不同形式的运动，致使位错密度及组态发生变化。

位错的存在及其密度的变化对金属的力学性能及组织转变有显著影响。图1-11定性地表达了金属强度与金属中位错密度之间的关系。如果用特殊方法制成不含位错的直径为1.6μm的晶须，其抗拉强度竟高达13000MPa，而退火纯铁的抗拉强度则低于300MPa。由于晶须中不含位错，不易发生塑性变形，故强度很高；而一般金属中含有位错，易于塑性变形，故强度较低。如果金属中位错密度很高时（图1-11中经强化后的金属），例如经剧烈冷变形的纯铁，由于晶体内产生了大量的位错，其抗拉强度也提高了很多。

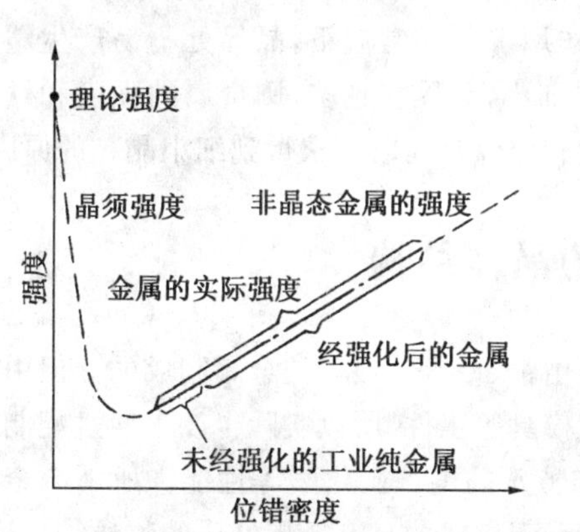

图1-11　金属强度与位错密度之间关系的示意图

3. 面缺陷

面缺陷特征是在晶体空间一个方向上尺寸很小，而另两个方向上尺寸很大，主要指晶界和亚晶界。晶界处的原子排列与晶内是不同的，要同时受到其两侧晶粒不同位向的综合影响，所以晶界处原子排列是不规则的，是从一种取向过渡到另一种取向的过渡状态(图 1－12)。大多数相邻晶粒的位向差都在 15°以上,称为大角晶界。

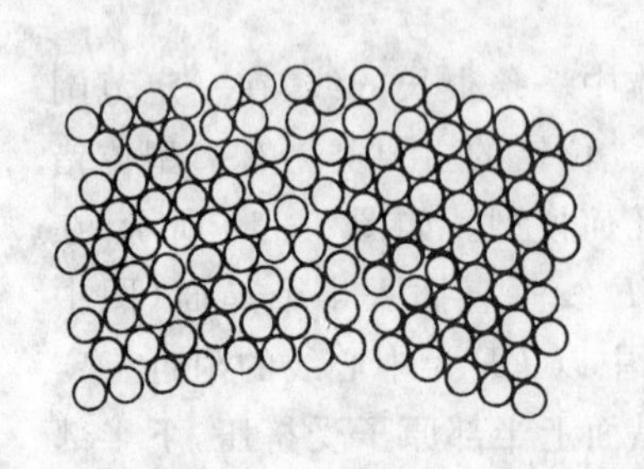

图 1－12 大角晶界的过渡结构模型

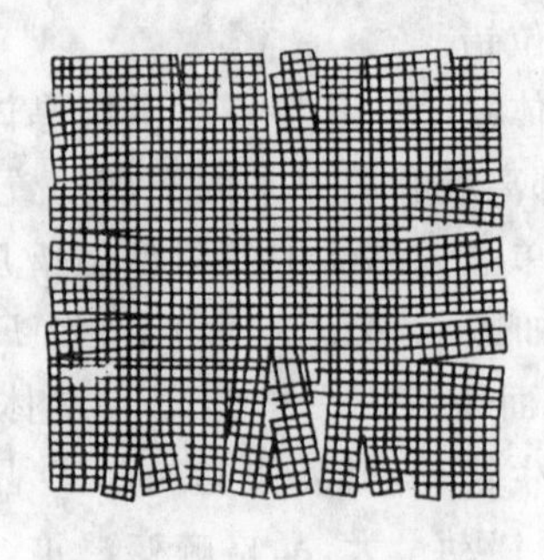

图 1－13 亚组织示意图

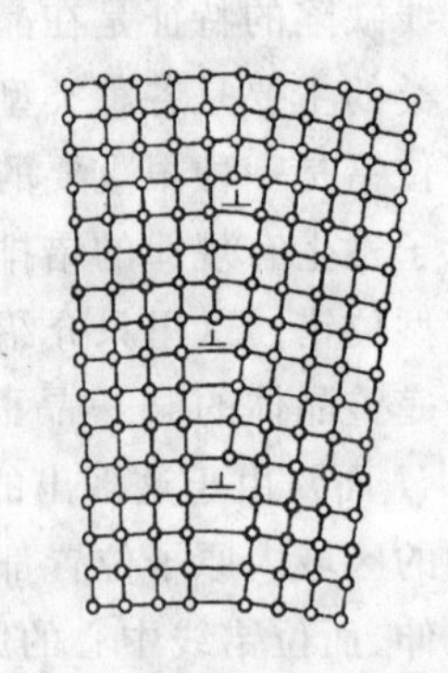

图 1－14 小角晶界结构示意图

在一个晶粒内部,还可能存在许多晶格位向差很小(通常为 2°到 3°),更细小的晶块,这些小晶块称为亚晶粒(有时将细小的亚晶粒称为镶嵌块)。亚晶粒之间的界面称为亚晶界。晶粒中这种亚晶粒与亚晶界称为亚组织(如图 1－13 所示)。亚晶界是由一些位错排列而成的小角度界面。图 1－14 是由刃型位错构成的小角晶界示意图。

由于晶界处原子排列不规则,偏离平衡位置,因而使晶界上原子的平均能量高于晶内原子的平均能量,这部分高出的能量称为界面能(晶界能)。界面能的存在和原子排列不规则使晶界具有一系列不同于晶内的特性,例如,晶界比晶内易受腐蚀,晶界处熔点较低,晶界对塑性变形(位错运动)的阻碍作用等。在常温下,晶界处不易产生塑性变形,故晶界处硬度和强度均较晶内高。晶粒越细小,晶界亦越多,则金属的强度和硬度亦越高,这也是在热处理的过程中控制加热温度和保温时间以力求得到细小晶粒的原因。

1.3 合金的晶体结构

许多导电体、传热器、装饰品、艺术品均是由铜、铝、金、银等纯金属制成的。但由于纯金属的力学性能较差,不宜制造机械零件和工模具等工件,所以实际生产中通过配制各种不同成分的合金材料,可以获得所需的力学和特殊的电、磁、化学等性能。所谓合金就是由两种或两种以上金属元素,或金属和非金属元素组成的具有金属性质的物质。

组成合金的基本的物质称为组元。组元大多是元素,如铁碳合金(碳钢、铸铁)的主要组元是铁和碳,有时组元也可以是稳定的化合物。由两个组元组成的合金称为二元合金,由三个组元组成的合金称为三元合金等。当组元不变,而组元比例发生变化时,可以得到一系列不同成分的合金,这一系列相同组元的合金称为合金系。

化学成分是决定合金材料性能的基本因素之一,黄铜、巴氏合金、碳钢相互之间的性能截然不同;碳钢和铸铁之间性能也有很大差异。即使是相同化学成分的合金材料,由于采用不同的热处理方法,其性能也可以有显著区别。如同一化学成分的某种刃具钢,其淬火态的刃具可以切削退火态的制件,其性能差别如此之大,起决定性作用的是“组织”和“相”两个因素。

一般将用肉眼和放大镜观察到的组织称为宏观组织,在显微镜下观察到的组织称为显微组织。“组织”是指用肉眼或借助于放大镜、显微镜观察到的材料内部的形态结构。组织的含义包括组成物“相”的种类、形状、大小及不同“相”之间的相对数量和相对分布。

所谓“相”是金属或合金中具有相同化学成分、相同结构并以界面相互分开的各个均匀的组成部分。金属或合金的一种相在一定条件下可以变为另一种相,叫做相变,例如金属结晶,是液相变为固相的一种相变。金属在固态下由一种晶格转变为另一种晶格为“同素异构转变”,是一种固态相变。同素异构转变是钢铁材料热处理改变钢铁性能的根本所在。若合金是由成分、结构都相同的同一种晶粒构成的,则各晶粒虽有界面分开,却属于同一种相;若合金是由成分、结构互不相同的几种晶粒所构成,它们将属于不同的几种相。一般常把固态下的相统称为固相,而液体状态的相称为液相。

1.3.1　合金的相结构

固态合金中的相,按其组元原子的存在方式可分为固溶体和金属化合物两大基本类型。

1. 固溶体

溶质原子溶于溶剂晶格中而仍保持溶剂晶格类型的合金相称为固溶体。根据溶质原子在溶剂晶格中所占位置不同,固溶体可分为间隙固溶体和置换固溶体。

溶质原子取代溶剂原子占据晶格节点位置而形成的固溶体称为置换固溶体,如图 1－15(a)所示。按溶质原子在置换固溶体中的溶解度不同,又可分成有限固溶体和无限固溶体。

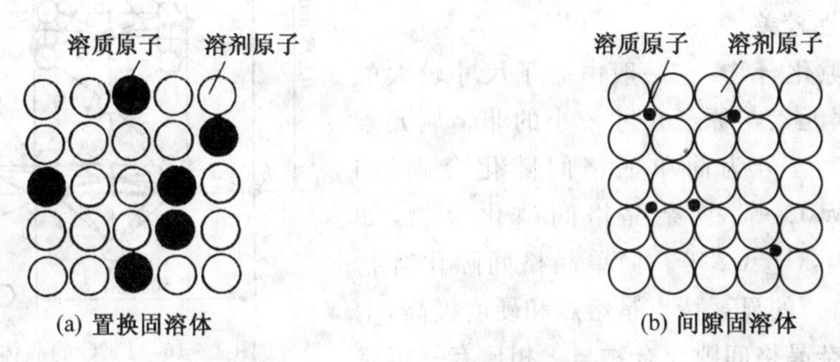

图 1－15　两种固溶体结构示意图

无限固溶体中溶质原子的溶解度是无限的,其形成的条件:一是两组元的原子价相等,并在元素周期表中位置相距不远;二是两组元具有相同的晶格类型;三是两组元原子直径比值在0.85～1.15之间。例如铜镍合金形成的是无限固溶体，而大部分固溶体的溶解度是有限的。

溶质原子占据溶剂晶格间隙所形成的固溶体称为间隙固溶体，如图1-15(b)所示。由于晶格中空隙位置是有限的，因此间隙固溶体是有限固溶体，并且要求溶质原子直径与溶剂原子直径比值不大于0.59。从元素性质看，过渡族金属元素与H，B，C等非金属元素结合时可形成间隙固溶体。

由于溶质原子的溶入，会引起固溶体晶格发生畸变，使合金的强度、硬度提高，塑性、韧性有所下降。这种通过溶入原子，使合金强度和硬度提高的方法叫做固溶强化。固溶强化是提高材料力学性能的重要途径之一。

2. 金属化合物(又称中间相)

金属化合物是合金元素间发生相互作用而生成的具有金属性质的一种新相，其晶格类型和性能不同于合金中的任一组成元素，一般可用分子式来表示。

金属化合物一般具有复杂的晶体结构，熔点高，硬而脆。当合金中出现金属化合物时，通常能提高合金的强度、硬度和耐磨性，但会降低塑性和韧性。由于金属化合物的加入使材料强度、硬度和耐磨性提高，一般称为第二相强化。金属化合物是各种合金钢、硬质合金及许多非铁合金的重要组成相。

金属化合物的种类很多，常见的有三种类型：

a. 正常价化合物 其特点是符合一般化合物的原子价规律，成分固定并可用分子式来表示，具有很高的硬度和脆性。

b. 电子化合物 这类金属化合物的形成不遵守原子价规律，而是按一定的电子浓度比组成一定晶格类型。电子浓度比是指价电子数与原子数目的比。电子化合物的性能特点是熔点和硬度高，塑性较差。

c. 间隙化合物 它一般由原子尺寸较大的过渡族金属元素与原子尺寸较小的非金属元素所组成。它可分为简单晶格间隙化合物，如TiC，VC，W_2C 等；复杂晶格间隙化合物，如Fe_3C，Cr_7C_3，$Cr_{23}C_6$ 等。简单晶格间隙化合物(又称间隙相)的显著特点是熔点和硬度极高，十分稳定；复杂晶格间隙化合物与之相比有一定差距。间隙化合物是钢铁材料中重要的强化相。

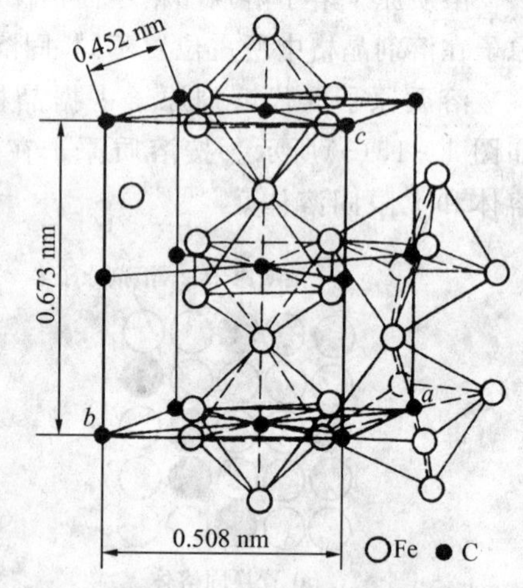

图1-16 Fe_3C 的晶体结构

渗碳体(Fe_3C)是铁碳合金中的间隙化合物，其晶体结构如图1-16所示，具有复杂的斜方晶格 ($a \neq b \neq c, \alpha = \beta = \gamma = 90^\circ$)，含碳量 $w_C = 6.69\%$，性能硬而脆。

1.3.2 合金的组织

合金的组织组成可能出现以下几种状况：a. 由单相固溶体晶粒组成；b. 由单相金属化合物晶粒组成；c. 由两种固溶体的混合物组成；d. 由固溶体和金属化合物混合组成。

合金组织的组成相中，固溶体强度、硬度较低，塑性、韧性较好；金属化合物硬度高，脆性大；而由固溶体和金属化合物组合的机械混合物的性能往往介于二者之间，即强度硬度较高，塑性、韧性较好。由两种以上固溶体及金属化合物组成的多相合金组织，因其各组成相的相对数量、尺寸、形状和分布不同，形成各种组织形态，从而影响合金的性能。例如，碳钢退火状态下的组织是铁素体（碳在 α-Fe 中的间隙固溶体）与间隙化合物 Fe_3C 的混合物。铁素体塑性、韧性好，强度低，Fe_3C 硬而脆。不同含碳量的钢中，含碳量高则渗碳体就多，Fe_3C 数量不同，则导致性能有很大差别。即使是同一含碳量的高碳钢中，Fe_3C 数量一定，但 Fe_3C 呈粒状或片状的不同形态，将在很大程度上影响钢的性能。工件经调质处理（淬火＋高温回火）使 Fe_3C 呈细粒状分布，可获得良好的综合力学性能。

1.4 强度与塑性

1.4.1 拉伸试验及拉伸曲线

金属的力学性能是指在外力作用下，材料所显示与弹性和非弹性反应相关或涉及应力—应变关系的性能，常用的有强度、塑性、硬度、冲击吸收功、疲劳极限和断裂韧度等。

所有的工程零件在加工和使用过程中都要受到外力的作用。而金属材料在加工和使用过程中所受到的外力称为载荷。根据作用性质的不同，载荷可以分为静载荷、冲击载荷、交变载荷等。

静载荷：大小和方向不变或变化缓慢的载荷，如放在台面上的电视机使台面所受到的载荷。

冲击载荷：突然施加的载荷，如锤子打击钉子时钉子所受到的载荷。

交变载荷：大小和方向周期性或非周期性变化的载荷（也称循环载荷），如汽缸中曲柄所受到的载荷。

根据作用的方式载荷可以分为拉伸、压缩、弯曲、剪切、扭转及不同载荷出现在同一构件上综合而成的组合载荷等几种。如图1－17所示。

静载荷拉伸试验是工业上最常用的力学性能试验方法之一。

试验时在试样两端缓慢地施加试验力，使试样的标距部分在轴向拉力作用下，沿轴

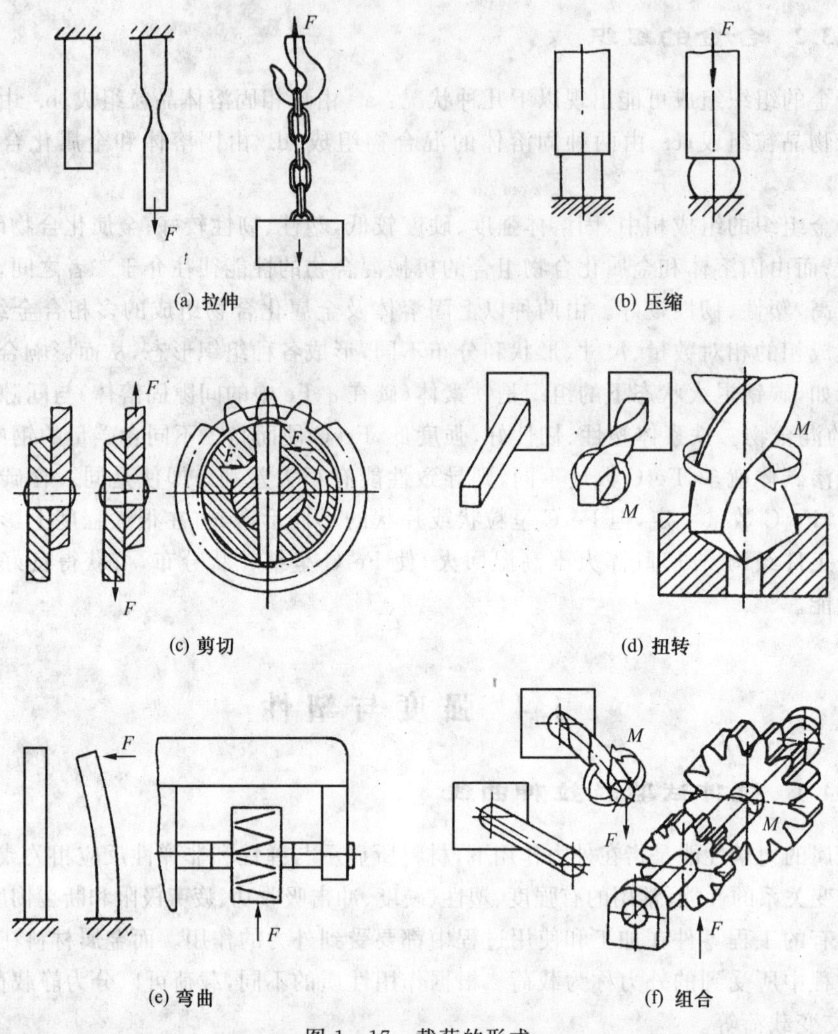

(a) 拉伸 (b) 压缩

(c) 剪切 (d) 扭转

(e) 弯曲 (f) 组合

图 1－17 载荷的形式

向伸长，直至试样拉断为止。测定试样对外加试验力的抗力，求出材料的强度值；测定试样拉断后塑性变形的大小，求出材料的塑性值。

试验前，将材料制成一定形状和尺寸的标准拉伸试样（见 GB6397—1986）。图 1－18为常用的圆形拉伸试样。若将试样从开始加载直到断裂前所受的拉力 F，与其所对应的试样原始标距长度 L_0 的伸长量 ΔL 绘成曲线，便得到拉伸曲线。图 1－19 为退火低碳钢的拉伸曲线。用试样原始截面积 S_0 去除拉力 F 得到应力 σ，以试样原始标距 L_0 去除绝对伸长 ΔL，得到应变 ε，即 $\sigma = F/S_0$，$\varepsilon = \Delta L/L_0$，则力—伸长（$F$-$\Delta L$）曲线就成了工程应力—应变（$\sigma$-$\varepsilon$）曲线。

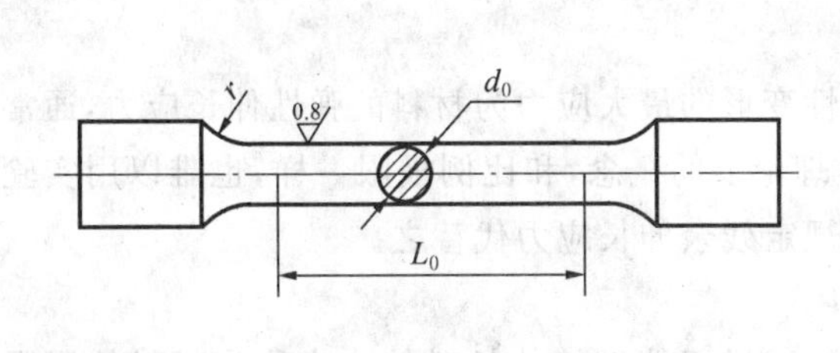

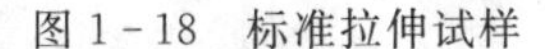

图1-18　标准拉伸试样

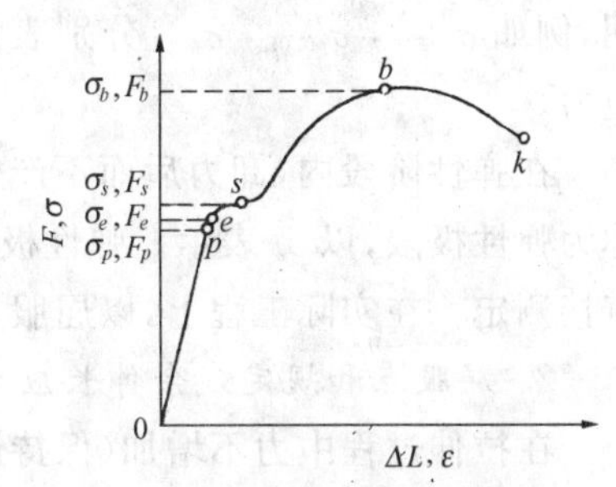

图1-19　低碳钢的拉伸曲线

从图1-19拉伸曲线可看出，低碳钢在拉伸过程中明显地表现出不同的变形阶段，所以通常将低碳钢的应力—应变($\sigma-\varepsilon$)曲线当作典型情况来说明材料的力学性能。整个曲线可分为弹性变形、屈服、均匀塑性变形、局部塑性变形及断裂几个阶段。在弹性变形阶段(*oe* 段)中，若卸除试验力，试样能完全恢复到原来的形状和尺寸。其中在 *op* 阶段，应力与应变呈正比关系，即符合虎克定律。当应力超过 σ_e，进入屈服阶段 *es* 段，应力—应变曲线出现平台或锯齿，应力不增加或只有微小增加，试样却继续伸长。屈服之后材料进入均匀塑性变形阶段(*sb* 段)，均匀变形的原因是冷变形强化(加工硬化)所致，变形与硬化交替进行，变形量越大，使材料变形所需的应力也越大。当试样变形达到最高点 *b* 时，形变强化跟不上变形的变化，不能再使变形转移，致使某处截面开始减小。在局部塑性变形阶段(*bk* 段)，应力未增加，变形加剧，形成缩颈。此时，施加于试样的力减小，而变形继续增加，直至断裂(*k* 点)。

1.4.2　常用强度判据

强度是材料在外力作用下抵抗塑性变形和断裂的能力。工程上常用的静拉伸强度判据有规定非比例伸长应力、屈服点或规定残余伸长应力、抗拉强度等。

1. 规定非比例伸长应力

金属材料符合虎克定律的最大应力称为比例极限(比例伸长应力)，以 σ_p 表示，由于不能用实验直接测定比例极限，故在拉伸试验方法标准(GB228—1987)中采用"规定非比例伸长应力"代之。规定非比例伸长应力是试样标距部分的非比例伸长达到规定的原始标距百分比时的应力，即

$$\sigma_p = F_p / S_0$$

式中：F_p——试样非比例伸长为规定量时的拉力(N)；

S_0——试样原始横截面积(mm^2)。

应力的单位通常用 MPa 表示，$1MPa = 1N/mm^2$。

规定非比例伸长应力是一些零件设计的重要力学依据。表示符号应附以角标说

明,例如 $\sigma_{p0.01}$, $\sigma_{p0.05}$, $\sigma_{p0.2}$ 分别表示规定非比例伸长率为 0.01%,0.05%,0.2%时的应力。

在弹性阶段内,卸力后而不产生塑性变形的最大应力为材料的弹性伸长应力,通常称为弹性极限,以 σ_e 表示。弹性极限是理论上的概念,和比例极限一样,也难以用实验直接测定。在实际工程上,以屈服点或规定残余伸长应力代替之。

2. 屈服点和规定残余伸长应力

在拉伸过程中力不增加(保持恒定),试样仍能继续伸长时的应力称为材料的屈服点(过去曾称屈服极限),以 σ_s 表示,单位为 MPa。

$$\sigma_s = F_s/S_0$$

式中:F_s——材料屈服时的拉力(N)。

屈服点是具有屈服现象的材料特有的强度指标。除退火或热轧的低碳钢和中碳钢及少数合金有屈服点外,大多数合金都没有屈服现象,因此提出“规定残余伸长应力”作为相应的强度指标。国家标准规定:当试样卸除拉伸力后,其标距部分的残余伸长达到规定的原始标距百分比时的应力,作为规定残余伸长应力 σ_r。表示此应力的符号应附以角标说明,例如 $\sigma_{r0.2}$ 表示规定残余伸长率为 0.2%时的应力。

$$\sigma_r = F_r/S_0$$

式中:F_r——产生规定残余伸长时的拉力(N)。

原标准(GB228—1976)曾将产生 0.2%残余伸长率的规定残余伸长应力 $\sigma_{r0.2}$ 称为屈服强度,以 $\sigma_{0.2}$ 表示。目前一些技术资料仍沿用这一术语。

3. 抗拉强度

拉伸过程中最大力 F_b 所对应的应力称为抗拉强度(曾称强度极限),以 σ_b 表示。

$$\sigma_b = F_b/S_0$$

抗拉强度的物理意义是表征材料对最大均匀变形的抗力,表征材料在拉伸条件下所能承受的最大的应力值,它是设计和选材的主要依据之一,是工程技术上的主要强度指标。

1.4.3 塑性判据

断裂前材料发生不可逆永久变形的能力叫塑性。常用的塑性判据是材料断裂时最大相对塑性变形,如拉伸时的断后伸长率和断面收缩率。

1. 断后伸长率

试样拉断后,标距的伸长量与原始标距的百分比称为断后伸长率,以 δ 表示。

$$\delta=\frac{L_1-L_0}{L_0}\times 100\%$$

式中：L_1——试样拉断后的标距(mm)；

L_0——试样原始标距(mm)。

试样的长度和截面尺寸对δ是有影响的。按直径的尺寸分为标准试样和比例试样两种。标准试样的直径为20mm，而比例试样直径是任意的。因采用标距的不同，又有长、短试样之分。国家标准规定，长标距试样的标距以公式$L_0=10d_0$或$L_0=11.3\sqrt{S_0}$计算，短试样的标距以公式$L_0=5d_0$或$L_0=5.65\sqrt{S_0}$计算，式中的d_0和S_0分别为试样的原始直径和原始截面积。根据相似定律，凡同一材料加工成的试样尺寸能满足$L_0/\sqrt{S_0}$常数的条件，由试验得出的伸长率就可以相互比较。长试样和短试样的这一常数不同，试验数据是不能比较的。长试样的伸长率用符号δ_{10}表示，短试样的伸长率用符号δ_5表示。对同一材料$\delta_5>\delta_{10}$。通常试验优先选取短的比例试样。

2. 断面收缩率

试样拉断后，缩颈处横截面积的最大缩减量与原始横截面积的百分比称为断面收缩率，以ψ表示。其数值按下式计算：

$$\psi=\frac{S_0-S_1}{S_0}\times 100\%$$

式中：S_0——试样原始截面积(mm^2)；

S_1——试样断裂后缩颈处的最小横截面积(mm^2)。

δ或ψ数值越大，则材料的塑性越好。

除常温试验之外，还有金属材料高温拉伸试验方法(GB/T4338—1995)和低温拉伸试验方法(GB/T13239—1991)供选用。

1.5　硬　度

硬度能够反映出金属材料在化学成分、金相组织和热处理状态上的差异，是检验产品质量、研制新材料和确定合理的加工工艺所不可缺少的检测性能之一。同时硬度试验是金属力学性能试验中最简便、最迅速的一种。

硬度实际上是指一个小的金属表面或很小的体积内抵抗弹性变形、塑性变形或抵抗破裂的一种能力，因此硬度不是一个单纯的确定的物理量，不是基本的力学性能指标，而是一个由材料的弹性、强度、塑性、韧性等一系列不同力学性能组成的综合性能指标，所以硬度所表示的量不仅决定于材料本身，而且还取决于试验方法和试验条件。

硬度试验方法很多，一般可分为三类：有压入法，如布氏硬度、洛氏硬度、维氏硬度、显微硬度；有划痕法，如莫氏硬度；有回跳法，如肖氏硬度等。目前机械制造中应用最广泛的硬度是压入法中的布氏硬度、洛氏硬度和维氏硬度。

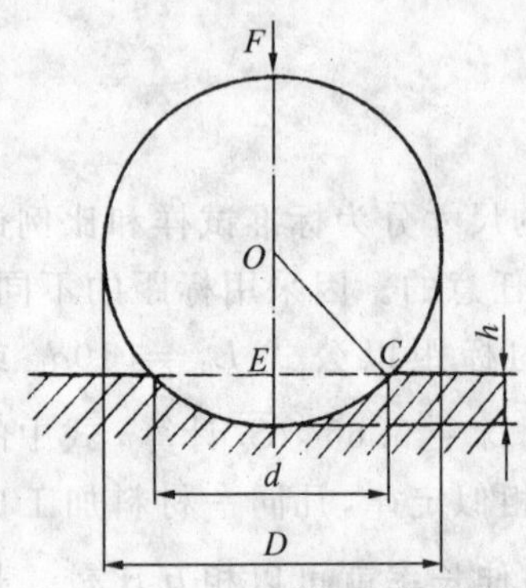

图 1-20　布氏硬度试验示意图

1. 布氏硬度

布氏硬度的测定原理是用一定大小的试验力 F(N)，把直径为 D(mm)的淬火钢球或硬质合金球压入被测金属的表面(图 1-20 所示)，保持规定时间后卸除试验力，用读数显微镜测出压痕平均直径 d(mm)，然后按公式求出布氏硬度 HB 值。载荷除以压痕表面积所得的值即为布氏硬度，即

$$\mathrm{HBS(HBW)} = 0.102\,\frac{F}{\pi D h} = 0.102\,\frac{2F}{D\pi\left(D-\sqrt{D^2-d^2}\right)}$$

或者根据 d 从已备好的布氏硬度表中查出 HB 值。

由于金属材料有硬有软，被测工件有厚有薄，有大有小，如果只采用一种标准的试验力 F 和压头直径 D，就会出现对某些材料和工件不适应的现象。因此，在生产中进行布氏硬度试验时，要求能使用不同大小的试验力和压头直径，对同一种材料采用不同的 F 和 D 进行试验时，能否得到同一布氏硬度值，关键在于压痕几何形状的相似，即可建立 F 和 D 的某种选配关系，以保证布氏硬度的不变性。

国家标准(GB231—1984)规定布氏硬度试验时，常用的 $0.102F/D^2$ 的比例为 30，10，2.5 三种，根据金属材料种类、试样硬度范围和厚度的不同，按照表 1-3 的规范选择试验压头(钢球)直径 D，试验力 F 及保持时间。

淬火钢球作压头测得的硬度值以符号 HBS 表示，用硬质合金球作压头测得的硬度值以符号 HBW 表示。符号 HBS 和 HBW 之前的数字为硬度值，符号后面依次用相应数值注明压头直径(mm)、试验力(0.102N)、试验力保持时间(s)(10～15s 不标注)。例如：500HBW5/750，表示用直径 5mm 硬质合金球在 7355N 试验力作用下保持10～15s 测得的布氏硬度值为 500；120HBS10/1000/30，表示用直径 10mm 的钢球压头在 9807N 试验力作用下保持 30s 测得的布氏硬度值为 120。

目前，布氏硬度主要用于铸铁、非铁金属以及经退火、正火和调质处理的钢材。对于太薄或精加工后的零件，不允许有较大压痕，不宜采用此法；测量硬度较高(450HB 以上)的金属材料时，由于钢球变形难以测得精确数据，也不宜采用此法。

表 1-3　布氏硬度试验规范

材料种类	布氏硬度使用范围(HBS)	球直径 D/mm	$0.102F/D^2$	试验力 F/N	试验力保持时间/s	注
钢、铸铁	≥140	10 5 2.5	30	29240 7355 1839		压痕中心距试样边缘距离不应小于压痕平均直径的 2.5 倍。 两相邻压痕中心距离不应小于压痕平均直径的 4 倍。 试样厚度至少应为压痕的 10 倍。试验后，试样支撑面应无可见变形痕迹。
	<140	10 5 2.5	10	9807 2452 613		
非铁金属材料	≥130	10 5 2.5	30	29420 7355 1839		
	35～130	10 5 2.5	10	9807 2452 613		
	<35	10 5 2.5	2.5	2452 613 153		

2. 洛氏硬度

由于洛氏硬度试验的操作简便和直观性，压痕尺寸相对较小，所以是目前在生产实际中应用最广的性能试验方法，它是采用直接测量压痕深度来确定硬度值的。

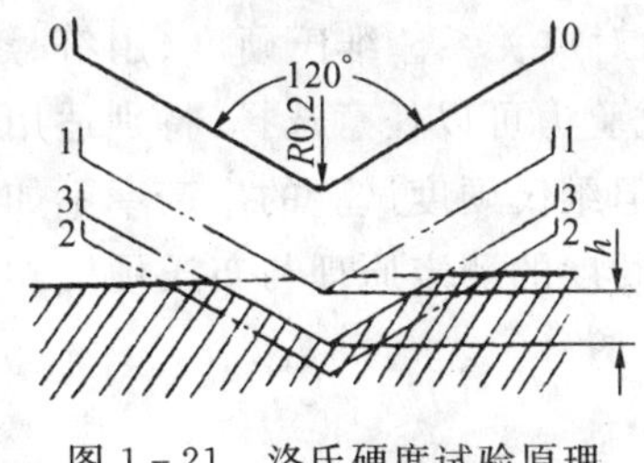

图 1-21　洛氏硬度试验原理

洛氏硬度试验原理如图 1-21 所示。它是用顶角为 120°的金刚石圆锥体或直径为 1.588mm(1/16 英寸)的淬火钢球作压头，先施加初始试验力 F_1，再加上主试验力 F_2，其总试验力为 $F=F_1+F_2$。图1-21 中 0-0 为压头没有与试样接触时的位置；1-1 为压头受到初始试验力 F_1 后压入试样的位置；2-2 为压头受到总试验力 F 后压入试样的位置，经规定的保持时间，卸除主试验力 F_2，仍保留初试验力 F_1，试样弹性变形的恢复使压头上升到 3-3 的位置。此时压头受主试验力作用压入的深度为 h，即 1-1 位置至 3-3 位置。金属越硬，h 值越小。为适应人们习惯上数值越大硬度越高的观念，故人为地规定一常数 K 减去压痕深度 h 的值作为洛氏硬度指标，并规定每 0.002mm 为一个洛氏硬度单位，用符号 HR 表示，则洛氏硬度值为

$$\mathrm{HR}=\frac{K-h}{0.002}$$

硬度值可以直接从硬度计上读出。由此可见，洛氏硬度值是一无量纲的材料性能指标，使用金刚石压头时，常数 K 为 0.2；使用钢球压头时，常数 K 为 0.26。

为了能用一种硬度计测定从软到硬的材料硬度，采用了不同的压头和总负荷组成几种不同的洛氏硬度标度，每一个标度用一个字母在洛氏硬度符号 HR 后加以注明，我国常用的是 HRA，HRB，HRC 三种，试验条件（GB230—1991）及应用范围如表1-4所示；洛氏硬度值标注方法为硬度符号前面注明硬度数值，例如 55HRC，64HRC 等。

表 1-4　常用的三种洛氏硬度试验条件及应用范围

硬度符号	压头类型	总试验力 F/kN	硬度值有效范围	应用举例
HRA	120°金刚石圆锥体	0.5884	70～85HRA	硬质合金，表面淬硬层
HRB	ϕ1.588mm 钢球	0.9807	25～100HRB	非铁金属，退火、正火钢等
HRC	120°金刚石圆锥体	1.4711	20～67HRC	淬火钢，调质钢等

注：总试验力＝初始试验力＋主试验力；初始试验力全为 98N。

洛氏硬度 HRC 可以用于硬度很高的材料，操作简便迅速，而且压痕很小，几乎不损伤工件表面，故在钢件热处理质量检查中应用最多。但由于压痕小，硬度值代表性就差些，如果材料有偏析或组织不均匀的情况，则所测硬度值的重复性差，需在试样不同部位测定三点，取其算术平均值。

上述硬度试验方法中，布氏硬度试验力与压头直径受制约关系的约束，并有钢球压头的变形问题；洛氏硬度各标度之间没有直接的简单的对应关系。维氏硬度（用符号 HV 表示）克服了上述两种硬度试验的缺点，其优点是试验力可以任意选择，特别适用于表面强化处理（如化学热处理）的零件和很薄的试样，但维氏硬度试验的生产率不如洛氏硬度试验高，不宜用于成批生产的常规检验。维氏硬度的测定原理与布氏硬度相类似，其试验方法和技术条件可参阅国家标准 GB4340—1984。

1.6　韧性与疲劳强度

1.6.1　韧性

机械零部件在服役过程中不仅受到静载荷或变动载荷作用，而且受到不同程度的冲击载荷作用，如锻锤、冲床、铆钉枪等。在设计和制造受冲击载荷的备件和工具时，必须考虑所用材料的冲击吸收功或冲击韧度。

目前最常用的冲击试验方法是摆锤式一次冲击试验，其试验原理如图 1-22 所示。

先将欲测定的材料加工成标准试样，然后放在试验机的机架上，试样缺口背向摆锤冲击方向，如图 1-22(a)所示，将具有一定重力 F 的摆锤举至一定高度 H_1，使其具有势能(FH_1)，然后摆锤落下冲击试样；试样断裂后摆锤上摆到 H_2 高度，在忽略摩擦和阻尼等条件下，摆锤冲断试样所做的功，称为冲击吸收功，以 A_K 表示，则有 $A_K = FH_1 - FH_2 = F(H_1 - H_2)$。在 GB/T229—1994 中，仅规定了冲击吸收功的概念。若用试样断口处截面积 S_N 去除 A_K。则得到冲击韧度，用 a_K 表示，单位为 J/cm^2。

$$a_K = A_K / S_N$$

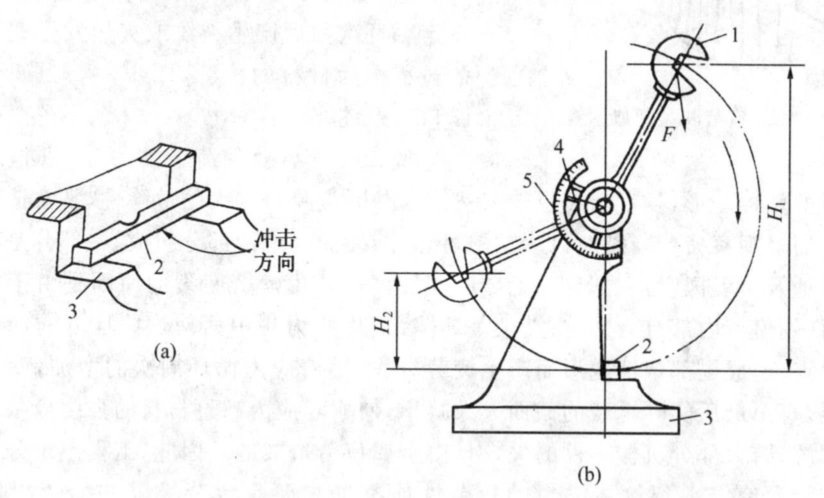

图 1-22　冲击试验原理图

1-摆锤　2-试样　3-机架　4-指针　5-刻度盘

对一般常用钢材来说，所测冲击吸收功 A_K 越大，材料的韧性越好。但由于测出的冲击吸收功 A_K 的组成比较复杂，所以有时测得的 A_K 值及计算出来的 a_K 值不能真正反映材料的韧脆性质。

长期生产实践证明 a_K，A_K 值对材料的组织缺陷十分敏感，能灵敏地反映材料品质、宏观缺陷和显微组织方面的微小变化，因而冲击试验是生产上用来检验冶炼和热加工质量的有效办法之一。由于温度对一些材料的韧脆程度影响较大，为了确定材料由塑性状态向脆性状态转化趋势，可分别在一系列不同温度下进行冲击试验，测定出 A_K 值随试验温度的变化。实验表明，A_K 随温度的降低而减小；在某一温度范围，材料的 A_K 值急剧下降，表明材料由韧性状态向脆性状态转变，此时的温度称为韧脆转变温度。根据不同的钢材及使用条件，其韧脆转变温度的确定有冲击吸收功、脆性断面率、侧膨胀值等不同的评定方法。

常温下钢材的冲击试验按 GB/T229—1994 和 GB/T12778—1991 的规定进行。金属低温和高温冲击试验具体要求参见 GB4159—1984 和 GB5775—1986。

1.6.2　疲劳极限

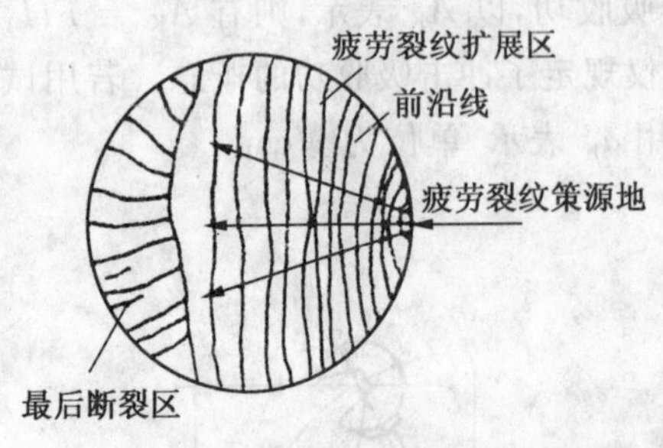

图 1-23　疲劳断裂断口示意图

许多机械零件如发动机曲轴、齿轮、各种滚动轴承等和许多工程结构都是在交变应力下工作的，它们工作时所承受的应力通常都低于材料的屈服强度。材料在循环应力和应变作用下，在一处或几处产生局部永久性累积损伤，经一定循环次数后产生裂纹或突然发生完全断裂的过程称为材料的疲劳，图 1-23 为疲劳断裂断口示意图。

疲劳失效与静载荷下的失效不同，断裂前没有明显的塑性变形，发生断裂也较突然。这种断裂具有很大的危险性，常常造成严重的事故。通过观察疲劳断裂断口示意图可知，断裂面都由两部分组成，一部分是光滑的裂纹策源地及扩展区，另一部分是毛糙的断裂区。产生疲劳断裂的原因是由于材料表面有尖角、划痕或内部有微裂纹、夹杂等缺陷，产生应力集中而使这些地方的局部应力大于屈服点，形成局部塑性变形而产生疲劳裂纹，随着应力循环周次的增加，疲劳裂纹不断扩展，直至最后实际承载的截面大大减小，使实际应力超过材料的强度极限而突然断裂。据统计，大部分机械零件的失效是由金属疲劳造成的。因此，工程上十分重视对疲劳机理的研究。无裂纹体材料的疲劳性能判据主要是疲劳极限和疲劳缺口敏感度等。

在交变载荷下，金属材料承受的交变应力(σ)和断裂时应力循环次数(N)之间的关系，通常用疲劳曲线来描述，如图 1-24 所示。金属材料承受的最大交变应力 σ 越大，则断裂时应力交变的次数 N 越小；反之 σ 越小，则 N 越大。当应力低于某值时，应力循环到无数次也不会发生疲劳断裂，此应力值称为材料的疲劳极限，以 σ_D 表示。常用钢铁材料的疲劳曲线如图 1-25(a)所示，形状有明显的水平部分。

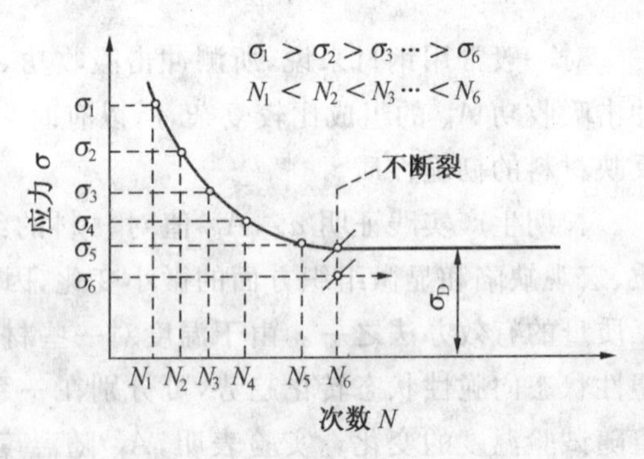

图 1-24　疲劳曲线示意图

其他大多数金属材料的疲劳曲线如图 1-25(b)所示，没有水平部分。在这种情况下，规定经某一循环次数 N_0 断裂时所对应的应力作为条件疲劳极限，以 $\sigma_{R(N)}$ 表示。

通常材料疲劳性能的测定是在旋转弯曲试验机上进行的，具体试验方法请参阅 GB4337—1984《金属材料旋转弯曲试验方法》。试验规范规定金属材料指定寿命(循环

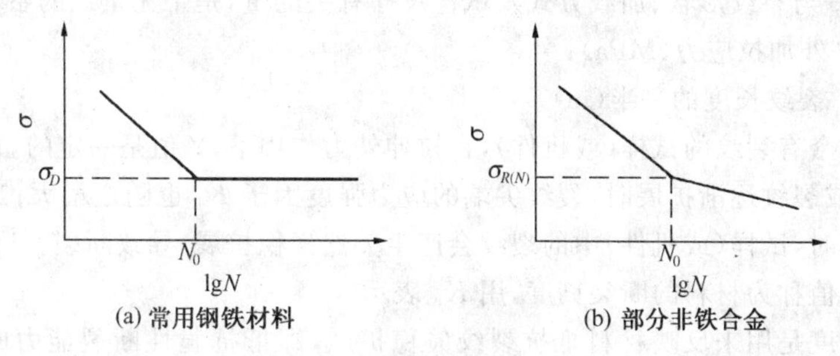

(a) 常用钢铁材料　　(b) 部分非铁合金

图1-25　两种类型疲劳曲线

基数）N_0（如合金钢为10^7，低碳钢为5×10^6）。

应力循环次数达到N_0仍不发生疲劳破坏，此时的最大应力可作为疲劳极限。通常这种在对称应力循环条件下的纯弯曲疲劳极限用σ_{-1}表示。

由于疲劳断裂通常是从机件最薄弱的部位或内外部缺陷所造成的应力集中处发生，因此循环应力特性、环境介质、温度、机件表面状态、内部组织缺陷等都是影响疲劳断裂的因素，这些因素导致疲劳裂纹的产生或加速裂纹扩展而降低疲劳寿命。

金属表面是疲劳裂纹易于产生的地方，而实际零件大部分都承受交变弯曲或交变扭转载荷，表面处应力是最大的。因此，进行表面强化处理（形变强化、表面淬火及化学热处理等）就成为提高工件疲劳极限的有效途径。在进行机件设计和加工时，应选择合理的结构形状，防止表面损伤，避免应力集中。

由于工程实际的要求，对疲劳的研究工作已逐渐从正常条件下的疲劳问题扩展到特殊条件下的疲劳问题，如腐蚀疲劳、接触疲劳、高温疲劳、热疲劳、微动磨损疲劳等，对这些疲劳的测试技术正在广泛研究中，并已逐步标准化。

1.6.3　断裂韧度

前面几节讨论力学性能，都是假定材料是均匀、连续、各向同性的。以这些假设为依据的设计方法称为常规设计方法。用高强度金属材料制造的工件，根据常规方法分析认为是安全的设计，有时会发生意外断裂事故。研究这种在高强度金属材料中发生的低应力脆性断裂，发现前述假设是不成立的。实际上，材料的组织并非是均匀、各向同性的，组织中存在微裂纹，还会有夹杂、气孔等宏观缺陷，这些缺陷可看成是材料中的裂纹。当材料受外力作用时，这些裂纹的尖端附近便出现应力集中，形成一个裂纹尖端的应力场。根据断裂力学对裂纹尖端应力场的分析，裂纹前端附近应力场的强弱主要取决于一个力学参数，即应力强度因子K_{I}，单位为$\mathrm{MN\cdot m^{-3/2}}$。

$$K_{\mathrm{I}}=Y\sigma\sqrt{a}$$

式中：Y——与裂纹形状、加载方式及试样尺寸有关的量，是个无量纲的系数；

σ——外加拉应力(MPa)；

a——裂纹长度的一半(m)。

对某一个有裂纹的试样(或机件)，在拉伸外力作用下，Y 值是一定的。当外加拉力逐渐增大，或裂纹逐渐扩展时，裂纹尖端的应力强度因子 K_{I} 也随之增大；当 K_{I} 增大到某一临界值时，试样(或机件)中的裂纹会产生突然失稳扩展，导致断裂。这个应力强度因子的临界值称为材料的断裂韧度，用 K_{IC} 表示。

断裂韧度是用来反映材料抵抗裂纹失稳扩展，即抵抗脆性断裂能力的性能指标。当 $K_{\mathrm{I}} < K_{\mathrm{IC}}$ 时，裂纹扩展很慢或不扩展；当 $K_{\mathrm{I}} > K_{\mathrm{IC}}$ 时，则材料发生失稳脆断，它的物理意义可以表述为：材料抵抗内部裂纹发生临界快速扩展的一种能力。这是一项重要的判据，可用来分析和计算一些实际问题。例如，若已知材料的断裂韧度和裂纹尺寸，便可以计算裂纹扩展以致断裂的临界应力，即机件的承载能力；或者已知材料的断裂韧度和工作应力，就能确定材料中允许存在的最大裂纹尺寸 $2a$。

断裂韧度测定是把试验材料制成一定形状和尺寸的试样，在试样上预制出能反映材料实际情况的疲劳裂纹，然后施加载荷，试验中用仪器自动记录并绘出外力和裂纹扩展的关系曲线，经过计算和分析，确定断裂韧度。能够反映材料抵抗裂纹失稳扩展的性能指标及其试验测定方法有多种，具体试验测定方法及要求见 GB4161—1984《K_{IC}金属材料平面应变断裂韧度 K_{IC}试验方法》、GB2358—1994《金属材料裂纹尖端张开位移试验方法》(COD)，GB2038—1991《利用 J_{R} 阻力曲线确定金属材料延性断裂韧度的试验方法》(J_{IC})等。

断裂韧度是材料本身的一种力学性能指标，是强度和韧性的综合指标，它与裂纹的大小、形状、外加应力等无关，主要取决于材料的成分、内部组织和结构。

思考练习题

1. 名词解释

(1) 晶体、晶格与晶胞

(2) 晶面与晶向

(3) 致密度与晶格常数

(4) 单晶体与多晶体

(5) 点缺陷、线缺陷、面缺陷与位错

(6) 亚晶界、大角晶界与小角晶界

(7) 组织、相、固溶体、金属化合物

(8) 置换固溶体与间隙固溶体

(9) 有限固溶体与无限固溶体

2. 什么是固溶强化?

3. 常见的金属晶体结构类型有哪几种? 绘出其晶胞图,说明其主要特征。

4. 请计算面心立方晶格的原子半径和致密度。

5. 为什么单晶体具有各向异性,而多晶体一般不显示各向异性?

6. 定性说明金属的强度随其位错密度变化的趋势。

7. 什么叫做应力? 什么叫做应变? 低碳钢拉伸应力—应变曲线可分为哪几个变形阶段? 这些阶段各具有什么明显特征?

8. 由拉伸试验可以得出哪些力学性能指标? 在工程上这些指标是怎样定义的?

9. 有一 $d_0 = 10.0\text{mm}$,$L_0 = 50\text{mm}$ 的低碳钢比例试样,拉伸试验时测得 $F_S = 20.5\text{kN}$,$F_b = 21\text{kN}$,$d_1 = 6.25\text{mm}$,$L_1 = 66\text{mm}$,试确定此钢材的 σ_s,σ_b,δ 和 ψ。强度数值修约到 5 MPa,塑性数值修约到 1%(采用 GB8170—1987 数值修约规则的修约方法)。

10. 在生产中冲击试验有何重要作用? 什么叫韧脆转变温度?

11. 什么叫疲劳极限? 为什么表面强化处理能有效地提高疲劳极限?

12. 断裂韧度与其他常见力学性能指标的根本区别是什么?

第2章

金属的结晶与铁碳相图

固体材料按内部原子聚集状态不同,分为晶体和非晶体两大类,固态金属与合金基本上都是晶体物质。研究金属与合金结晶的基本规律,对改善其组织和性能具有重要意义。铁碳合金是现代工业中应用最广泛的金属材料,不同成分的铁碳合金具有不同的组织和性能。对铁碳合金相图的研究与分析是掌握铁碳合金成分、组织、性能和应用的重要方法。

2.1 纯金属的结晶

2.1.1 纯金属的结晶

物质由液态转变为固态的过程称为凝固,如果通过凝固形成晶体结构,则又称为结晶,也可以说结晶是原子从不规则排列过渡到规则排列状态的过程。晶体物质都有一个平衡结晶温度(熔点),液体低于这一温度时才能结晶,固体高于这一温度时便发生熔化。在平衡结晶温度,液体与晶体同时共存,处于平衡状态。而非晶体物质无固定的凝固温度,凝固总是在某一温度范围逐渐完成。纯金属的实际结晶过程可用冷却曲线来描述。冷却曲线是温度随时间而变化的曲线,金属的结晶过程可以通过热分析法进行研究。图 2-1 为热分析装置示意图。将熔化的金属非常缓慢地冷却下来,在冷却过程中记录下温度与时间变化的数据,然后将该数据描绘在温度—时间的直角坐标上,便绘出温度随时间变化的曲线,图 2-2 所示就是冷却曲线。

从图 2-2 可以看出,液态金属随时间冷却到某一温度时,在曲线上出现一段暂时恒温的现象(曲线中的水平阶段),这个平台所对应的温度就是纯金属的实际结晶温度。出现一段暂时恒温的现象是因为结晶时放出结晶潜热,补偿了此时向环境散发的热量,使温度保持恒定,当温度继续下降时表示结晶已经完成。

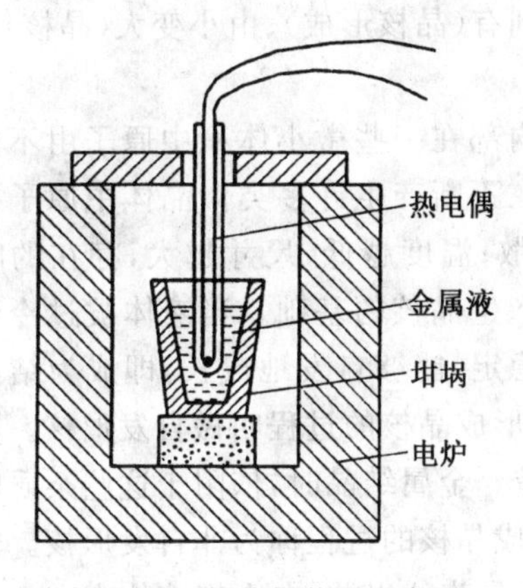

图 2-1　热分析装置示意图

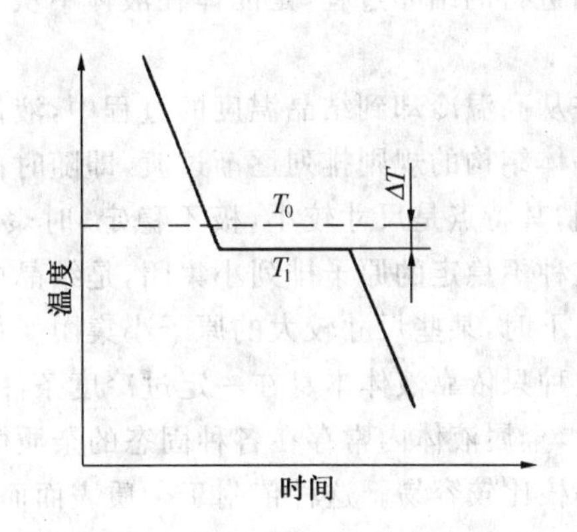

图 2-2　纯金属结晶时的冷却曲线

实验表明,纯金属的实际结晶温度 T_1 总是低于平衡结晶温度 T_0,这种现象叫做过冷现象。实际结晶温度 T_1 与平衡结晶温度 T_0(熔点)的差值 ΔT 称为过冷度。液体冷却速度越大,ΔT 越大。从理论上说,当散热速度无限小时,ΔT 趋于 0,即实际结晶温度与平衡结晶温度趋于一致。

为什么液体必须具有一定的过冷度,结晶才能自发进行?根据热力学第二定律可以证明,在等温等容(体积不变)条件下,一切自发变化过程都是朝着自由能降低的方向进行。自由能是受温度、压力、容积等多因素影响的物质状态函数,从其物理意义来说,是指在一定条件下物质中能够自动向外界释放做功的那一部分能量。因为液体和晶体的结构截然不同,所以同一物质的液体和晶体在不同温度下的自由能变化是不同的,如图 2-3 所示。在温度 T_0,液体和晶体自由能相等,二者处于平衡状态。T_0 就是平衡结晶温度,即理论结晶温度。温度低于 T_0 时,即有一定过冷度,晶体的自由能低于液体,这时结晶可以自发进行。过冷度 ΔT 越大,液体和晶体的自由能差 ΔE 越大,结晶倾向越大。

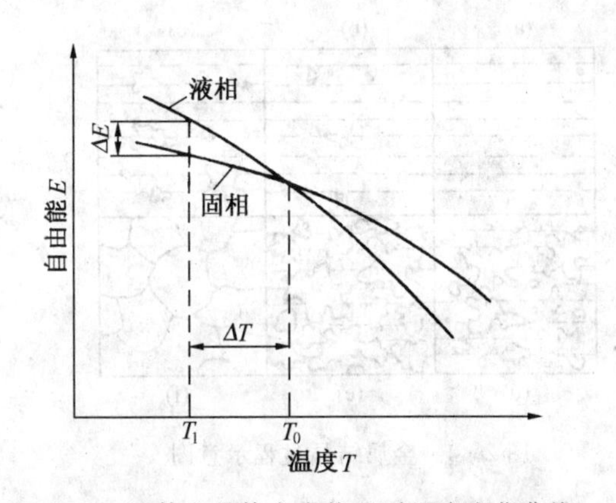

图 2-3　液体和晶体自由能 E 随温度变化曲线

2.1.2 结晶时晶核的形成和长大过程

从冷却曲线的水平线段可以看出结晶过程是需要一定时间的。实验证实晶体在此时间内进行的结晶过程，是晶体在液体中从无到有(晶核形成)、由小变大(晶核长大)的过程。

在从高温冷却到结晶温度的过程中，液体内部在一些微小体积中原子由不规则排列向晶体结构的规则排列逐渐过渡，即随时都在不断产生许多类似晶体中原子排列的小集团，其特点是尺寸较小，极不稳定，时聚时散；温度越低，尺寸越大，存在的时间越长。这种不稳定的原子排列小集团，是结晶中产生晶核的基础。当液体被过冷到结晶温度以下时，某些尺寸较大的原子小集团变得稳定，能够自发地成长，即成为结晶的晶核。这种只依靠液体本身在一定过冷度条件下形成晶核的过程叫做自发形核。在实际生产中，金属液体内常存在各种固态的杂质微粒。金属结晶时，依附于这些杂质的表面形成晶核比较容易。这种依附于杂质表面而形成晶核的过程称为非自发形核。非自发形核在工业生产中所起的作用更为重要，即在金属浇注以前，向金属液体中有意加入一些金属或合金，使其在金属液体中起到非自发形核的作用，增加形核率，使金属的晶粒细化，这种方法称为“变质(孕育)处理”。

如图 2-4 所示，当第一批晶核形成后，形核与长大这两个过程是同时在进行着的，直至每个晶核长大到互相接触，而每个长大了的晶核也就成为一个晶粒。

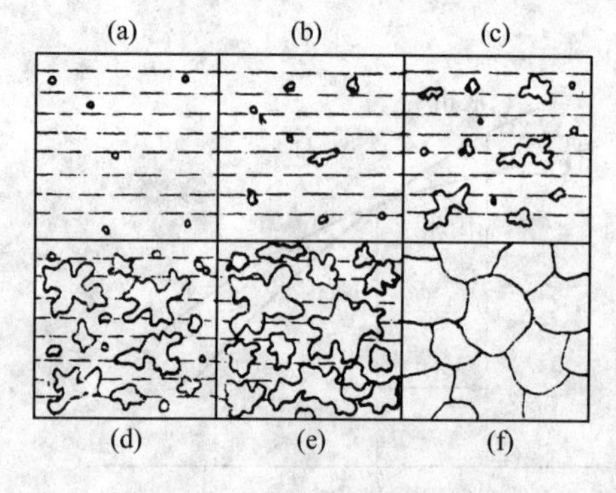

图 2-4 金属结晶过程示意图

图 2-5 树枝状晶体示意图

晶核长大受过冷度影响，当过冷度较大时，金属晶体常以树枝状方式长大。在晶核开始成长初期，因其内部原子规则排列的特点，故外形大多是比较规则的。但随着晶核的长大，形成了棱角，棱角处的散热条件优于其他部位，因而得到优先长大，如树枝一样先长出枝干，称为一次晶轴。在一次晶轴伸长和变粗的同时，在其侧面棱角处会长出二次晶轴，随后又可出现三次晶轴、四次晶轴……

图 2-5 示意性地表示了树枝状晶体的形状。相邻的树枝状骨架相遇时，树枝骨架

停止扩展，每个晶轴不断变粗长出新的晶轴，直到枝晶间液体全部消失，每一枝晶成长为一个晶粒。

2.1.3　金属结晶后的晶粒大小

金属结晶后，获得由许多晶粒组成的多晶体组织。晶粒的大小对金属的力学性能、物理性能和化学性能均有很大影响。细晶粒组织的金属强度高、塑性和韧性好，细小晶粒的这种优良作用常被称为“细晶强化”；而粗晶粒金属的耐蚀性好。作为软磁材料的纯铁，晶粒越粗大，则磁导率越大，磁滞损耗减少。

为了提高金属材料的力学性能，必须了解晶粒大小的影响因素及控制方法。

晶粒大小可以用单位体积内晶粒的数目来表示，通常测量常以单位截面积上晶粒数目或晶粒的平均直径来表示。

金属结晶后晶粒大小取决于形核率 N(晶核形成数目/(mm^3 · s))和长大率 G(mm/s)。N 越大，G 越小，则晶粒越细。图 2-6 定性地表示了形核率 N 及长大率 G 与过冷度 ΔT 之间的关系。N 和 G 都是随 ΔT 的增大而增长的。但两者的增长程度是不同的，N 的增长率大于 G 的增长率。ΔT 增大，单位体积内晶核数目增多，故晶粒变细。

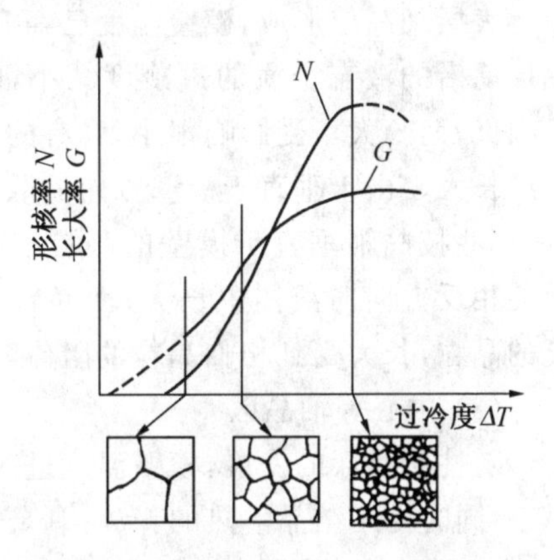

图 2-6　形核率 N 和长大率 G 与过冷度 ΔT 的关系

在实际生产中，对于铸锭或大铸件，由于散热慢，要获得较大的过冷度很困难，而且过大的冷却速度往往导致铸件过大的变形甚至开裂而造成废品。为了获得细晶粒组织，浇注前在液态金属中加入少量的变质剂，促使形成大量非自发晶核，提高形核率 N，这种细化晶粒的方法称为变质处理。变质处理在冶金和铸造生产中应用十分广泛，如钢中加入铝、钛、钒、硼，铸铁中加入硅、钙，铸造铝硅合金中加入钠盐等。

另外，在金属结晶时，对液态金属附加机械振动、超声波振动、电磁波振动等措施，造成枝晶破碎，使晶核数量增多，也能使晶核细化。

2.1.4　铸锭的组织

金属的铸态组织直接影响铸件的使用性能，金属铸锭的组织及质量也影响到压力加工后型材的质量。受到多种因素的影响，铸造金属的组织是多种多样的，这里通过对铸锭组织的分析来说明铸造金属组织的一般特点。

如果将一个金属铸锭沿纵向和横向剖开磨光并加以浸蚀，一般可以看到如图 2－7 所示的包括三个晶区的铸锭组织。

(1) 表面细晶层

当液态金属注入金属锭模后，由于模壁温度低，使表层液态金属发生强烈过冷，同时模壁促进非自发形核，因此形核率很高，形成细小的等轴晶粒(晶粒各方向的尺寸近乎相等)表层。

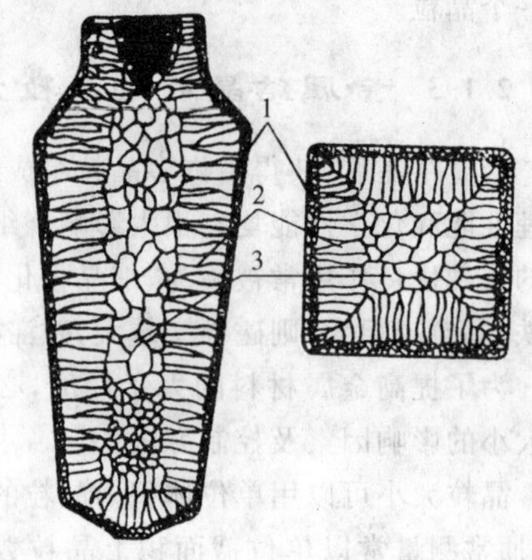

图 2－7　铸锭剖面组织

1－表面细晶层　2－柱状晶区　3－中心等轴晶区

(2) 柱状晶区

表层细晶粒形成，模壁温度已经升高，使细晶层前沿的液态金属的过冷度减小，因此形核率很低；而长大率受影响很小，已有的晶粒能够继续长大。由于垂直于模壁方向的散热速度最快，那些枝晶轴垂直于模壁的晶粒就会沿着散热的相反方向向液体中长大；而晶轴与模壁斜交的晶粒，长大受到相临晶粒的阻碍，这样就形成柱状晶粒。

(3) 中心等轴晶区

随柱状晶区的发展，模壁温度进一步升高，通过柱状晶区和模壁向外散热速度越来越小，同时由于结晶潜热的释放，剩余在锭模中心区的液体温度也渐趋均匀，几乎同时达到过冷状态。在剩余液体内部各处同时形成新晶核；由于种种原因，可能将一些未溶杂质推至中心区，或将柱状晶的枝晶冲断漂移到中心，它们都可成为中心区的晶核；这些晶核长出的树枝状晶，可以向各个方向长大，阻止了原来柱状晶的继续长大，因而在铸锭的中心部分形成等轴的晶粒。因中心区液态金属的过冷度较小，因此晶粒比较粗大。

上述铸锭中三层组织对铸锭性能的影响是不同的。表面细晶层力学性能虽好，但由于该层很薄，故对整个铸锭的性能影响不大。柱状晶区比较致密，对于塑性较好的非铁金属，希望得到较大的柱状晶区。另外柱状晶沿其长度方向的强度较高，所以对于那些主要承受单向载荷的机械零件，常采用定向凝固法获得柱状晶组织。但柱状晶粒的交界面常聚集易溶杂质和非金属夹杂物而形成脆弱界面，因此铸钢锭要设法抑制结晶时柱状晶区的发展。中心等轴晶区的性能没有方向性，但该区结晶时形成很多微小的缩孔(缩松)，这种疏松的组织致使力学性能降低。

铸锭的组织与合金液体的化学成分和凝固条件等因素有关。变更这些因素，就可以改变三层组织的相对厚度和晶粒的粗细，甚至可获得只由两个或一个晶区所组成的铸锭。一般液态金属过热度低、浇注温度低、冷却速度慢、散热均匀、未用变质处理和附加振动搅拌等都有利于中心等轴晶区的发展。

在金属铸锭中，除组织不均匀外，还经常存在着各种铸造缺陷，如缩孔、缩松、裂纹、气泡、偏析及非金属夹杂物等。

因此，要了解合金的成分与性能的关系，除了要了解相的结构和性能之外，还必须掌握合金及固态转变过程中所形成的各个相的数量及其分布规律。通过合金相图，可以掌握缓慢转变过程中合金组织变化的规律。

2.2　合金的性能与相图的关系

合金的内部组织远比纯金属复杂。同是一个合金系，合金的组织随化学成分的不同而变化；同一成分的合金，其组织随温度不同而变化。为了全面了解合金的组织随成分、温度变化的规律，对合金系中不同成分的合金进行实验，观察分析其在极其缓慢加热、冷却过程中内部组织的变化，绘制成图。这种表示在平衡条件下给定合金系中合金的成分、温度与其金相组织状态之间关系的坐标图形，称为合金相图（又称为合金状态图或合金平衡图）。

现以铅锡二元合金为例来说明用热分析法建立二元合金相图的过程。实验步骤如下：① 将铅锡两种金属配制成一系列不同成分的合金（表 2－1）；② 通过热分析法作出每个合金的冷却曲线（如图 2－8 所示），然后找出各冷却曲线上的相变点（转变温度）；③ 在温度—成分坐标图上，将各个合金的相变点分别标在相应合金的成分垂线上；④ 将各成分垂线上具有相同意义的点连接成线，并根据已知条件和分析结果在各区域内写上相应的相名称符号和组织名称符号，给曲线上重要点标注上字母和数字，就得到一个完整的二元合金相图（如图 2－8 所示）。

表 2－1　实验用 Pb－Sn 合金的成分和相变点

合金序号	化学成分 w_{Me}/%		相变点/℃	
	Pb	Sn	开始结晶温度	终止结晶温度
1	100	0	327	327
2	95	5	320	290
3	87	13	310	220
4	60	40	240	183
5	38.1	61.9	183	183
6	20	80	205	183
7	0	100	232	232

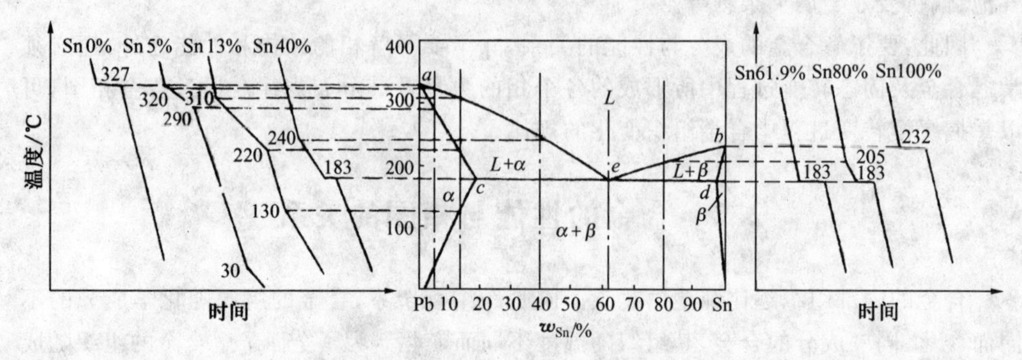

图 2-8　相图建立过程示意图

各个冷却曲线上的转折点和水平线，表示金属及合金在冷却到该温度时发生了冷却速度的突然改变，这是由于金属和合金在结晶（或固态相变）时有相变潜热释放出来，补充了部分或全部热量散失的缘故。纯 Pb 和纯 Sn 的结晶是在恒温下进行的，Sn 的质量分数 $w_{Sn}=61.9\%$合金的结晶过程也是恒温下进行的，恒温温度是 183℃，而其余合金的结晶过程则分别在一定的温度范围内进行。把所有代表合金结晶开始温度的相变点都连接起来成为 *aeb* 线，在此线上的 Pb－Sn 合金都呈液相状态，因此把此线称为液相线。同理 *acedb* 线叫固相线，此线以下的合金都处于固相状态。在液相线和固相线之间是液、固相平衡共存的两相区。在 *ced* 水平线成分范围的合金在结晶温度到达 183℃时，将发生恒温转变 $L_e=\alpha_c+\beta_d$，即从某种成分固定的液相合金中同时结晶出两种成分和结构皆不相同的固相，这种转变称为共晶转变，这时是 $L+\alpha+\beta$三相共存。

二元合金相图有多种不同的基本类型。实用的二元合金相图大都比较复杂，但复杂的相图总是可以看作是由若干基本类型的相图组合而成的。例如，铁碳合金相图（如图2-11所示）包含了包晶、匀晶、共晶（共析）三种基本二元合金相图（如图 2-9 所示）。

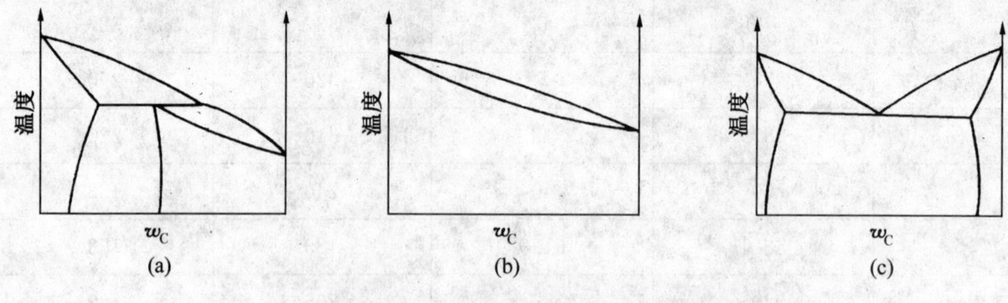

图 2-9　三种基本二元合金相图

(a) 包晶相图　(b) 匀晶相图　(c) 共晶相图

除二元合金相图外，还有三元合金相图、多元合金相图等用来分析多元合金的平衡相变过程和组织变化。

钢铁材料是现代工业中应用最为广泛的金属材料。虽然它们的种类很多，但都是以铁和碳作为基本组元的合金。要了解铁碳合金，首先应研究铁碳相图。

铁碳相图是研究在平衡状态下铁碳合金成分、组织和性能之间的关系及其变化规律的重要工具，掌握铁碳相图对于制定钢铁材料的加工工艺具有重要的指导意义。

由于铁和碳之间相互作用的复杂性，铁和碳可以形成 Fe_3C，Fe_2C，FeC 等一系列稳定的化合物，而稳定的化合物可以作为一个独立的组元，因此整个铁碳相图就可以分解为 $Fe-Fe_3C$，Fe_3C-Fe_2C，Fe_2C-FeC 等一系列二元相图。鉴于 $w_C>5\%$ 的铁碳含金没有实用价值，我们研究的铁碳相图，实际上是 Fe 和 Fe_3C 两个基本组元组成的 $Fe-Fe_3C$ 相图。

2.3　铁碳合金的组织

2.3.1　纯铁的同素异构转变

纯铁具有同素异构转变，可以形成体心立方和面心立方两种晶格的同素异构晶体。图 2－10 所示是纯铁在常压下的冷却曲线。由图可见，纯铁的熔点为 1538℃，在 1394℃和 912℃出现水平台。经分析，纯铁结晶后具有体心立方结构，称为δ－Fe。当温度下降到 1394℃时，体心立方的δ－Fe转变为面心立方结构，称为 γ－Fe。在 912℃时，γ－Fe又转变为体心立方结构，称为 α－Fe。再继续冷却时，晶格类型不再发生变化。正是由于纯铁具有这种同素异构转变，才有可能对钢和铸铁进行各种热处理，以改变其组织和性能。纯铁的同素异构转变过程同液态金属的结晶过程相似，遵循结晶的一般规律；有一定的平衡转变温度（相变点）；转变时需要过冷；转变过程也是由晶核的形成和晶核的长大来完成的。但是，由于这种转变是在固态下发生的，原子扩散困难，因此比

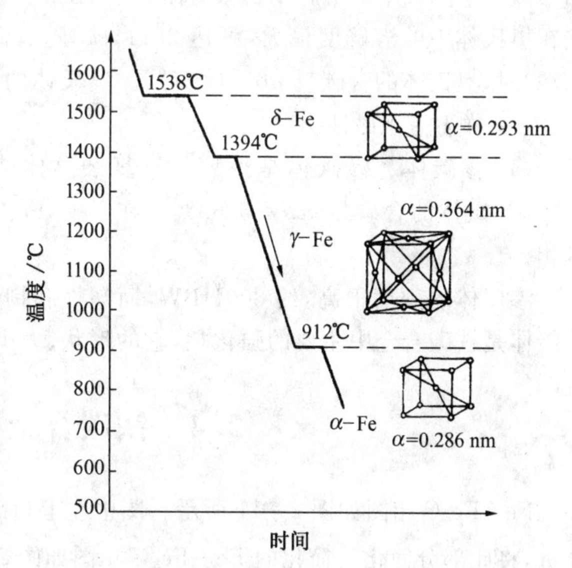

图 2－10　纯铁的冷却曲线及晶体结构变化

液态金属结晶具有较大的过冷度。另外,转变时晶格致密度的改变,将引起晶体体积的变化,因此同素异构转变往往要产生较大的内应力。

纯铁的磁性转变温度为770℃。磁性转变不是相变,晶格不发生转变。

2.3.2 铁碳合金的基本相及其性能

在液态下,铁和碳可以互溶成均匀的液体。在固态下,碳可有限地溶于铁的同素异构体中,形成间隙固溶体。当含碳量超过在相应温度固相的溶解度时,则会析出具有复杂晶体结构的间隙化合物——渗碳体。现将它们的相结构及性能介绍如下:

(1) 液相 铁碳合金在熔化温度以上形成的均匀液体称为液相,常以符号L表示。

(2) 铁素体 碳溶于α-Fe中形成的间隙固溶体称为铁素体,通常以符号F表示。碳在α-Fe中的溶解度很低,在727℃时溶解度最大,为0.0218%,在室温时几乎为零(0.0008%)。铁素体的力学性能几乎与纯铁相同,有时也称为纯铁体,其强度和硬度很低,但具有良好的塑性和韧性。其力学性能为:$\sigma_b = 180 \sim 280$MPa,$\delta = 30\% \sim 50\%$,$a_K = 160 \sim 200$J/cm^2,50 ~ 80HBS。$w_C < 0.02\%$的工业纯铁,在室温时的组织即由铁素体晶粒组成。

(3) 奥氏体 碳溶于γ-Fe中形成的间隙固溶体称为奥氏体。通常以符号A表示。碳在γ-Fe中的溶解度也很有限,但比在α-Fe中的溶解度大得多。在1148℃时,碳在奥氏体中的溶解度最大,可达2.11%。随着温度的降低,溶解度也逐渐下降,在727℃时,奥氏体的含碳量w_C=0.77%。奥氏体的硬度不高,易于塑性变形,奥氏体与γ-Fe一样不呈现磁性。

(4) 渗碳体 渗碳体是一种具有复杂晶体结构的间隙化合物。它的分子式为Fe_3C,渗碳体的含碳量w_C=6.69%。在Fe-Fe_3C相图中,渗碳体既是组元,又是基本相。

渗碳体的硬度很高,约800HBW,而塑性和韧性几乎等于零,是一个硬而脆的相。渗碳体是铁碳合金中主要的强化相,它的形状、大小与分布对钢的性能有很大影响。

2.4 铁碳合金相图

Fe-Fe_3C相图如图2-11所示。图中左上角部分实际应用较少,为了便于研究和分析,将此部分简化。简化的Fe-Fe_3C相图如图2-12所示。

简化的Fe-Fe_3C相图可视为由两个简单的典型二元相图组合而成。图中的右上半部分为共晶转变类型的相图,左下半部分为共析转变类型的相图。

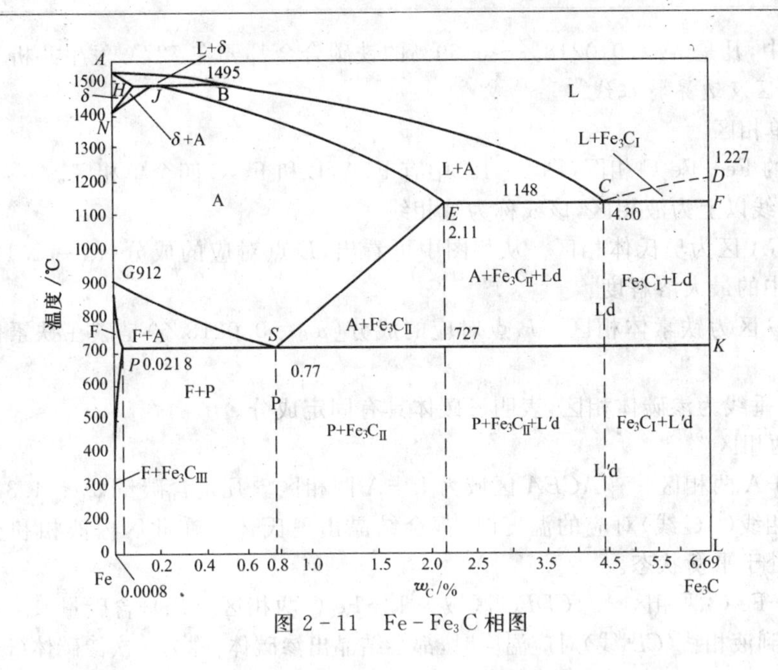

图 2-11　Fe-Fe_3C 相图

2.4.1　相区及其主要特性点和特性线的分析

1. 共晶转变线与共析转变线

简化相图中的两条水平线表示铁碳合金的两种恒温转变。研究铁碳合金的结晶过程主要是围绕这两条线进行的。

(1) 共晶转变线

ECF 线为铁碳合金的共晶转变线。*C* 点为共晶点，*C* 点成分($w_C=4.3\%$)的液相在 1148℃同时结晶出 *E* 点成分 $w_C=2.11\%$的奥氏体和 *F* 点成分 $w_C=6.69\%$的渗碳体。此转变称为共晶转变。共晶转变的表达式如下：

$$L_C(\text{液体}) \xrightleftharpoons{1148℃} A_E(\text{奥氏体}) + Fe_3C$$

共晶转变的产物称莱氏体，它是奥氏体和渗碳体组成的共晶混合物，用符号 Ld 表示。相图中，凡是 $w_C=2.11\%\sim6.69\%$的铁碳合金都要在 1148℃发生共晶转变。

(2) 共析转变线

PSK 线为铁碳合金的共析转变线。*S* 点为共析点，*S* 点成分($w_C=0.77\%$)的奥氏体在 727℃同时析出 *P* 点成分($w_C=0.0218\%$)的铁素体和 *K* 点成分($w_C=6.69\%$)的渗碳体。此转变称为共析转变。共析转变的表达式如下：

$$A_E(\text{奥氏体}) \xrightleftharpoons{727℃} F_p(\text{铁素体}) + Fe_3C$$

共析转变的产物称珠光体，它是铁素体和渗碳体组成的共析混合物，用符号 P 表示。相图中，凡是 w_C=0.0218%～6.69%的铁碳合金都要在 727℃发生共析转变。

2. 相区及边界特征线

(1) 单相区

简化的 $Fe-Fe_3C$ 相图(图 2-12)中有 F，A，L 和 Fe_3C 四个单相区。

ACD 线以上为液相区，该线称为液相线。

AESGA 区为奥氏体相区。从相图中可看出，*E* 点对应的成分(w_C=2.11%)是碳在奥氏体中的最大溶解度。

GPQG 区为铁素体相区。*P* 点对应的成分(w_C=0.0218%)是碳在铁素体中的最大溶解度。

DFK 垂线为渗碳体相区，表明渗碳体具有固定成分。

(2) 两相区

① L+A 两相区　*ACEA* 区域为 L+A 两相区。凡是含碳量 w_C<4.3%的液相缓冷到液相线(*AC* 线)对应的温度时，都会结晶出奥氏体。在此区内液相和奥氏体同时存在并处于平衡状态。

② L+Fe_3C 两相区　*CDFC* 区域为 L+Fe_3C 两相区。凡是含碳量 w_C>4.3%的液相，缓冷到液相线(*CD* 线)对应温度时，都会结晶出渗碳体，称为一次渗碳体($Fe_3C_{Ⅰ}$)。

③ A+Fe_3C 两相区　*EFKSE* 区域为 A+Fe_3C 两相区。在此区内，奥氏体中的含碳量 w_C 随温度的降低沿 *ES* 线从 2.11%变化至 0.77%。由于奥氏体溶碳能力的降低，多余的碳将从奥氏体中以渗碳体的形式析出，称为二次渗碳体($Fe_3C_{Ⅱ}$)。*ES* 线是 w_C>0.77%合金中碳在奥氏体中的溶解度曲线，是 $Fe_3C_{Ⅱ}$从奥氏体中析出的开始线。

④ F+A 两相区　*GSPG* 区为 F+A 两相区。含碳量 w_C<0.77%的铁碳合金缓冷至 *GS* 线对应温度时，将由奥氏体中析出铁素体。由于铁素体的析出，使得余下奥氏体的含碳量提高，沿 *GS* 线变化至 0.77%。*GS* 线是从铁素体奥氏体中析出的开始线。在此区内，与奥氏体平衡的铁素体，其含碳量随温度降低沿 *GP* 线变化至0.0218%。w_C<0.0218%的铁碳合金，当缓冷至 *GP* 线对应温度时，奥氏体全部转变成铁素体。

⑤ F+Fe_3C 两相区　*PKLQP* 区为 F+Fe_3C 两相区。*PQ* 线为碳在铁素体中的溶解度曲线。当合金从 727℃缓冷至室温时，碳在铁素体中的溶解度沿 *PQ* 线变化，从0.0218%变化到 0.0008%，并析出三次渗碳体($Fe_3C_{Ⅲ}$)。

2.4.2 典型合金的结晶过程及组织

铁碳合金由于成分的不同，室温下将得到不同的组织。根据含碳量及组织的不同，可将铁碳合金分为工业纯铁、钢及白口铸铁三类。

(1) 工业纯铁

w_C<0.0218%。

(2) 钢

0.0218%<w_C<2.11%。根据室温组织的不同，钢又可分为以下三种：

1）亚共析钢　0.0218%＜w_C＜0.77%；

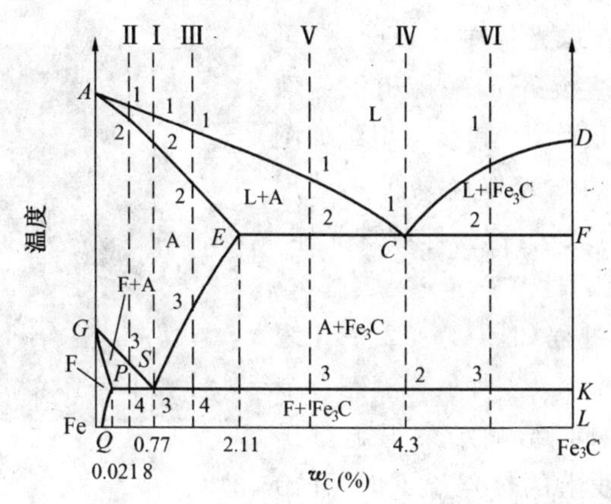

图 2-12　简化后的 Fe-Fe_3C 相图

2）共析钢　　w_C＝0.77%；

3）过共析钢　　0.77%＜w_C＜2.11%。

（3）白口铸铁

2.11%＜w_C＜6.69%。根据室温组织不同，白口铸铁又可分为三种：

1）亚共晶白口铸铁　2.11%＜w_C＜4.3%；

2）共晶白口铸铁　　w_C＝4.3%；

3）过共晶白口铸铁　4.3%＜w_C＜6.69%。

为了深入了解铁碳合金组织形成的规律，下面以六种典型铁碳合金为例，分析它们的结晶过程和室温下的平衡组织。六种合金在相图中的位置，如图 2-12 中的Ⅰ～Ⅵ。

1. 共析钢的结晶过程分析

共析钢（w_C＝0.77%的铁碳合金在工业上称为 T8 钢）的冷却过程如图 2-12 中Ⅰ线所示。当合金由液态缓冷到液相线 1 点温度时，从液相中开始结晶出奥氏体。随温度的降低，不断结晶出奥氏体，其成分沿固相线 AE 变化。液相的成分沿液相线 AC 变化。冷却至 2 点温度时，液相全部结晶为奥氏体。从 2 至 3 点温度范围内为单相奥氏体的冷却。冷至 3 点温度（727℃）时，奥氏体发生共析转变，生成珠光体。图 2-13 所示为冷却过程中共析钢组织转变过程。

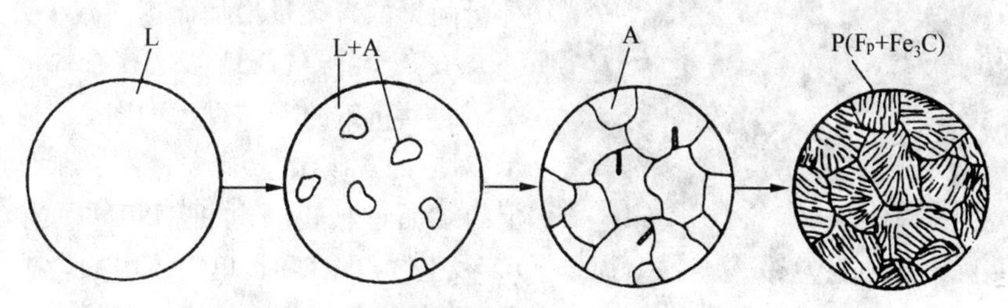

图 2-13　共析钢结晶过程组织转变示意图

当温度继续下降时，铁素体的成分沿 PQ 线变化，析出极少量的三次渗碳体。由于三次渗碳体量极少，在珠光体中难以分辨，可以忽略不计。共析钢室温下的平衡组织为珠光体。珠光体一般呈层片状，其显微组织如图 2-14 所示。层片状的珠光体经某种热处理后，其中的渗碳体变为球状，称为球状珠光体。

图 2-14 共析钢的显微组织

2. 亚共析钢的结晶过程分析

亚共析钢的冷却过程如图 2-12 中Ⅱ线(对应的含碳量 $w_C=0.45\%$)所示。液态合金结晶过程与共析钢相同，结晶结束得到奥氏体。当合金冷至 GS 线上的 3 点温度时，开始从奥氏体中析出铁素体，称为先共析铁素体。随着温度的下降，由于含碳量极低的铁素体的不断析出，使得剩余奥氏体的含碳量逐渐增大并趋近于 S 点，铁素体和奥氏体的含碳量分别沿 GP 线和 GS 线变化。冷至 4 点温度(727℃)时，剩余奥氏体的含碳量增加到共析点 $w_C=0.77\%$。此温度时剩余的奥氏体发生共析转变，生成珠光体，温度继续下降时钢的组织基本上不发生变化。图2-15为亚共析钢结晶过程组织转变示意图。图 2-16 为亚共析钢的显微组织示意图。

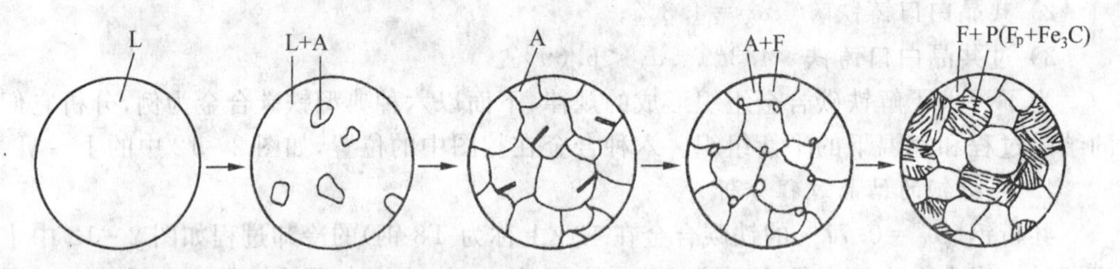

图 2-15 $w_C<0.5\%$的亚共析钢结晶过程组织转变示意图

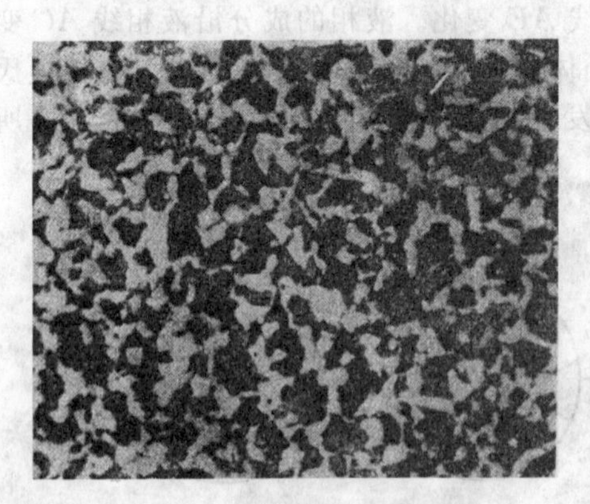
图 2-16 亚共析钢的显微组织

所有亚共析钢的结晶过程均相似，其室温下的平衡组织都是由先共析铁素体和珠光体组成的。它们的差别是组织中的先共析铁素体量随钢的含碳量增加而逐渐减少。

3. 过共析钢的结晶过程分析

过共析钢的冷却过程如图 2-12 中线Ⅲ所示(对应的含碳量 $w_C=1.3\%$)。在 3 点温度以上的结晶过程也与共析钢相同。当合金冷至 ES 线上 3 点温度时，奥氏体中的含碳量达到饱和而开始沿晶界析出二次渗碳体。随着温度下降，w_C 为 6.69%的二次渗碳体不断析出，致使剩余奥氏体的含碳量逐渐减少，奥氏体的含碳量沿 ES 线变化并趋近于 S 点。当冷却到 4 点温度时，含碳量减至 $w_C=0.77\%$ 的奥氏体发生共析转变，生成珠光体。图 2-17 为过共析钢结晶过程组织转变示意图。

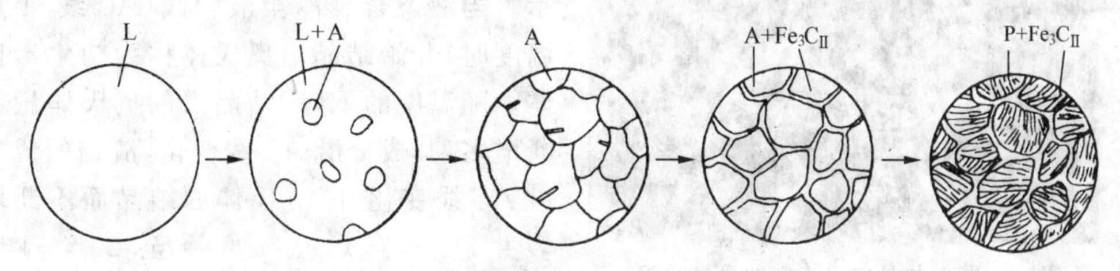

图 2-17　过共析钢结晶过程组织转变示意图

过共析钢室温下的平衡组织为二次渗碳体和珠光体，因二次渗碳体沿奥氏体晶界析出而呈网状分布，如图 2-18 所示。网状的二次渗碳体对钢的力学性能会产生不良的影响，使脆性增加，强度降低，应设法避免或消除连续网状渗碳体。

图 2-18　过共析钢的显微组织

4. 共晶白口铸铁的结晶过程分析

共晶白口铸铁的冷却过程如图 2-12 中Ⅳ线(对应的含碳量为 4.3%)所示，当液态合金冷到 1 点温度时，将发生共晶转变，生成莱氏体，以 Ld 表示。莱氏体是由共晶奥氏体和共晶渗碳体组成。由 1 点温度继续冷却，莱氏体中的奥氏体将不断析出二次渗碳体，奥氏体的成分沿 ES 线变化。当温度降到 2 点(727℃)时，奥氏体的含碳量降到 $w_C=0.77\%$，在恒温下发生共析转变而生成珠光体。图 2-19 为共晶白口铸铁组织转变的示意图。共晶白口铸铁室温下的组织是由珠光体、二次渗碳体和共晶渗碳体组成的，但其中两种渗碳体难以分辨。图2-20 为共晶白口铸铁的显微组织，这种组织称为低温莱氏体，以符号 Ld′表示。低温莱氏体仍保留了共晶转变后的形态特征。

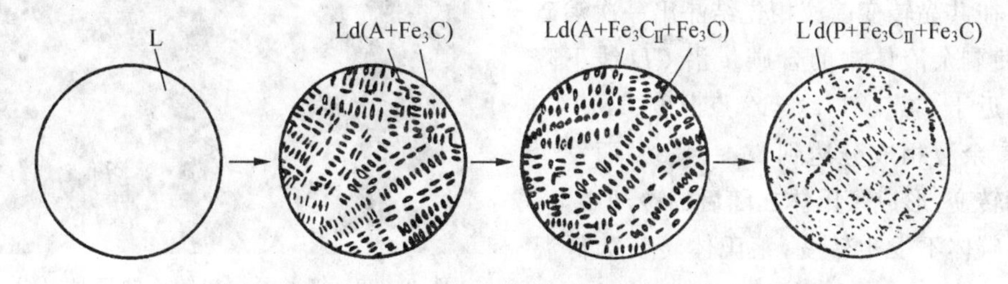

图 2-19　共晶白口铸铁结晶过程组织转变示意图

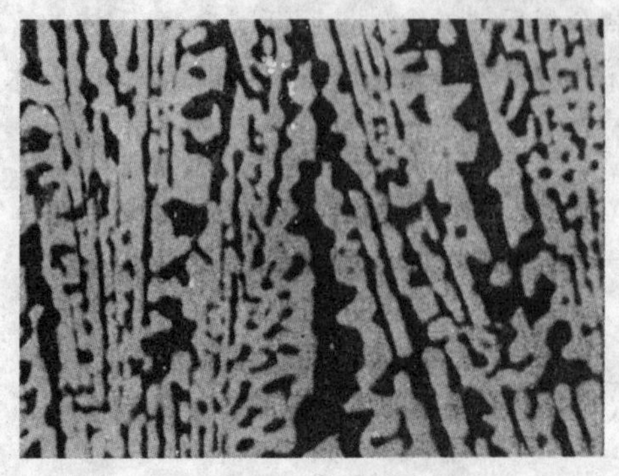

图 2-20　共晶白口铸铁的显微组织

5. 亚共晶白口铸铁的结晶过程分析

亚共晶白口铸铁的结晶过程如图 2-12中Ⅴ线（对应的含碳量为 3.0%）所示。当液态合金冷至液相线（*AC* 线）1 点温度时，开始结晶出奥氏体称为初生奥氏体。随温度的下降，结晶出的奥氏体量不断增多，其成分沿 *AE* 线变化，液相的成分沿 *AC* 线变化，随奥氏体的结晶而不断增多并趋近于 *C* 点。当冷至 2 点温度（1148℃）时奥氏体中 $w_C=2.11\%$，剩余液相的含碳量达到共晶点成分（$w_C=4.3\%$），发生共晶转变，生成莱氏体。在随后的冷却过程中初生奥氏体和共晶奥氏体均析出二次渗碳体，其成分沿 *ES* 线变化。当温度降至 3 点（727℃）时，奥氏体的含碳量达到 $w_C=0.77\%$，全部奥氏体将发生共析转变而生成珠光体。图2-21为亚共晶白口铸铁结晶过程组织转变的示意图。室温下亚共晶白口铸铁的组织为珠光体、二次渗碳体和低温莱氏体，如图 2-22 所示。图中呈树枝状分布的黑色块是由初生奥氏体转变成的珠光体，珠光体周围白色网状物为二次渗碳体，其余部分为低温莱氏体。

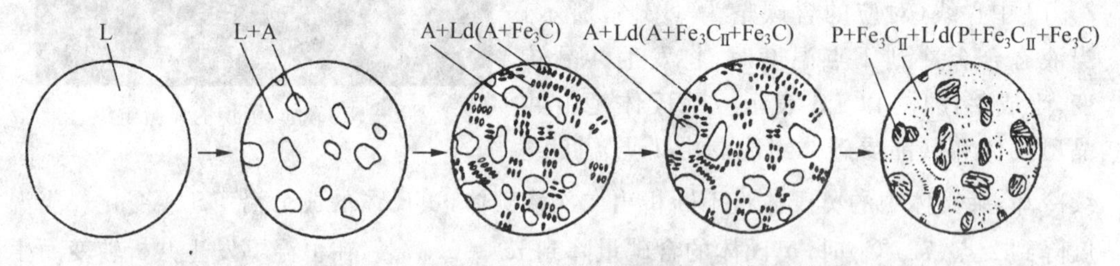

图 2-21　亚共晶白口铸铁结晶过程组织转变示意图

6. 过共晶白口铸铁的结晶过程分析

过共晶白口铸铁的冷却过程如图 2-12中Ⅵ线（对应的含碳量为 5.0%）所示。在共晶转变前液相先结晶出一次渗碳体，使剩余液体中的含碳量沿 *CD* 线下降并趋近于 *C* 点。当冷至 2 点温度（1148℃）时，剩余液相成分达到 $w_C=4.3\%$ 而发生共晶转变，形成莱氏体在随后的冷却中，一次渗碳体不发生转变，莱氏体转变为低温

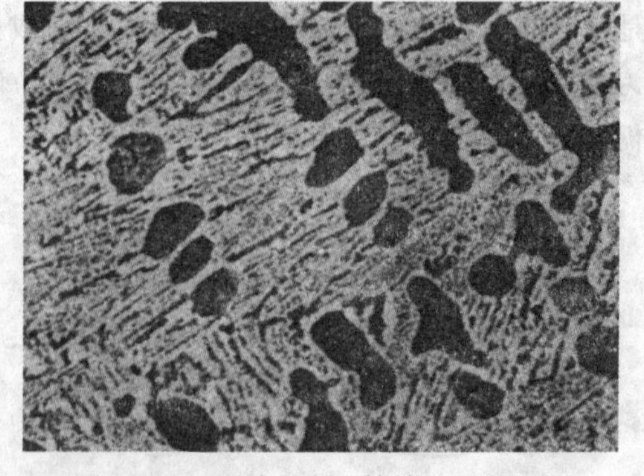

图 2-22　亚共晶白口铸铁的显微组织

莱氏体。图2－23为过共晶白口铸铁结晶过程组织转变示意图。

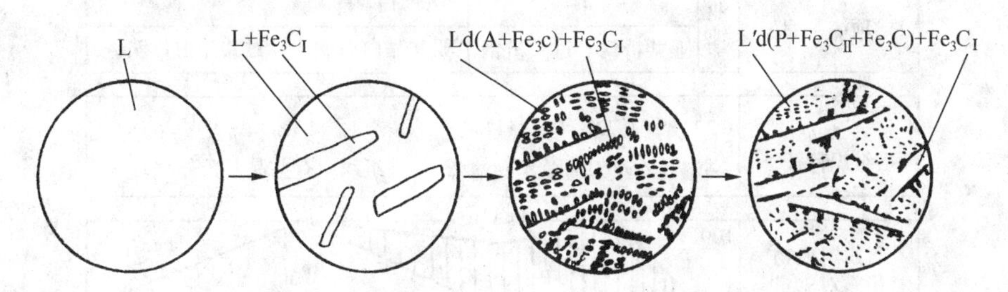

图 2－23　过共晶白口铸铁结晶过程组织转变示意图

过共晶白口铸铁的室温平衡组织为一次渗碳体和低温莱氏体，如图 2－24 所示。图中白色条片状的为一次渗碳体，其余部分为低温莱氏体。

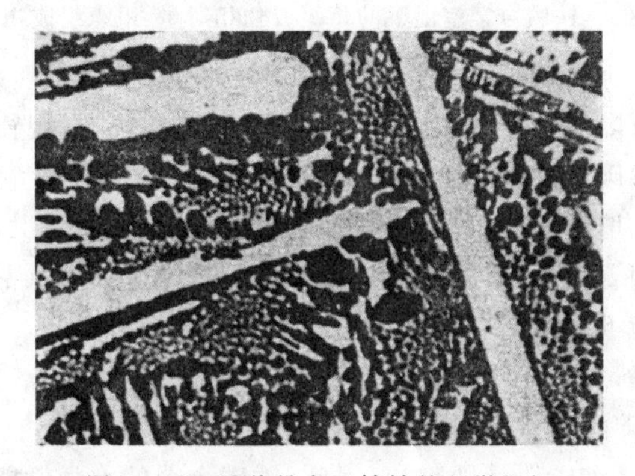

图 2－24　过共晶白口铸铁的显微组织

2.4.3　含碳量与铁碳合金组织及性能的关系

铁碳合金室温组织虽然都是由铁素体和渗碳体两相组成，但是，因其含碳量不同，故组织中两个相的相对数量、相对分布及形态不同，因而不同成分的铁碳合金具有不同的性能。

1. 铁碳合金含碳量与组织的关系

根据前面对铁碳合金结晶过程中组织转变的分析得知，我们已经了解了不同含碳量时铁碳合金的组织构成。图 2－25 表示铁碳合金与含碳量在室温下的平衡组织组成物及相组成物间的定量关系。

由于铁素体在室温时含碳量很低，因此在铁碳合金中碳主要以渗碳体的形式存在。随着合金含碳量的增加，组织中渗碳体的相对量也随之增加。而在各温度阶段形成的渗碳体因转变类型的不同，分别以不同的形态和分布构成各种组织。因此，渗碳体的存

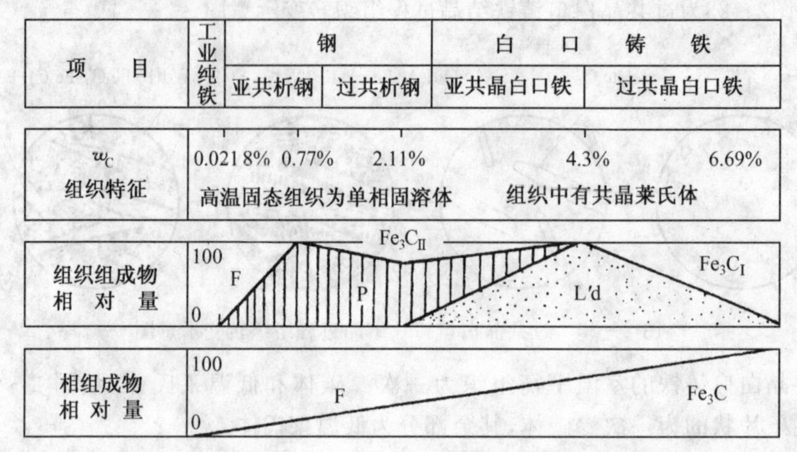

图 2－25　铁碳合金室温下的相组成物相对量、组织组成物相对量

在形式和相对量的多少是铁碳合金平衡组织分析的立足点。

从图 2－25 中可以清楚地看出铁碳合金组织变化的基本规律：随含碳量的增加，工业纯铁中的三次渗碳体的量随着增加，亚共析钢中的铁素体量随着减少，过共析钢中的二次渗碳体量随着增加。对于白口铸铁，随着含碳量增加，亚共晶白口铸铁中的珠光体和二次渗碳体量随着减少，过共晶白口铸铁中一次渗碳体和共晶渗碳体量随着增加。这就是铁碳合金平衡组织性能有极大差异的原因所在。

2. 铁碳合金中含碳量与力学性能的关系

在铁碳合金中，碳的含量和存在形式对合金的力学性能有直接的影响。铁碳合金中的铁素体是软韧相，渗碳体是硬脆相，因此，铁碳合金的力学性能，决定于铁素体与渗碳体的相对量及它们的相对分布。图 2－26 表示含碳量对缓冷状态钢力学性能的影响。从图中可以看出，含碳量很低的工业纯铁，是由单相铁素体构成的，故塑性很好，而强度、硬度很低。

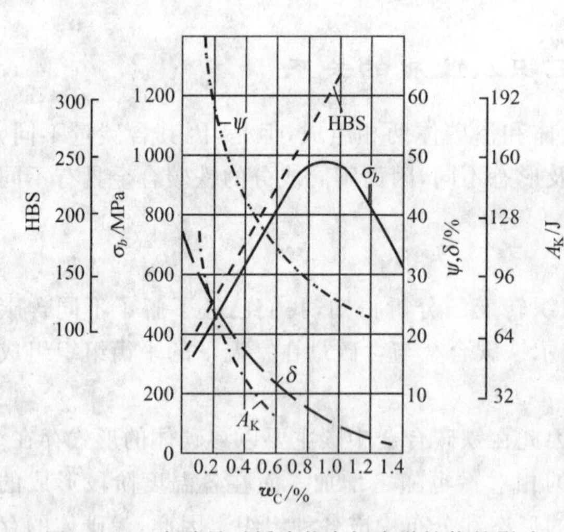

图 2－26　含碳量对缓冷状态钢力学性能的影响

亚共析钢组织中的铁素体随含碳的增多而减少，而珠光体量相应增加，因此塑性、韧性降低，强度和硬度直线上升。共析钢为珠光体组织，其具有较高的强度和硬度，但塑性较低。在过共析钢中，随着含碳量增加，开始时强度和硬度继续增加，当

$w_C=0.9\%$时，强度出现峰值。随后不仅塑性韧性继续下降，强度也显著降低。这是由于二次渗碳体量逐渐增加到能够形成连续的网状，从而使钢的脆性增加所致。硬度始终是直线上升的。如果能设法控制二次渗碳体的形态，抑制或消除连续网状渗碳体，则强度不会明显下降。由此可知，强度是一个对组织形态很敏感的性能。

白口铸铁中都存在莱氏体组织，具有很高的硬度和脆性，既难以切削加工，也不能进行锻造，因此，白口铸铁的应用受到限制。但是由于白口铸铁具有很高的抗磨损能力，表面要求高硬度和耐磨的零件，如犁铧、冷轧辊等，常用白口铸铁制造。

以上所述是铁碳合金平衡组织（极缓慢冷却条件）的性能。随冷却条件和其他处理条件的不同，铁碳合金的组织、性能会大不相同，这将在后续章节中讨论。

2.4.4　铁碳相图的应用

铁碳相图对生产实践具有重要意义。除了在选用材料时参考外，还可作为制定铸造、压力加工、焊接及热处理等热加工工艺的重要依据。

1. 选材

铁碳相图总结了铁碳合金组织和性能随成分的变化规律。这样就可以根据零件的服役条件和性能要求，来选择合适的材料。例如，若需要塑性好、韧性高的材料，可选用低碳钢；若需要强度、硬度、塑性等都好的材料，可选用中碳钢；若需要硬度高、耐磨性好的材料，可选用高碳钢；若需要耐磨性高、不受冲击的工件用材料，可选用白口铸铁。

随着科学技术的发展，产品对钢铁材料的要求更高，这就需要按照新的需求，根据国内资源研制新材料，去满足日益提高的要求，而铁碳相图可作为材料研制中预测其组织的基本依据。例如，碳钢中加入 Mn，可改变共析点的位置，组织中可提高珠光体相对含量，从而提高钢的硬度和强度。

2. 铸造

由相图可见，共晶成分的铁碳合金熔点最低，结晶温度范围最小，具有良好的铸造性能。因此，在铸造生产中，经常选用接近共晶成分的铸铁。

根据相图中液相线的位置，可确定各种铸钢和铸铁的浇注温度（如图 2－27 所示），为制定铸造工艺提供依据。与铸铁相比，钢的熔化温度和浇注温度要高得多，其铸造性能较差，易产生收缩，因而钢的铸造工艺比较

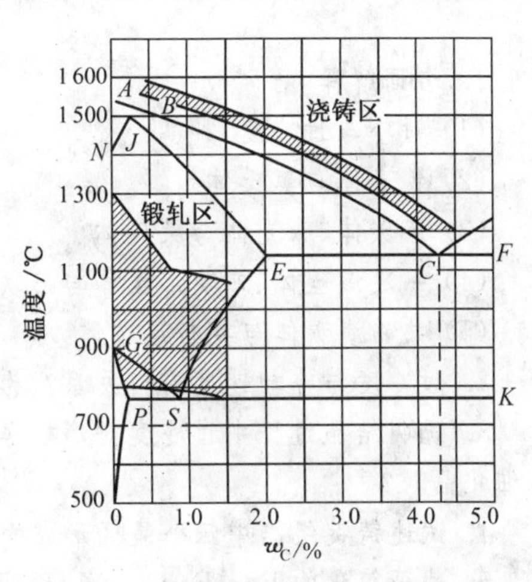

图 2－27　铁碳相图与铸锻工艺的关系

复杂。

3. 压力加工

奥氏体的强度较低，塑性较好，便于塑性变形，因此，钢材的锻造、轧制均选择在单相奥氏体区适当温度范围内进行。一般始锻(轧)温度控制在固相线以下 100～200℃(见图2－27)。温度过高，钢材易发生严重氧化或晶界熔化。终锻(轧)温度的选择可根据钢种和加工目的不同而异。对亚共析钢一般控制在 *GS* 线以上，避免在加工时铁素体呈带状组织而使钢材韧性降低。为了提高强度，某些低合金高强度钢选择 800℃为终轧温度。对过共析钢，则选择在 *PSK* 线以上某一温度，以便打碎网状二次渗碳体。

4. 焊接

焊接时从焊缝到母材各区域的加热温度是不同的，由图 2－11 $Fe-Fe_3C$ 相图可知，受不同加热温度的各区域在随后的冷却中可能会出现不同的组织与性能，这就需要在焊接后采用热处理方法加以改善。

5. 热处理

$Fe-Fe_3C$ 相图对制定热处理工艺有着特别重要的意义。这将在后续章节中详细介绍。

应该指出，铁碳相图是在极其缓慢的加热和冷却条件下测定的，它不能说明快速加热或冷却时铁碳合金组织变化的规律。因此，不能完全依据铁碳相图来分析生产过程中的所有问题，需结合转变动力学的有关理论综合分析。

思考练习题

1. 名词解释

(1) 过冷与过冷度

(2) 铁素体与奥氏体

(3) 渗碳体、珠光体与莱氏体

(4) 一次渗碳体、二次渗碳体与三次渗碳体

(5) 共晶渗碳体与共析渗碳体

2. 过冷度与冷却速度有何关系？为什么金属结晶时必须过冷？

3. 说明结晶过程中过冷度对形核率和长大率的影响规律，铸造生产中采取哪些措施细化晶粒？

4. 试述铸锭组织中三个晶区形成的原因。

5. 试画简化的 $Fe-Fe_3C$ 相图，说明图中主要点、线的意义，填出各相区的相和组织组成物。

6. 简述碳钢的含碳量、显微组织与力学性能之间的关系。

7. 同样形状的两块铁碳合金，其中一块是低碳钢，一块是白口铸铁，用什么简单的方法可迅速区分它们？

8. 根据 $Fe-Fe_3C$ 图，解释下列现象：

(1) 在室温下 $w_C=0.8\%$ 的碳钢比 $w_C=0.4\%$ 的碳钢硬度高，比 $w_C=1.2\%$ 的碳钢强度高。

(2) 钢铆钉一般用低碳钢制造。

(3) 绑扎物件一般用铁丝（镀锌低碳钢丝），而起重机吊重物时都用钢丝绳（用 60 钢、65 钢等制成）。

(4) 在 1100℃ 时，$w_C=0.4\%$ 的钢能进行锻造，而 $w_C=4.0\%$ 的铸铁不能进行锻造。

(5) 钳工锯削 T8，T10，T12 等退火钢料比锯削 10 钢、20 钢费力，且锯条易磨钝。

(6) 钢适宜压力加工成型，而铸铁适宜铸造成型。

9. 什么是合金相？了解热分析法建立合金相图的过程，以及结晶、自发形核、非自发形核。

第3章

金属的塑性变形与再结晶

塑性变形是金属的一个很重要性能，也是金属的一种主要加工方法，这是金属获得广泛应用的重要原因之一。塑性变形是压力加工(如锻造、轧制、挤压、拉拔、冲压等)的基础，大多数钢和有色金属及其合金都有一定的塑性，因此它们均可在热态或冷态下进行压力加工。

金属在塑性变形时不仅可以获得一定形状和尺寸的零件、毛坯或型材，而且还会引起金属内部组织与结构的变化，使铸态金属的组织与性能得到改善。因此，研究塑性变形过程中的组织、结构与性能的变化规律，对改进金属材料加工工艺，提高产品质量和合理使用金属材料都具有重要意义。当然，金属变形所产生的不利影响，可以在加工中或在加工之后对其加热，使其内部发生回复和再结晶来消除。

3.1 金属的塑性变形

金属的变形包括弹性变形和塑性变形，弹性变形是可逆的，而塑性变形是不可逆的，即在引起变形的外力去除后，其变形将得到永久保留。

3.1.1 单晶体的塑性变形

金属材料在工业上使用时，几乎都为多晶体。但单晶体的塑性变形是金属塑性变形的基础。单晶体塑性变形的基本方式是滑移和孪生。其中，滑移是最基本、最重要的塑性变形方式。

1. 滑移

滑移是指在切应力的作用下，晶体的一部分相对于另一部分沿一定晶面(即滑移面)发生相对滑动。

滑移在晶体表面形成相对滑动,造成一系列微小的台阶,可在显微镜下观察到在塑性变形的抛光试样表面存在的相互平行的线条,称为滑移带。滑移带是由许多滑移线组成的,如图 3-1 所示。

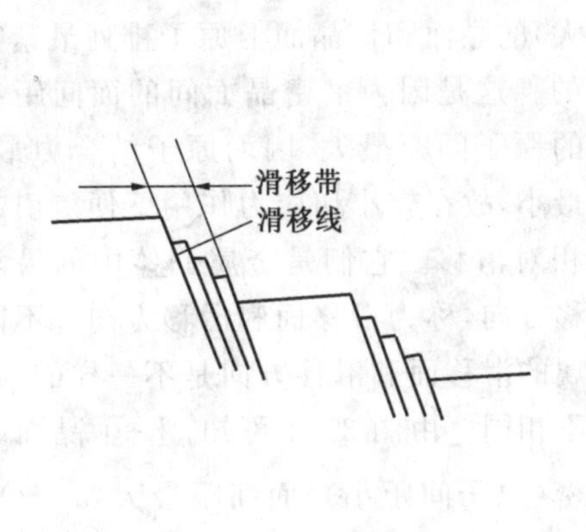

图 3-1　滑移带和滑移线

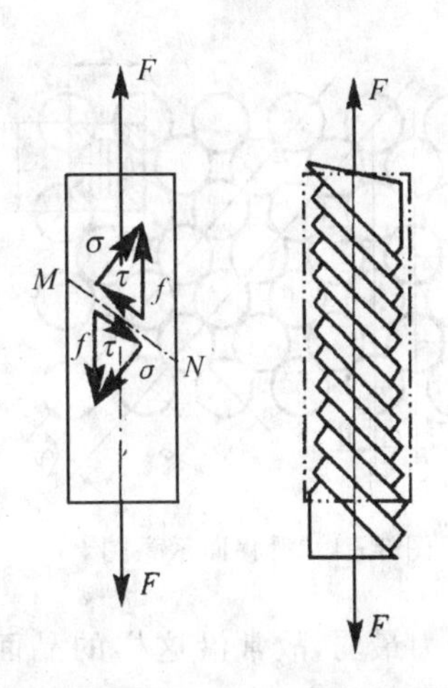

图 3-2　单晶体滑移示意图

单晶体受拉伸时,外力 F 作用在滑移面上的应力 f 可分解为正应力 σ 和切应力 τ,如图 3-2 所示。正应力只使晶体产生弹性伸长,并在超过原子间结合力时将晶体拉断。切应力则使晶体产生弹性歪扭并在超过滑移抗力时引起滑移面两侧的晶体发生相对滑移。

图 3-3 所示为单晶体在切应力作用下的变形情况。单晶体未受到外力作用时,原子处于平衡位置,如图 3-3(a)所示。当切应力较小时,晶格发生弹性歪扭,如图 3-3(b)所示,若此时去除外力,则切应力消失,晶格弹性歪扭也随之消失,晶体恢复到原始状态,即产生弹性变形。若切应力继续增大到超过原子间的结合力,则在某个晶面两侧的原子将发生相对滑移,滑移的距离为原子间距整数倍,如图 3-3(c)所示。此时如果使切应力消

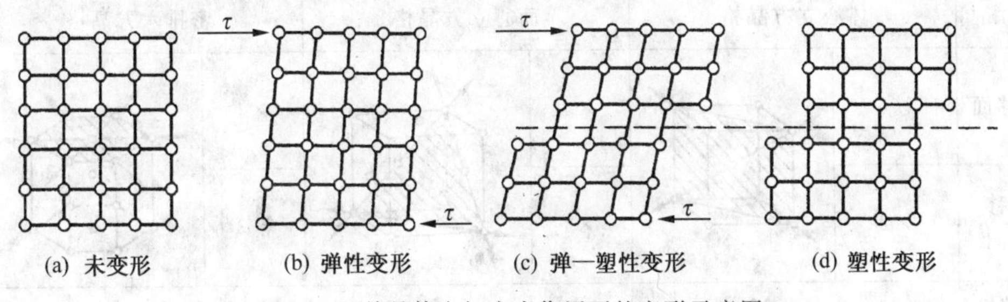

图 3-3　单晶体在切应力作用下的变形示意图

失，晶格歪扭可以恢复，但已经滑移的原子不能回复到变形前的位置，即产生塑性变形，如图 3-3(d)所示。如果切应力继续增大，在其他晶面上的原子也产生滑移，从而使晶体塑性变形继续下去。许多晶面都发生滑移后就形成了单晶体的整体塑性变形。

各种晶体的滑移具有明显的晶体学特征。一般，滑移并不是沿着任意的晶面和晶向发生的，而总是沿晶体中原子排列最紧密（原子线密度最大）的晶面和该晶面上原子排列最紧密的晶向进行的。这是因为最密晶面间的面间距和最密晶向间的原子间距最大，因而原子结合力最弱，滑移阻力最小，故在较小切应力作用下便能引起它们之间的相对滑移。它们是金属晶体中的易滑移面和易滑移方向，称为滑移面和滑移方向。不同晶格类型金属的滑移面和滑移方向是不一样的，它们的数量也不相同。由图 3-4 可知，Ⅰ-Ⅰ晶面原子排列最紧密（原子间距小），面间距最大（$a/\sqrt{2}$），面间结合力最弱，故常沿这样的晶面发生滑移。而Ⅱ-Ⅱ晶面原子排列最稀（原子间距大），面间距较小（$a/2$），面间结合力较强，故不易沿此面滑移。同样也可解释为什么滑移总是沿滑移面（晶面）上原子排列最紧密的方向上进行。

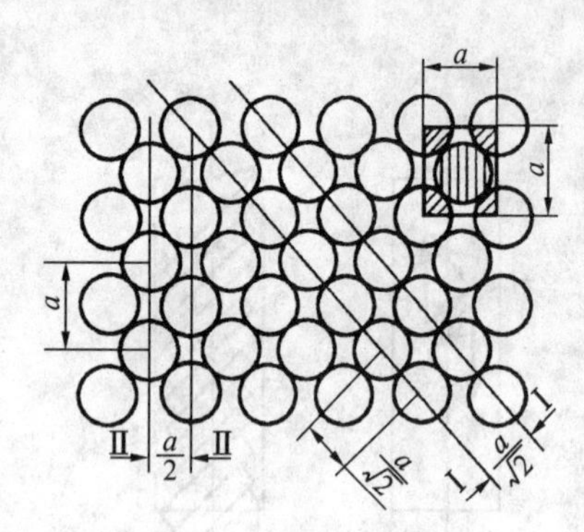

图 3-4　滑移面示意图

一个滑移面和这个面上的一个滑移方向，构成一个滑移系，因此晶体滑移系的数量等于滑移面数与滑移方向数的乘积。滑移系越多，金属发生滑移的可能性越大，其塑性也就越好。当滑移系的数量相同时，滑移方向多的金属塑性更好。如体心立方金属和面心立方金属的滑移系都是 12 个，但由于面心立方金属的滑移方向多于体心立方金属，故面心立方金属的塑性好于体心立方金属的塑性。因此，铜和铝的塑性优于铁。密排六方只有 3 个滑移系，它们的塑性较上述两种晶格金属的塑性差得多。三种典型晶格金属的滑移系如表 3-1 所示。

表 3-1　三种典型晶格金属的滑移系

晶格	体心立方晶格		面心立方晶格		密排六方晶格	
滑移面	×6		×4		×1	
滑移方向	×2		×3		×3	
滑移系	6×2=12		4×3=12		1×3=3	

如前所述，滑移是指滑移面上每个原子都同时移动到与其相邻的另一个平衡位置上，即作刚性移动。近代科学研究表明，滑移时并不是整个滑移面上的原子一齐作刚性移动，而是通过晶体中的位错线沿滑移面的移动来实现的。如图3-5所示，晶体在切应力作用下，位错线上面的两列原子向右作微量移动到"●"位置，位错线下面的一列原子向左作微量移动到"●"位置，这样就使位错在滑移面上向右移动一个原子间距。在切应力作用下，位错继续向右移动到晶体表面上，就形成了一个原子间距的滑移量(如图3-6所示)，结果，晶体就产生了一定量的塑性变形。由于位错前进一个原子间距时，一齐移动的原子数并不多(只有位错中心少数几个原子)，而且他们的位移量都不大。因此，使位错沿滑移面移动所需的切应力不大。位错的这种容易移动的特点，称作位错的易动性。可见，少量位错的存在显著降低了金属的强度。但当位错数目超过一定值时，随着位错密度的增加，强度、硬度逐渐增加，这是由于位错之间以及位错与其他缺陷之间存在相互作用，使位错运动受阻，滑移所需切应力增加，金属强度升高。

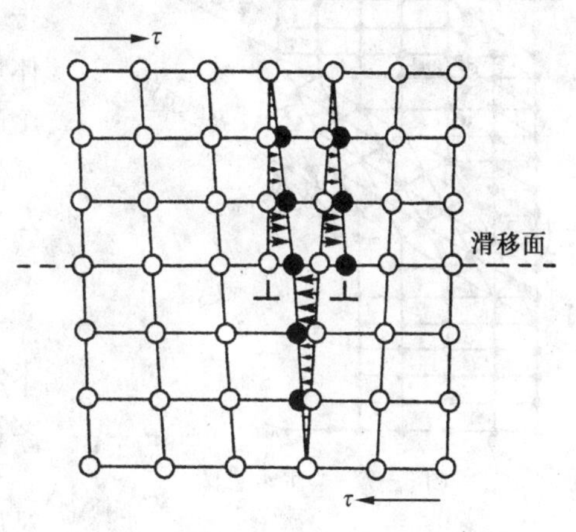

图3-5　刃型位错运动时的原子位移

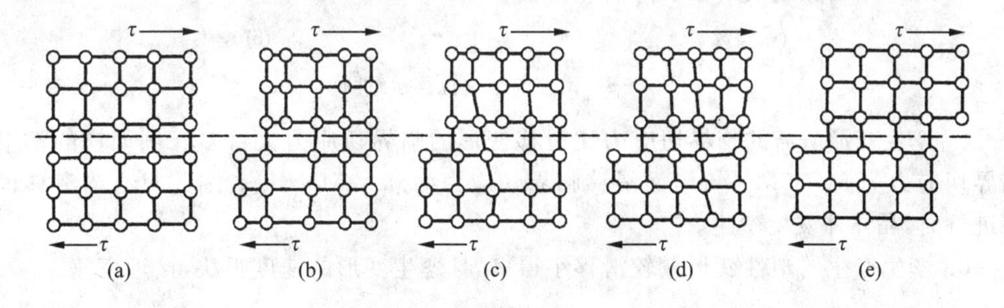

图3-6　刃型位错移动产生滑移的示意图

2. 孪生

与滑移相同，孪生也是指在切应力作用下，晶体的一部分相对于另一部分沿一定晶面(孪生面)和晶向(孪生方向)产生剪切变形(切变)，但孪生所需的切应力比滑移大得多。是否发生孪生与是否容易发生滑移有关。在面心立方金属中，由于容易发生滑移，通常不发生孪生，或者说由于发生了滑移，孪生来不及发生；在体心立方金属中，仅在室温以下或受到冲击时才发生孪生；密排六方金属由于滑移系较少而不易发生滑移，其塑

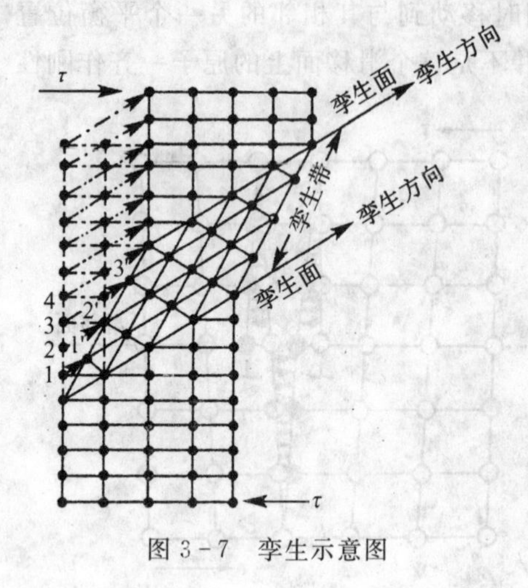

图 3-7 孪生示意图

性变形主要以孪生为主。

如图 3-7 所示，产生切变的部分称为孪生带。通过这种方式的变形，使孪生面两侧的晶体形成了镜面对称关系（镜面即孪生面）。整个晶体经变形后只有孪生带中晶格位向发生了变化，而孪生带两边外侧晶体的晶格位向没发生变化，但相距一定距离。

孪生与滑移变形的主要区别是：

a. 孪生使晶格位向改变，造成变形晶体与未变形晶体的对称分布；滑移不引起晶格的变化。

b. 孪生变形时，孪生带中相邻原子面的相对位移为原子间距的分数值；而滑移变形时，滑移的距离是原子间距的整数倍，如图 3-8 所示。

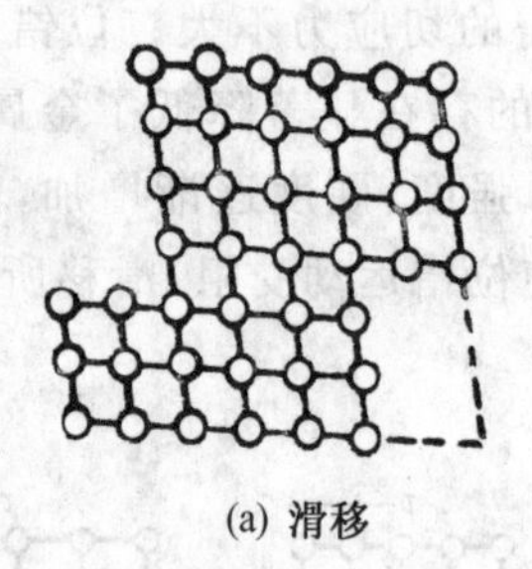

(a) 滑移

(b) 孪生

图 3-8 滑移与孪生位移示意图

c. 孪生变形所需的临界切应力比滑移变形的临界切应力大得多。例如镁的孪生临界切应力为 5～35MN/m^2，而滑移临界切应力为 0.83MN/m^2。因此只有当滑移很难进行时，晶体才发生孪生。

d. 孪生产生的塑性变形量较滑移小得多，且孪生变形的速度很快，接近声速。

3.1.2 多晶体的塑性变形

在工程上，使用的金属都是多晶体。多晶体金属中存在大量的晶粒，造成大量的晶界存在，所以多晶体的塑性变形比单晶体复杂得多。但多晶体塑性变形的基本方式仍然是滑移和孪生。

多晶体中由于晶界的存在以及各晶粒位向不同，故晶粒在外力作用下所受的应力状态和大小是不同的。因此，多晶体发生塑性变形时并不是所有晶粒都同时进行滑移，而是随着外力的增加，晶粒有先有后，分期分批地进行滑移。在外力作用下，滑移面和滑移方向与外力成 45°角的一些晶粒，受力最大，称它为软位向。而受力最小或接近最小的晶粒称硬位向。软位向晶粒首先产生滑移，而硬位向晶粒最后产生滑移。如此一批批地进行，直至全部晶粒都发生变形为止。由此可见，多晶体塑性变形过程比单晶体复杂得多，它不仅有晶内滑移，而且还有晶间的相对滑移。此外，由于晶粒的滑移面与外力作用方向并不完全一致，所以在滑移过程中，必然会伴随晶粒的转动。

另外，在多晶体中，由于各晶粒位向不同，且晶界上原子排列紊乱，并存在较多杂质，造成晶格畸变，因此金属在塑性变形时各个晶粒会互相牵制，互相阻碍，从而使滑移困难，它必须克服这些阻力才能发生滑移。所以，在多晶体金属中其滑移抗力比单晶体大，即多晶体金属强度高。这一规律可通过由两个晶粒组成的金属及其在承受拉伸时的变形情况显示出来。由图 3-9 可看出，在远离夹头和晶界处晶体变形很明显，即变细了，在靠近晶界处，变形不明显，其截面基本保持不变，出现了所谓“竹节”现象。一般，在室温下晶粒间结合力较强，比晶粒本身的强度大。因此，金属的塑性变形和断裂多发生在晶粒本身，而不是晶界上。

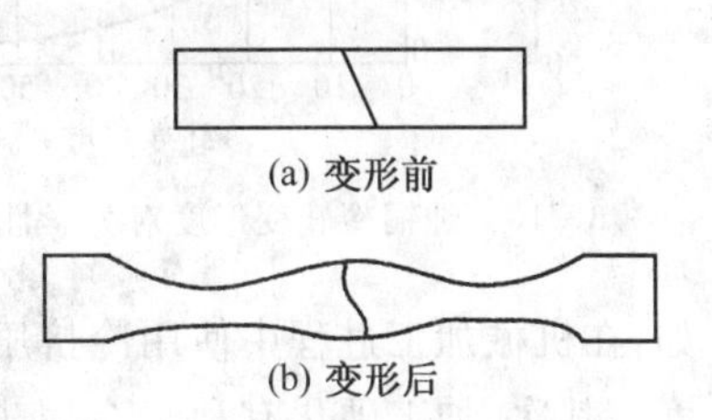

图 3-9　仅有两个晶粒的金属试样在拉伸时的变形

晶粒越细小，则单位体积内的晶粒数量越多，晶界的总面积和晶粒间位向差的作用也就越大，变形阻力越大，所以强度越高。因此，细化晶粒可以提高金属的变形抗力。晶粒的大小对金属的塑性和韧性也有很大的影响。晶粒细小时晶粒的变形受晶界的影响较大，晶粒内部和晶界附近的变形量相差较小，也可以将变形分布在更多的晶粒中，晶粒变形比较均匀。由于变形均匀，推迟了裂纹的形成和发展，使金属发生较大的塑性变形而不断裂，从而提高了塑性。在强度和塑性同时增大的情况下，金属在断裂前要发生较大的塑性变形，消耗较大的功，所以它的韧性也比较好。

细化晶粒可以有效地提高金属的强度、塑性和韧性，因此细化晶粒是金属强化的重要手段之一。

3.2　塑性变形对金属组织和性能的影响

3.2.1　产生加工硬化

加工硬化是金属强化的重要手段之一。金属在变形后，强度和硬度升高，塑性和韧性下降的现象，称为加工硬化。加工硬化也称冷作硬化或冷变形强化。变形金属产生加工硬化的机理是，当金属发生塑性变形时，不仅晶粒外形发生变化，而且晶粒内部结构也发生变化，在变形量不大时，在变形晶粒的晶界附近出现位错的堆积，随着变形量的增大，晶粒破碎成为细碎的亚晶粒，变形量越大，晶粒被破碎得越严重，亚晶界越多，位错密度越大。这种在亚晶界处大量堆积的位错，以及他们之间的相互干扰，均会阻碍位错的运动，使金属塑性变形抗力增大，强度和硬度显著提高。图 3-10 所示为纯铜冷轧变形度对力学性能的影响。

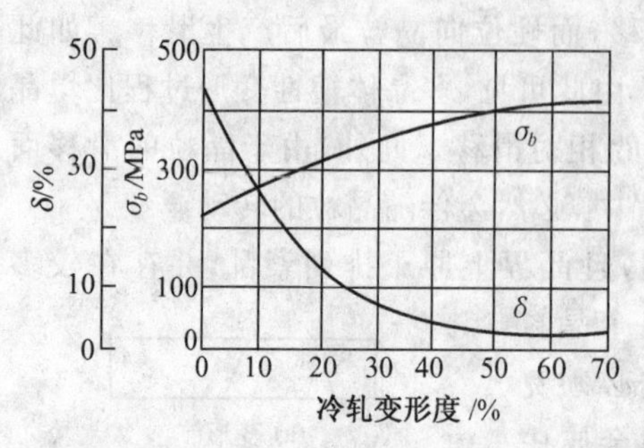

图 3-10 纯铜冷轧变形度对力学性能的影响

加工硬化在生产中具有很重要的意义。首先，可利用它来强化金属，提高其强度、硬度和耐磨性。尤其是对于不能用热处理方法来提高强度的金属更为重要。例如，在机械加工过程中使用冷挤压、冷轧等方法，可大大提高钢和其他材料的强度和硬度。其次，加工硬化有利于金属进行均匀变形，这是由于金属变形部分产生了加工硬化，使继续变形主要在金属未变形或变形较小的部分中进行，所以使金属变形趋于均匀。另外，加工硬化可提高构件在使用过程中的安全性，若构件在工作过程中产生应力集中或过载现象往往由于金属能产生加工硬化，使过载部位在发生少量塑性变形后提高了屈服点，并与所承受的应力达到平衡，变形就不会继续发展，从而提高了构件的安全性。但加工硬化使金属塑性降低，给进一步塑性变形带来困难。为了使金属材料能继续变形，必须在加工过程中安排“中间退火”以消除加工硬化。

加工硬化不仅使金属的力学性能发生变化，而且还会使金属的某些物理和化学性能发生变化，如使金属电阻增加，耐蚀性降低等。

3.2.2 形成纤维组织

在外力作用下金属产生塑性变形时，随着金属外形的改变，其晶粒也相应地被改变。晶粒主要沿变形方向被拉长、拔细或压扁。例如，金属在拉伸过程中，当变形量很大时，各晶粒将会被拉长成为细条状或纤维状，晶界模糊不清，同时金属中的夹杂物也沿变形方向被拉长，这种组织称为纤维组织，如图 3-11 所示。形成纤维组织后，金属的性能有明显的方向性，例如纵向(沿纤维组织方向)的强度和塑性比横向(垂直于纤维组织方向)高得多。

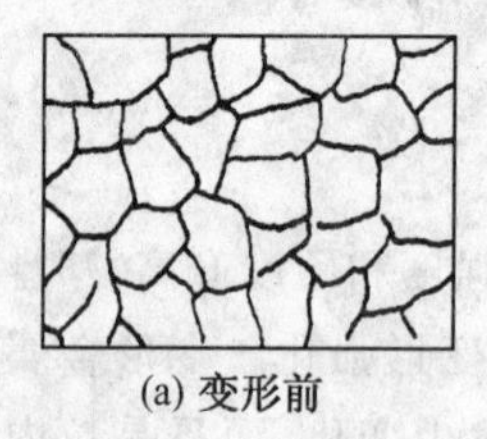

(a) 变形前

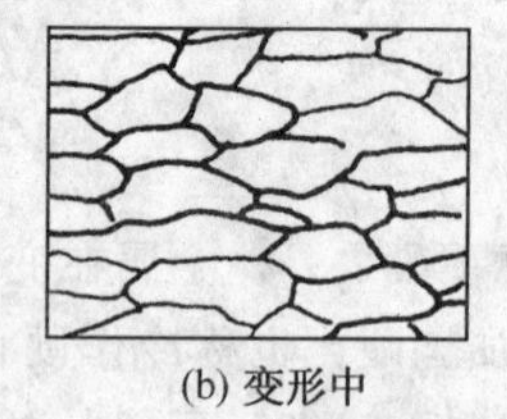

(b) 变形中

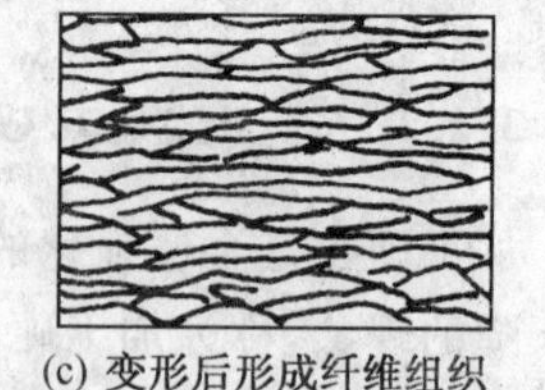

(c) 变形后形成纤维组织

图 3-11 变形前后晶粒形状的变化示意图

3.2.3　形成变形织构

金属中晶粒的位向一般是无规则排列的，所以宏观性能表现为各向同性。当金属发生塑性变形时，各晶粒的晶格位向会沿着变形方向发生转变。当变形量很大时（>70%），各晶粒的位向将与外力方向趋于一致，晶粒趋向于整齐排列，称这种现象为择优取向，所形成的有序化结构称为变形织构。

变形织构的产生，在许多情况下是不利的。变形织构会使金属性能呈现明显的各向异性，各向异性在多数情况下对金属后续加工或使用有不利的影响。例如，用有织构的板材冲制筒形零件时，由于不同方向上的塑性差别很大，使变形不均匀，导致零件边缘不齐，即出现所谓“制耳”现象，如图3-12所示。但变形织构在某些情况下是有利的，例如制造变压器铁芯的硅钢片，利用变形织构可使变压器铁芯的磁导率明显增加，磁滞损耗降低，从而提高变压器的效率。

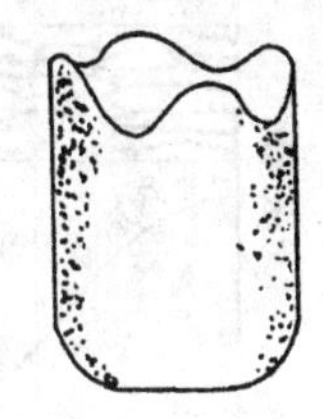

图3-12　制耳示意图

变形织构很难消除。生产中为避免织构产生，常将零件的较大变形量分为几次变形来完成，并进行“中间退火”。

3.2.4　产生残余应力

残余应力是指去除外力后，残留在金属内部的应力。它主要是由于金属在外力作用下内部变形不均匀造成的。例如，金属表层和心部之间变形不均匀会形成平衡于表层与心部之间的宏观应力（也称第一类内应力）；相邻晶粒之间或晶粒内部不同部位之间变形不均匀形成的微观应力（也称第二类内应力）；由于位错等晶体缺陷的增加形成晶格畸变应力（也称第三类内应力）。通常外力对金属作的功绝大部分（约90%以上）在变形过程中转化为热而散失，只有很少（约10%）的能量转化为内应力残留在金属中，使其内能升高，其中第三类内应力占绝大部分，它是使金属强化的主要因素。第一类或第二类内应力虽然在变形金属中占的比例不大，但在大多数情况下，不仅会降低金属的强度，而且会因随后的内应力松弛或重新分布引起金属变形。另外，残余应力还会使金属的耐蚀性降低。为消除和降低残余应力，通常要进行退火。

生产中若能合理控制和利用残余应力，也可使其变为有利因素，如对零件进行喷丸、表面滚压处理等使其表面产生一定的塑性变形而形成残余压应力，从而可提高零件的疲劳强度。

3.3 冷塑性变形后的金属在加热时组织和性能的变化

金属在经过冷塑性变形后,发生了上述一系列组织和性能的变化,造成金属内部能量较高而处于不稳定状态,所以塑性变形后的金属总有恢复到能量较低、组织较为稳定状态的倾向。但在室温下由于原子活动能力弱,这种不稳定状态不会发生明显变化。如果进行加热,则因原子活动能力增强,可使金属恢复到变形前的稳定状态。冷变形在加热时组织和性能变化如图3-13所示。随加热温度的升高,变形金属将相继发生回复、再结晶和晶粒长大三个阶段的变化。

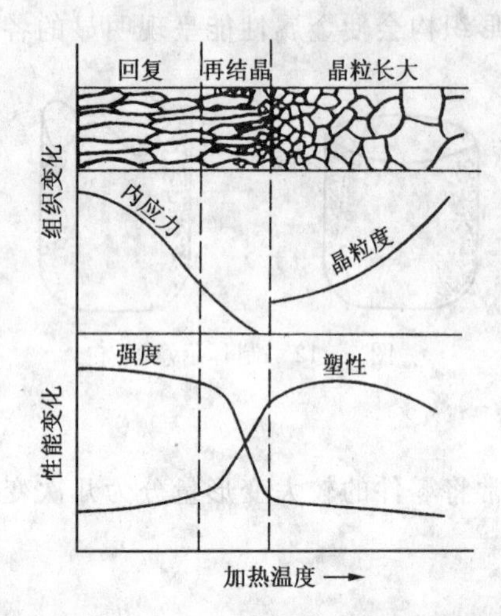

图3-13 冷变形金属在加热时组织和性能的变化

3.3.1 回复

当加热温度较低时,变形金属发生回复过程。此时原子活动能力较弱,只能回复到平衡位置,冷变形金属的显微组织没有明显变化,其力学性能变化也不大,但残余应力显著降低,其物理和化学性能也基本恢复到变形前的情况,这一阶段称为"回复"。

由于回复加热温度较低,晶格中的原子仅能作短距离扩散。因此,金属中只需要较小能量就可开始运动的缺陷将首先移动,如偏离晶格位置的原子回复到结点位置,空位在回复阶段中向晶体表面、晶界处或位错处移动,使晶格结点恢复到较规则形状,晶格畸变减轻,残余应力显著降低。但因亚组织尺寸没有明显改变,位错密度未显著减少,即造成加工硬化的主要原因尚未消除,因而力学性能在回复阶段变化不大。

利用回复现象可将已产生加工硬化的金属在较低温度下加热,使其残余应力基本消除,而保留了其强化的力学性能,这种处理称为低温去应力退火。例如,用深冲工艺制成的黄铜弹壳,放置一段时间后,由于残余应力的作用,将产生变形。因此,黄铜弹壳冷冲压后必须进行260℃左右的去应力退火。又如,用冷拔钢丝卷制的弹簧,在卷成之后要进行200～300℃的去应力退火,以消除应力使其定型。

3.3.2 再结晶

加热温度较高时,由于原子活动能力增大,金属的显微组织将发生明显的变化,变形金属中破碎的、被拉长或压扁的晶粒变为均匀细小的等轴晶粒，这一变化过程也是通过形核和晶核长大方式进行的，并且结晶后的晶格与结晶前的完全一样，所以被称为再结晶。由于再结晶后晶格类型没有改变，只是金属的组织即晶粒的大小及外形发生复原性变化，所以再结晶不是相变过程。

再结晶发生时，在位错等缺陷大量集中的地方，因为其能量较高，晶核首先产生在这里。再结晶晶核的生成以变形后产生的亚晶粒为基础进行。变形后形成的亚晶粒尺寸小，位错密度低，而亚晶界上的位错密度很高。在回复阶段亚晶界上的位错迁移并重排，进行多边形化，产生小角晶界。由于相邻亚晶粒之间的位向差很小，在进一步加热时会出现相邻亚晶粒的合并，形成较大的亚晶粒。那些达到一定尺寸的大亚晶粒即可成为再结晶的晶核。晶核形成以后，随即稳定地向周围变形和破碎了的晶粒中长大，形成新的无畸变的等轴晶粒。在新晶粒形成的同时，不断消耗金属中的内能，使位错密度降低。冷变形金属经再结晶后，金属的强度、硬度明显降低，塑性、韧性大大提高，加工硬化得以消除，金属的性能完全恢复。

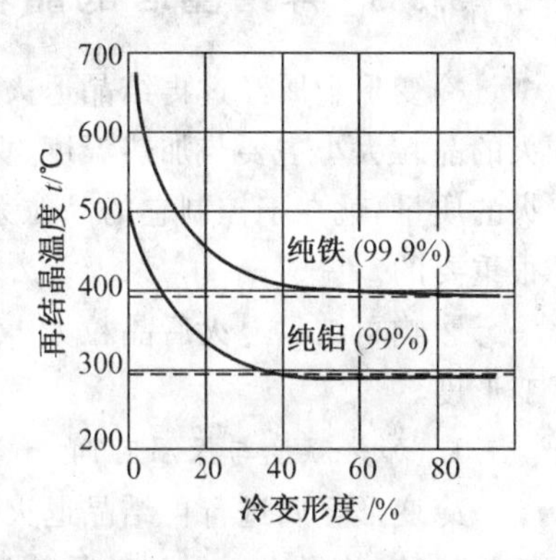

图3-14　金属的再结晶温度与冷变形度的关系

再结晶过程不是在一个恒定温度下进行的，而是在一定温度范围内进行的过程。通常再结晶温度是指再结晶开始的温度，即发生再结晶所需的最低温度，它与金属的预先变形度和纯度等因素有关。金属的预先变形度越大，晶体缺陷就越多，则组织越不稳定，因此开始再结晶的温度越低。当预先变形度达到一定量后，再结晶温度趋于某一最低值（图3-14所示），这一温度称为最低再结晶温度。实验证明，各种纯金属的最低再结晶温度与其熔点温度的关系如下：

$$T_{再} \approx 0.4T_{熔}$$

式中：$T_{再}$——纯金属的最低再结晶温度(K)；

$T_{熔}$——纯金属的熔点(K)。

或：

$$t_{再} \approx 0.4(t_{溶} + 273) - 273$$

式中：$t_{再}$——纯金属的最低再结晶温度(℃)；

$t_{溶}$——纯金属的熔点(℃)。

金属中的微量杂质或合金元素（尤其是高熔点的合金元素），常会阻碍原子扩散和晶界迁移，从而显著提高再结晶温度。例如，纯铁的最低再结晶温度约为450℃，加入少量的碳形成低碳钢后，再结晶温度提高到500～650℃。

再结晶是一个扩散过程,需在一定时间内完成的,所以提高加热速度可使再结晶在较高的温度下发生;而延长保温时间,可使原子有充分的时间进行扩散,使再结晶过程在较低的温度下完成。

把冷塑性变形加工的工件加热到再结晶温度以上,保持适当时间,使变形晶粒重新结晶为均匀的等轴晶粒,以消除加工硬化和残余应力的退火工艺称为"再结晶退火"。此退火工艺也常作为冷变形加工过程中的中间退火,以恢复金属材料的塑性便于后续加工。由于再结晶受很多因素的影响,同时,为了缩短退火周期,在实际生产中,常将再结晶退火加热温度定在最低再结晶温度以上 100～200℃。

3.3.3 再结晶后的晶粒大小

冷变形金属经过再结晶退火后的晶粒大小,对其力学性能有很大影响。再结晶退火的晶粒大小主要与加热温度、保温时间和退火前的变形度有关。控制冷变形金属退火的质量,就在于控制它的晶粒大小,因此,掌握影响再结晶退火后晶粒大小的因素是很重要的。

影响再结晶退火后晶粒大小的因素有两个,一个是加热温度和保温时间,另一个是变形度。

1. 加热温度与保温时间

冷变形金属进行再结晶退火时,加热温度越高,原子的活动能力越强,越有利于晶界的迁移,故退火后得到的晶粒越粗大,如图 3-15 所示。此外,当加热温度一定时,保温时间越长,则晶粒越粗大,但其影响不如加热温度的影响大。

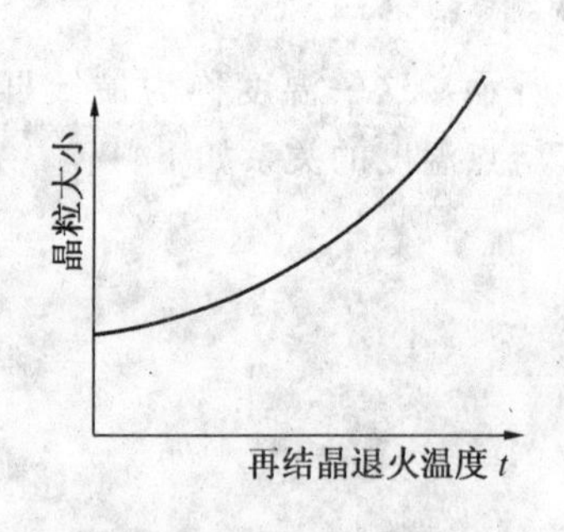

图 3-15　再结晶退火温度对晶粒大小的影响

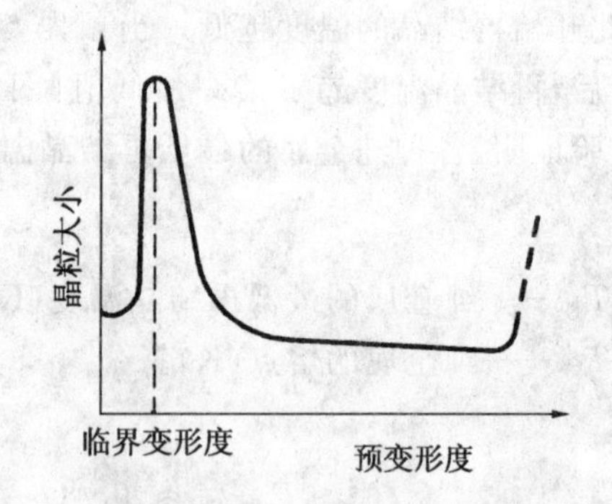

图 3-16　再结晶退火时的晶粒大小与变形度的关系

2. 变形度

变形度的影响主要反映在变形均匀性的作用。变形度越大,变形就越均匀,再结晶退火后的晶粒也就越小。如图 3-16 所示,当变形度很小时,由于金属的晶格畸变很小,不足以引起再结晶,故晶粒大小没有变化。当变形度在2%～10%范围时,由于变形度不大,金属中仅有部分晶粒发生变形,且不均匀,再结晶时形核数目很少,晶粒大小极不均匀,因而有利于晶粒的吞并而得到粗大的晶粒,这种变形度称为临界变形度。生产中应尽量避开在临界变形度范围内加工。当变形度超过临界变形度后,随着变形度的增大,各晶粒变形越趋于均匀,再结晶时形核率越来越高,故晶粒越细小均匀。但当变形度大于90%时,晶粒又可能急剧长大,这种现象是因形成织构造成的。

生产实际中,为了应用方便,通常将加热温度和变形度对再结晶后晶粒度的影响,用一个称为"再结晶全图"的空间图形来表示(图3-17)。"再结晶全图"是制定金属变形加工和再结晶退火工艺的主要依据。

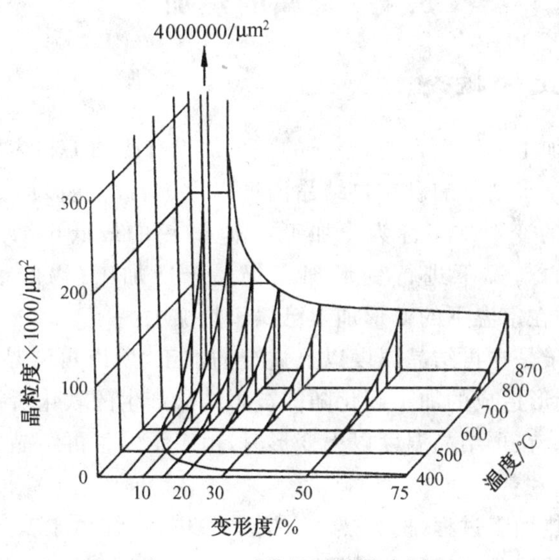

图3-17 纯铁的再结晶全图

3.3.4 晶粒长大

在变形晶粒完全消失和再结晶晶粒彼此接触以后,若继续升高温度或延长保温时间,则再结晶后均匀细小的晶粒会逐渐长大。晶粒的长大,实质上是一个晶粒的边界向另一个晶粒迁移的过程,将另一晶粒中的晶格位向逐步地改变为与这个晶粒的晶格位向相同,于是另一晶粒便逐渐地被这一晶粒"吞并"而成为一个粗大晶粒,如图3-18所示。

通常,经过再结晶后获得均匀细小的等轴晶粒,此时晶粒长大的速度并不很快。若原来变形不均匀,经过再结晶后得到大小不等的晶粒,由于大小晶粒之间的能量相差悬殊,因此大晶粒很容易吞并小晶粒而越长越大,从而得到粗大的晶粒,使金属力学性能显著降低。晶粒的这种不均匀急剧长大现象称为"二次再结晶"或"聚合再结晶"。

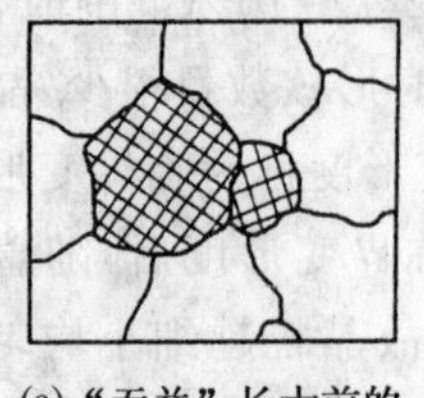

(a)“吞并”长大前的两个晶粒

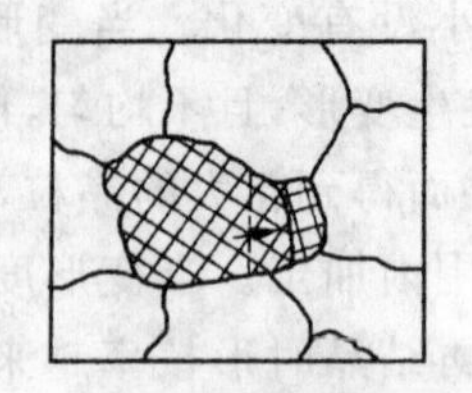

(b) 晶界移动，晶格位向转向，晶界面积减小

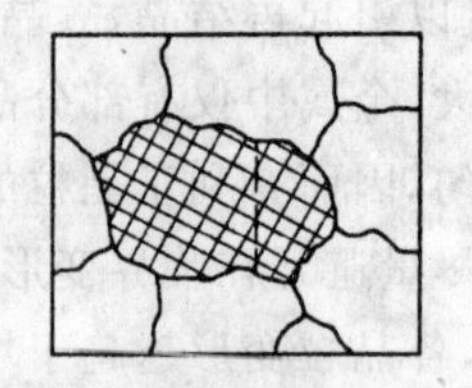

(c) 一晶粒“吞并”另一晶粒而成为一个大晶粒

图 3-18　晶粒长大示意图

3.4　金属的热加工

3.4.1　热加工的概念

热加工是与冷加工相对而言的，金属的变形加工有冷加工和热加工，冷加工和热加工是根据再结晶温度来划分的。在再结晶温度以上进行的变形加工称为热加工；在再结晶温度以下进行的变形加工称为冷加工。例如，钨的最低再结晶温度为 1200℃左右，即使在 1100℃ 的高温下进行变形加工仍属于冷加工；锡的最低再结晶温度为 −70℃左右，因此它在室温下的变形加工已属于热加工。

热加工变形由于是在再结晶温度以上进行的加工，所以再结晶能在变形的过程中同时进行，使塑性变形造成的加工硬化随即被再结晶产生的软化所抵消，因此金属显示不出加工硬化现象。在再结晶温度以下变形时，由于不发生再结晶过程，故变形必然导致加工硬化。

在金属的实际热加工过程(例如热轧、热镦等)中，往往由于变形速度快，再结晶的软化过程由于来不及消除加工硬化的影响，因此需要用提高加热温度的办法来加速再结晶过程。所以金属的实际热加工温度总是要高于它的再结晶温度，当金属中含有少量夹杂或合金元素时，热加工的温度往往还要高一些。

3.4.2　金属热加工时组织和性能的变化

如上所述，热加工不会使金属产生加工硬化，但热加工也能使金属的组织和性能发生改变。

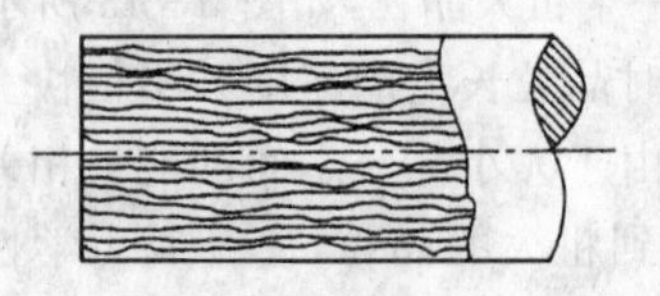

图 3-19　热加工变形的流线示意图

a. 热加工时，金属中的夹杂物和枝晶偏析沿金属的流动方向被拉长或被打碎，尽管发生了回复和再结晶，但由于形成的杂质和偏析分布不能改变，在经历了热加工后，在金属中形成具有明显方向特征的杂质和偏析的流线分布，如图 3-19 所示。流线使金属

的力学性能具有明显的各向异性。沿流线方向的强度、塑性和韧性明显大于垂直于流线方向的相应性能。表3-2为45钢(轧制空冷状态)的力学性能与流线方向关系。

表3-2　45钢(轧制空冷状态)的力学性能及流线方向关系

取样方向	σ_b/MPa	σ_s/MPa	δ/%	ψ/%	A_K/J
平行流线方向	715	470	17.5	62.8	49.6
垂直流线方向	675	440	10	31	24

因此,热加工时,应尽可能使零件具有合理的流线分布,使零件工作时的最大正应力方向与流线方向平行,最大切应力方向与流线方向垂直,流线的分布应与零件外形轮廓相符而不被切断,以保证零件的使用性能。由图3-20和图3-21可看出,直接采用型材经切削加工制成的零件(如图3-20(a)和图3-21(a)所示)会将流线切断,使零件的轮廓与流线方向不符、力学性能降低。若采用锻件则可使热加工流线合理分布(图3-20(b)和图3-21(b)所示),从而提高零件力学性能,保证零件质量。

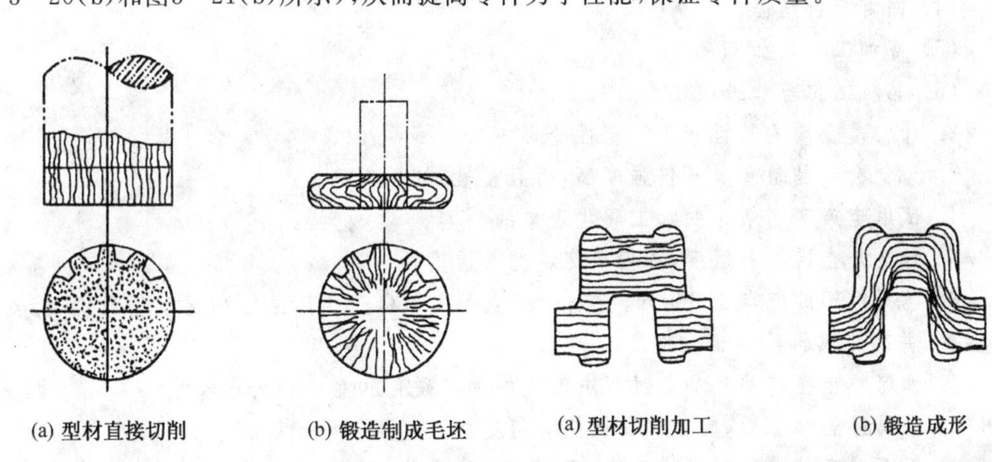

(a) 型材直接切削　(b) 锻造制成毛坯

图3-20　不同方法制成的齿轮流线分布示意图

(a) 型材切削加工　(b) 锻造成形

图3-21　不同方法制成的曲轴流线分布示意图

b. 热加工能打碎铸态金属中的粗大晶粒,使晶粒细化,提高力学性能。

c. 通过热加工可使铸态金属中的缩松、气孔、微裂纹等缺陷被焊合,从而提高金属的致密度和性能,如表3-3所示。

表3-3　碳钢(w_C=0.3%)铸态与锻态的力学性能比较

状　态	σ_b/MPa	σ_s/MPa	δ/%	ψ/%	A_K/J
铸　态	500	280	15	27	28
锻　态	530	310	20	45	56

由于通过热加工可使铸态金属的组织和性能得到明显改善，因此凡是受力复杂、载荷较大的重要工件一般都采用热加工方法来制造。但应指出，只有在正确的加工工艺条件下才能改善组织和性能。例如，若热加工温度过高，便有可能形成粗大的晶粒；若热加工温度过低，则可能使金属产生加工硬化、残余应力，甚至发生裂纹等。

热加工时由于金属表面氧化，不能保证工件的光洁度和尺寸精度，并有一定的烧损，它的应用受到一定的限制。

思考练习题

1. 名词解释

(1) 滑移与孪生

(2) 滑移线、滑移面与滑移系

(3) 纤维组织、变形织构与流线

(4) 回复与再结晶

(5) 冷加工与热加工

(6) 晶粒细化与加工硬化

2. 什么是金属的塑性变形？塑性变形方式有哪些？

3. 为什么细晶粒金属不仅强度高，而且塑性、韧性也好？

4. 试用生产实例来说明加工硬化现象的利弊。

5. 什么是在再结晶温度，如何确定再结晶温度？

6. 已知纯铝的熔点是660℃，黄铜的熔点是950℃。计算纯铝和黄铜的最低再结晶温度，并确定其再结晶退火温度。

7. 如何防止在某些热加工过程中产生的加工硬化和晶粒粗大现象？

8. 金属经热加工后，其组织和性能有何变化？

9. 用下列三种方法制成的齿轮，哪种合理？为什么？

(1) 由厚钢板切成齿坯再加工成齿轮；

(2) 由钢棒切出齿坯再加工成齿轮；

(3) 由圆钢棒热镦成齿坯再加工成齿轮。

10. 用一冷拉钢丝绳吊装一大型工件入炉，并将其一起加热到1000℃，加热完毕，再吊装工件时，钢丝绳发生断裂。试分析原因。

11. 有一块低碳钢钢板，被炮弹射穿一孔，试问孔周围金属的组织和性能有何变化？

第4章

碳钢与铸铁

钢和铸铁是现代工业中应用最广泛的金属材料，形成钢和铸铁的主要元素是铁和碳，故又称铁碳合金。

含碳量小于2.11%而不含有特意加入合金元素的铁碳合金称为碳钢（非合金钢）。碳钢（非合金钢）由于具有良好的力学性能和工艺性能，且冶炼方便，价格便宜，故在机械制造、建筑、交通运输及其他各个工业部门中得到广泛的应用，只有在一些受力较大，截面较粗，要求较高的零件，碳钢达不到要求时，才选用合金钢。工业上常用的碳钢含碳量一般都小于1.4%。

铸铁是指在凝固过程中经历共晶转变，用于生产铸件的铁碳合金。在这些合金中，碳当量超过了在共晶温度时使碳保留在奥氏体固溶体中的量。常用于制造机床床身、箱体等零件。

钢铁是现代工农业生产中使用最广的金属材料。对机械制造工作者来说，了解钢铁材料的生产过程具有非常重要的意义。

4.1 钢铁生产过程概述

钢和铁都是主要由铁和碳两种元素组成的合金，其区别只在于含碳量的多少，理论上将含碳量在2.11%以下的称为钢，以上的称为铁。生铁由铁矿石经高炉冶炼而得，它是炼钢和铸造的原材料。现代的炼钢方法是以生铁为主要原料，熔融的铁水装入高温的炼钢炉中，通过氧化作用降低生铁中的含碳量而炼成钢水，铸成钢锭后，再经轧制成钢材供应。少数钢锭锻造成锻件后供应。

4.1.1 生铁的冶炼

炼铁的主要设备是高炉。高炉炼铁的原料主要是铁矿石、焦碳和熔剂（石灰石）等。地球上早就有铁矿石存在，主要是铁和氧、硫和碳化合形成的，主要铁矿石的种类如表 4－1 所示。

表 4－1　铁矿石

名称及化学式	$w_{Fe}\times100$
磁铁矿 Fe_3O_4	60～70
赤铁矿 Fe_2O_3	40～60
褐铁矿 $Fe_2O_3\cdot H_2O$	30～50
菱铁矿 $FeCO_3$	30～45

钢铁材料是由铁、碳及硅、锰、磷、硫等杂质元素所组成的金属材料。要获得钢，首先要炼得生铁。

生铁是由原料经高炉冶炼而获得。高炉生铁一般分成两种：一种是把铁水浇成铁块，用于铸造，以获得铸铁件，这种生铁称为铸造生铁；另一种是直接用作炼钢的原料，称为炼钢生铁。

为了使铁矿石中的铁和氧分离，必须把铁从氧化物中还原出来，因此炼铁的过程，实质上就是还原的过程。炼铁是在高炉中进行的，高炉设备如图 4－1 所示。

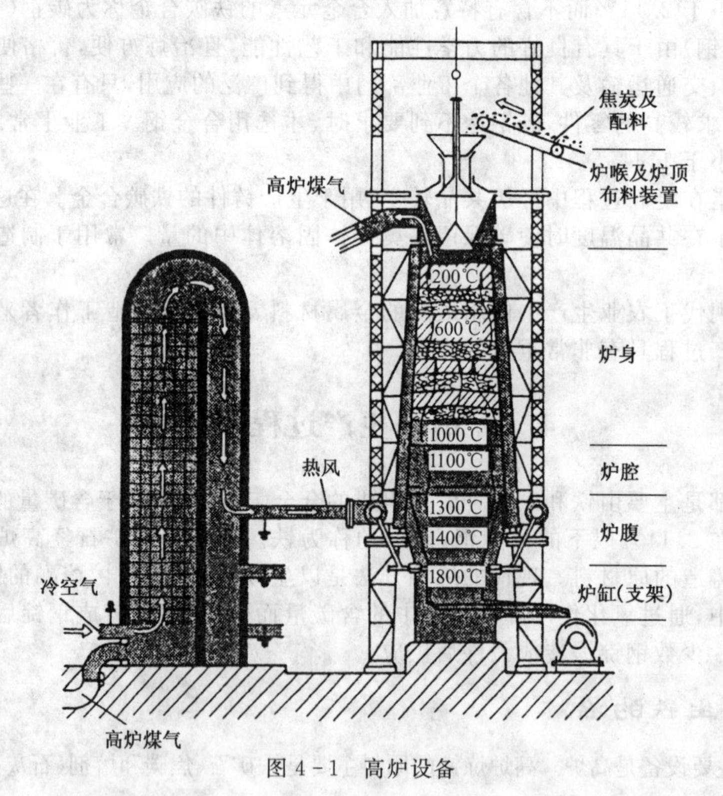

图 4－1　高炉设备

高炉的产品主要是生铁，它是以铁、碳为主(其碳的质量分数大于 2.11%)，由于焦碳中还含有硫等杂质，铁矿石又夹带有硅、锰、磷、硫等成分，在高炉冶炼条件下这些元素也渗到铁中。这样生铁中还含有少量硅、锰、磷、硫等杂质元素。

根据 GB/T11304—1991 规定，钢按化学成分可分为非合金钢、低合金钢和合金钢。非合金钢也就是俗称的碳素钢，简称碳钢，考虑行业习惯用法，本书仍用碳钢表示。

4.1.2　炼钢

生铁和钢最主要的区别在于含碳量的不同，生铁中碳的质量分数大于 2.11%，而钢中碳的质量分数小于 2.11%，一般小于 1.4%。另外，生铁中的硅、锰、磷、硫等杂质元素的含量较高，将生铁炼成钢，必须减少生铁中碳及硅、锰、磷、硫含量。减少它们的方法是氧化，所以炼钢过程实质上是碳及杂质元素的氧化过程。

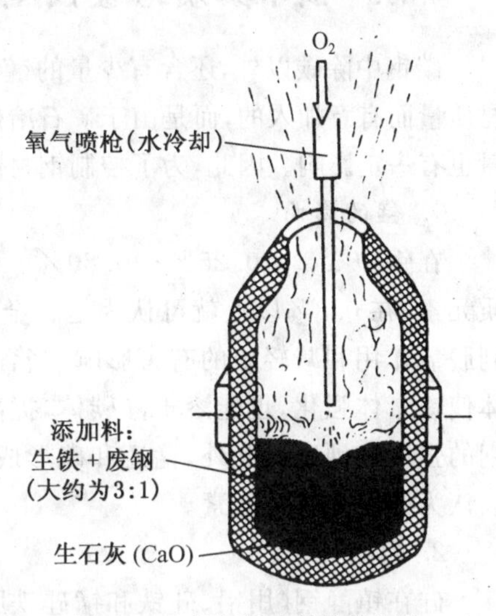

图 4-2　氧气顶吹转炉炼钢法

炼钢的方法有：

1. 氧气顶吹转炉炼钢法

用氧和添加剂处理生铁的一种炼钢方法，如图 4-2 所示。其主要特点是冶炼速度快，从装料到出钢一般只需要 25～45 分钟。生产率高，钢的品种、质量容易控制。

2. 电弧炉炼钢法

电弧炉是一个圆筒形容器，电极竖直地插入其中，电流以电弧的形式跳过电极与熔化金属之间以及两电极之间的空间。在这过程中电能转换成热能，如图 4-3 所示。

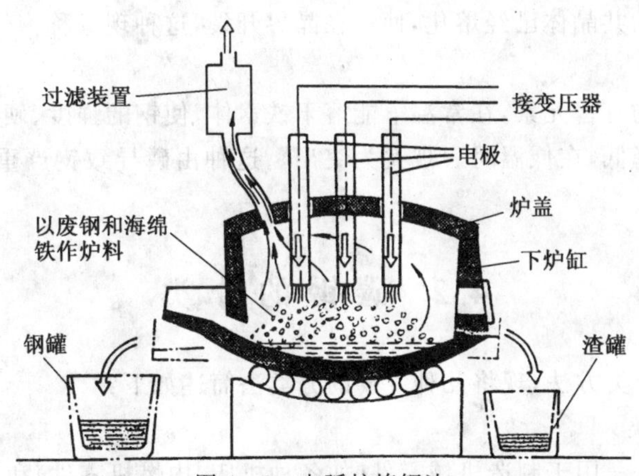

图 4-3　电弧炉炼钢法

这种炼钢方法的特殊意义在于可直接从废钢中重新获得优质钢，过程容易控制，可以把硫、磷杂质降得很低，金属的损耗量少。主要产品是合金钢。

钢水炼成后，除少数直接铸成铸件外，绝大部分都要浇注成钢锭，然后轧成各种钢材。

4.1.3 钢中杂质对碳钢性能的影响

碳钢中除碳以外，还含有少量的锰、硅、硫、磷等元素。这些元素往往不是为了改善钢材质量而有意加入的，而是由于矿石冶炼等原因进入钢中的，统称为杂质。它们对钢材质量也有一定影响。因此，为了控制钢材的质量，必须对这些杂质的影响有一定的了解。

1. 锰的影响

在钢中 $w_{Mn}=0.25\%\sim0.80\%$。锰的含量在0.8%以下时，一般认为是常存的杂质元素，在0.8%以上就可认为是合金元素。锰是在炼钢过程中引入钢内的，它可以起到脱氧作用和减轻硫的有害影响，当含锰量较高时，锰能溶解于铁内，形成含锰的铁素体使铁素体强化，也能溶于渗碳体，提高其硬度。锰还能增加并细化珠光体，从而提高钢的强度和硬度。此外，锰还和硫形成 MnS(熔点 1620℃)，从而减轻硫对钢的危害，所以认为是一个有益元素。

2. 硅的作用

硅在镇静钢(用铝、硅铁和锰硅铁脱氧)中含量为 $w_{Si}=0.10\%\sim0.40\%$沸腾钢(只用锰铁脱氧)中 $w_{Si}\leqslant0.07\%$。硅能溶于铁素体使之强化，从而使钢的强度、硬度、弹性都得到提高。硅与锰一样也是对钢的性能有益的元素。

3. 硫的影响

硫是钢中的有害元素，在钢中以硫化物 FeS(熔点 1190℃)存在。FeS 与 Fe 形成低熔点(985℃)的共晶体分布在晶界上。钢加热到 1000～1200℃进行锻压或轧制时，由于分布在晶界上的共晶体已经熔化，使钢在晶界开裂，这种现象称为热脆。

4. 磷的影响

磷也是钢中的有害元素，在常温下能溶于铁素体，使钢的强度、硬度上升，但使钢的塑性和韧性显著降低，在低温时表现尤为突出。这种由磷导致钢严重变脆的现象称为冷脆。

4.2 碳钢的分类

碳钢有多种分类方法，现将几种主要的分类法简述如下：

1. 按用途分类

碳素结构钢——用于制造机械零件(如各种机床、内燃机零件)和工程结构件(如建筑、桥梁、铁路船舶)的碳钢，$w_C<0.70\%$。

碳素工具钢——用于制造各种工具(如刃具、模具、量具及其他工具等)用的碳钢，$w_C>0.70\%$。

2. 按钢的质量分类

碳钢质量的高低，主要根据钢中有害杂质硫、磷的含量来划分，可分为普通质量碳钢、优质碳钢和特殊质量碳钢三类：

普通质量碳钢——硫、磷含量较高 $w_S<0.050\%$，$w_P<0.045\%$；

优质碳钢——钢中硫、磷含量较低，w_S，w_P 均不大于 0.035%；

特殊质量碳钢——钢中含有硫、磷杂质很低，$w_S<0.025\%$，$w_P<0.025\%$。

3. 按钢的含碳量分类

低碳钢——$w_C<0.25\%$；

中碳钢——$w_C=0.25\%\sim0.60\%$之间；

高碳钢——$w_C>0.60\%$。

4. 按冶炼时脱氧程度的不同分类

沸腾钢——为不完全脱氧的钢。钢在冶炼后期不加脱氧剂，浇注时钢液在钢锭模内产生沸腾现象(气体溢出)。沸腾钢一般是低碳钢钢中含硅量也较低，塑性较好。

镇静钢——为完全脱氧钢。浇注时钢液镇静不沸腾。这类钢组织致密、偏析小、质量均匀。大部分机械制造用钢都是镇静钢。

半镇静钢——为半脱氧钢。钢的脱氧程度介于沸腾钢和镇静钢之间。

4.3　碳钢的牌号及用途

钢的牌号一般按质量分为碳素结构钢、优质碳素结构钢、碳素工具钢和铸造碳钢。

1. 碳素结构钢

碳素结构钢的 w_C 在 0.06%～0.38%之间，硫、磷含量较高，一般在供应状态下使用，不需经热处理。其价格便宜，在满足性能要求的情况下，应优先采用。这类钢产量大、用途广，大多轧制成板材、型材(圆、方、扁、工、槽、角钢等型材)及异型材(如轻轨等)，用于厂房、桥梁、船舶等建筑结构或一些受力不大的机械零件。

碳素结构钢的牌号表示方法如下：

由字母 Q、数值、质量等级符号、脱氧方法符号等四个部分按顺序组成，如 Q235-A·F。

其中：Q——钢材屈服点“屈”字汉语拼音首位字母；

数字——屈服点的大小，单位为 MPa；

质量等级符号——A,B,C,D 表示四个等级，其中 A 级质量最差 D 级质量最好。

脱氧方法符号——用F,B,Z,TZ表示。F是沸腾钢,“沸”字汉语拼音首位字母;B是半镇静钢。“半”字汉语拼音首位字母;Z是镇静钢,“镇”字汉语拼音首位字母;TZ是特殊镇静钢,“特”、“镇”两字汉语拼音首位字母。Z与TZ符号在牌号组成表示方法中予以省略。

如Q235-A·F即表示碳素结构钢,屈服点σ_s为235MPa,A级沸腾钢。

根据供应状态,碳素结构钢可分成两类,所有的A级钢在供应时应保证力学性能,其他等级的钢在供应时既要保证力学性能又要保证化学成分。

碳素结构钢的化学成分和力学性能及用途如表4-2所示。

表4-2 碳素结构钢的化学成分、力学性能及用途(摘自GB700—1988)

<table>
<tr><th rowspan="3">牌号</th><th rowspan="3">等级</th><th colspan="5">化学成分 w/%</th><th rowspan="3">脱氧方法</th><th colspan="3">拉伸实验</th><th rowspan="3">用途举例</th></tr>
<tr><th rowspan="2">C</th><th rowspan="2">Mn</th><th>Si</th><th>S</th><th>P</th><th rowspan="2">σ_s
MPa</th><th rowspan="2">σ_b
MPa</th><th rowspan="2">δ
%</th></tr>
<tr><th colspan="3">不大于</th></tr>
<tr><td>Q195</td><td></td><td>0.06~0.12</td><td>0.25~0.50</td><td>0.30</td><td>0.050</td><td>0.045</td><td>F,B,Z</td><td>195</td><td>315~390</td><td>33</td><td rowspan="3">制作钉子、铆钉、垫块及轻负荷的冲压件</td></tr>
<tr><td rowspan="2">Q215</td><td>A</td><td rowspan="2">0.09~0.15</td><td rowspan="2">0.25~0.55</td><td rowspan="2">0.30</td><td>0.050</td><td rowspan="2">0.045</td><td rowspan="2">F,B,Z</td><td rowspan="2">215</td><td rowspan="2">335~410</td><td rowspan="2">31</td></tr>
<tr><td>B</td><td>0.045</td></tr>
<tr><td rowspan="4">Q235</td><td>A</td><td>0.14~0.22</td><td>0.30~0.65</td><td rowspan="4">0.30</td><td>0.050</td><td rowspan="4"></td><td rowspan="2">F,B,Z</td><td rowspan="4">235</td><td rowspan="4">375~460</td><td rowspan="4">26</td><td rowspan="4">用于制作小轴、拉杆、连杆、螺栓、螺母、法兰等不太重要的零件</td></tr>
<tr><td>B</td><td>0.12~0.20</td><td>0.30~0.70</td><td>0.045</td></tr>
<tr><td>C</td><td>≤0.18</td><td rowspan="2">0.35~0.80</td><td>0.040</td><td>Z</td></tr>
<tr><td>D</td><td>≤0.17</td><td>0.035</td><td>TZ</td></tr>
<tr><td rowspan="2">Q255</td><td>A</td><td rowspan="2">0.18~0.28</td><td rowspan="2">0.40~0.70</td><td rowspan="2">0.30</td><td>0.050</td><td rowspan="2">0.045</td><td rowspan="2">Z</td><td rowspan="2">255</td><td rowspan="2">410~510</td><td rowspan="2">24</td><td rowspan="3">制作拉杆、连杆、转轴、心轴、齿轮和键等</td></tr>
<tr><td>B</td><td>0.045</td></tr>
<tr><td>Q275</td><td></td><td>0.28~0.38</td><td>0.50~0.80</td><td>0.35</td><td>0.050</td><td>0.045</td><td>Z</td><td>275</td><td>490~610</td><td>20</td></tr>
</table>

2. 优质碳素结构钢

优质碳素结构钢是用于制造重要的机械结构零件的非合金结构钢,是按化学成分和力学性能供应的。钢中的硫、磷及非金属夹杂物的含量比较少,表面质量、组织结构的均匀性较好,一般要经过热处理以充分发挥钢的性能潜力。优质碳素结构钢的牌号用两位数字表示。两位数字为钢中平均w_C×‱值。例如牌号“20”表示钢中平均w_C为0.20%的优质碳素结构钢,读作20钢。

优质碳素钢按含锰量不同,分为普通含锰量(w_{Mn}=0.35%~0.80%)及较高含锰量(w_{Mn} = 0.70% ~ 1.20%)两组。较高合锰量的钢在牌号后附加"Mn",如15Mn,60Mn等。

沸腾钢、半镇静钢在钢号后分别附加F,b。

优质碳素结构钢的牌号、化学成分、力学性能如表4-3所示。

表4-3　优质碳素结构钢的牌号、化学成分和力学性能(摘自GB 699—1988)

牌号	化学成分 $w\times100$			力学性能						
	C	Si	Mn	σ_s MPa	σ_b MPa	δ %	ψ %	a_K J/cm²	HBS 热轧钢	HBS 退火钢
				不小于					不大于	
0.8F	0.05~0.11	≤0.03	0.25~0.50	175	295	35	60		131	
08	0.05~0.12	0.17~0.35	0.35~0.65	195	325	33	60		131	
10F	0.07~0.14	≤0.07	0.25~0.50	185	315	33	55		137	
10	0.07~0.14	0.17~0.37	0.25~0.500.3	205	335	31	55		137	
15F	0.12~0.19	≤0.07	5~0.65	205	355	29	55		143	
15	0.12~0.19	0.17~0.36	0.35~0.65	225	375	27	55		143	
20	0.017~0.24	0.17~0.37	0.50~0.80	245	410	25	55		156	
25	0.22~0.30	0.17~0.37	0.50~0.80	275	450	23	50	88.3	170	
30	0.27~0.35	0.17~0.37	0.50~0.80	295	490	21	50	78.5	179	
35	0.30~0.40	0.17~0.37	0.50~0.80	315	530	20	45	68.7	197	
40	0.37~0.45	0.17~0.37	0.50~0.80	335	570	19	445	58.8	217	187
45	0.42~0.50	0.17~0.37	0.50~0.80	355	600	16	40	49	229	197
50	0.47~0.55	0.17~0.35	0.50~0.85	375	630	14	40	39.2	241	207
55	0.52~0.60	0.17~0.37	0.50~0.80	380	645	13	35		255	217
60	0.57~0.65	0.17~0.37	0.50~0.80	400	675	12	35		255	229
65	0.62~0.70	0.17~0.37	0.50~0.80	410	695	10	30		255	229
70	0.67~0.75	0.17~0.37	0.50~0.80	420	715	9	30		269	229
75	0.72~0.80	0.17~0.37	0.50~0.80	880	1080	7	30		285	241
80	0.77~0.85	0.17~0.37	0.50~0.80	930	1080	6	30		285	241
85	0.82~0.90	0.17~0.37	0.50~0.800.7	980	1130	6	30		302	255
15Mn	0.12~0.19	0.17~0.37	0~1.00	245	410	26	55		163	
20Mn	0.017~0.24	0.17~0.37	0.70~1.00	275	450	24	50		197	

续 表

牌号	化学成分 $w\times100$			力学性能						
	C	Si	Mn	σ_s MPa	σ_b MPa	δ %	ψ %	a_K J/cm²	HBS	
									热轧钢	退火钢
				不小于					不大于	
25Mn	0.22～0.30	0.17～0.37	0.70～1.00	295	490	22	50	88.3	20721	
30Mn	0.27～0.35	0.17～0.37	0.70～1.00	315	540	20	45	78.5	7	187
35Mn	0.30～0.40	0.17～0.37	0.70～1.00	335	560	18	45	68.7	229	197
40Mn	0.37～0.45	0.17～0.37	0.70～1.00	355	590	17	45	58.8	229	207
45Mn	0.42～0.50	0.17～0.37	0.70～1.00	375	620	15	40	49	241	217
50Mn	0.47～0.55	0.17～0.37	0.70～1.00	390	645	13	40	39.2	255	217
60Mn	0.57～0.65	0.17～0.37	0.70～1.00	410	695	11	35		269	229
65Mn	0.62～0.70	0.17～0.37	0.70～1.20	430	735	9	30		285	229
70Mn	0.67～0.75	0.17～0.37	0.70～1.20	450	785	8	30		285	229

优质碳素结构钢的用途举例：08F、10 钢的含碳量低、塑性好、焊接性能好，主要用于制造冷冲压件和焊接件，属于冷冲压钢。15～25 钢属于低碳钢，在实际使用中往往要进行渗碳处理。这类钢强度和硬度较低但塑性、韧性及焊接性良好，主要用于制作冲压件、焊接结构件及强度要求不高的机械零件及渗碳件，如深冲器件、压力容器、小轴、销子、法兰盘、螺钉、垫圈及渗碳凸轮、齿轮等。30～55 钢属中碳钢，这类钢经调质后，能获得较好的综合性能。这类钢具有较高的强度和硬度，其塑性和韧性随含碳量的增加而逐步降低，切削性能良好。主要用来制作受力较大的机械零件，如连杆、曲轴、齿轮和联轴器机床主轴等。60 钢以上的牌号属高碳钢。这类钢具有较高的强度、硬度和弹性，但焊接性不好，切削性差，冷变形塑性低，主要用来制造具有较高强度、耐磨性和弹性的零件，如气门弹簧、弹簧垫圈、板簧和螺旋弹簧等弹性元件及机车轮缘、低速车轮等。

含锰量较高的优质碳素钢，其用途和上述相同牌号的钢基本相同，但淬透性稍好，可制造截面稍大或要求力学性能较高的零件。

3. 碳素工具钢

碳素工具钢(非合金工具钢)的 w_C 在 0.65%～1.35%之间，生产成本较低，加工性能良好。根据硫、磷含量的不同，其可分为优质碳素工具钢和高级优质碳素工具钢两类。牌号以“T＋数字”组成 T 是“碳”字汉语拼音首位字母，数字为钢中平均 $w_C\times$‰值。含锰较高的在数字后标注“Mn”，高级优质钢在钢号后标注“A”。如 T10A 表示平均 w_C 为 1.0%的高级优质碳素工具钢。

碳素工具钢的牌号、成分和热处理及用途如表4－4所示。各种牌号的碳素工具钢经淬火后的硬度相差不大，但是随着含碳量的增加，未溶的二次渗碳体增多，钢的硬度、耐磨性增加，而韧性则下降。因此，不同牌号的工具钢用于制造在不同情况下使用的工具。典型应用如下，T7，T8钢一般用于要求韧性稍高的工具，如冲头、剪子、简单模具、木工工具等；T9，T10，T11钢用于要求中等韧性、高硬度的工具，如手用锯条、丝锥板牙，也可用作要求不高的模具；T12，T13钢具有高的硬度及耐磨性，但韧性低，用于制造量具、锉刀、钻头及刮刀等。

表4－4 碳素工具钢的牌号、化学成分、热处理及用途（摘自GB1298—1986）

钢号	化学成分 w/%					退火后硬度HBS不大于	淬火温度(℃)和冷却剂	淬火后硬度HRC不小于	用途举例
	C	Mn	Si	S	P				
			不大于						
T7	0.65～0.74	≤0.40	0.35	0.030	0.035	187	800～820水	62	模具、锤子、木工工具
T8 T8Mn	0.75～0.84 0.80～0.90	≤0.40 0.40～0.60	0.35	0.030	0.035	187	780～800水	62	简单模具木工工具、剪切用的剪刀、冲头
T9 T10 T11	0.85～0.94 0.95～1.04 1.05～1.14	≤0.40	0.35	0.030	0.035	192 197 207	760～780水	62	刨刀冲模、丝锥、板牙锯条、卡尺
T12 T13	1.15～1.24 1.25～1.35	≤0.40	0.35	0.030	0.035	207 217	760～780水	62	要求较高硬度的工具，如钻头、丝锥、锉刀、刮刀

高级优质碳素工具钢由于含有害杂质和非金属夹杂物少，淬火时开裂倾向较小，研磨时易获得光洁的表面，因此适用于制造形状复杂、精度要求较高的工具等。

4．铸造碳钢

实际生产过程中许多形状复杂、力学性能要求较高的机械零件，很难用锻造或机械加工的方法制造，用铸铁来铸造又不能保证力学性能，只能用铸造碳钢制造。铸造碳钢广泛用于制造重型机械的某些零件，如轧钢机机架、水压机横梁、锻锤砧座等。

铸造碳钢的 w_C＝0.15%～0.60%之间，如果含碳量过高，则钢的塑性差，而且铸造时易产生裂纹，铸造碳钢的铸造性能比较差，收缩率大易产生偏析。铸造碳钢的牌号是用铸钢两字的汉语拼音字母字头“ZG”后面加两组数字组成:第一组数字代表屈服点值,第二组数字代表抗拉强度值。例如:ZG270～500 表示屈服点为 270MPa,抗拉强度为 500MPa 的铸造碳钢。

铸造碳钢的牌号、化学成分和力学性能及用途见表 4-5。

表 4-5　铸造碳钢的化学成分、力学性能及用途(摘自 GB11352—1989)

<table>
<tr><th rowspan="2">钢　号</th><th colspan="5">化学成分 w(%)</th><th colspan="3">力学性能</th><th rowspan="2">用途举例</th></tr>
<tr><th>C</th><th>Si</th><th>Mn</th><th>S</th><th>P</th><th>σ_s 或 $\sigma_{r0.2}$ MPa</th><th>σ_b MPa</th><th>δ %</th></tr>
<tr><td>ZG200-400</td><td>0.20</td><td rowspan="3">0.50</td><td>0.80</td><td rowspan="5">0.04</td><td rowspan="5">0.04</td><td>200</td><td>400</td><td>25</td><td>受力不大,要求韧性的机件,如机座、变速箱壳体</td></tr>
<tr><td>ZG230-450</td><td>0.30</td><td rowspan="4">0.90</td><td>230</td><td>450</td><td>22</td><td>机座、机盖、箱体</td></tr>
<tr><td>ZG270-500</td><td>0.40</td><td>270</td><td>500</td><td>18</td><td>飞轮、机架、蒸汽锤、水压机工作缸、横梁</td></tr>
<tr><td>ZG310-570</td><td>0.50</td><td rowspan="2">0.60</td><td>310</td><td>570</td><td>15</td><td>载荷较大的零件,如大齿轮、联轴器、汽缸</td></tr>
<tr><td>ZG340-640</td><td>0.60</td><td>340</td><td>640</td><td>10</td><td>起重运输机中的大齿轮、联轴器</td></tr>
</table>

注:表中所列的各钢号性能,适应于厚度为 100mm 以下的铸件。

4.4　铸　　铁

4.4.1　概述

铸铁是机械制造中最常用的材料之一。常见的机床床身、工作台、箱体、底座等形状复杂或受压力及摩擦作用的零件,大多用铸铁制成。

工业上常用的铸铁是碳的含量 $w_C = 2.0\% \sim 4.0\%$,且比碳钢含有较多的锰、硫、磷等杂质的铁、碳、硅多元合金。有时为了提高力学性能或物理、化学性能,还可加入一定量的合金元素,得到合金铸铁。

与钢相比铸铁在组织上、性能上都有许多特殊的地方。铸铁的特性主要取决于其中的碳的存在形式和分布状态。铸铁中的碳除极少量固溶于铁素体之外,以两种形式存在：碳化物状态—渗碳体(Fe_3C)，及合金铸铁中的其他碳化物；游离状态的石墨以G表示。石墨的晶格类型为简单六方晶格，如图4－4所示，其基面中的原子间距为0.142nm，结合力较强；而两基面之间的面间距为0.340nm，结合力弱，故石墨的基面很容易滑动，具强度、硬度、塑性和韧性极低，常呈片状形态存在。

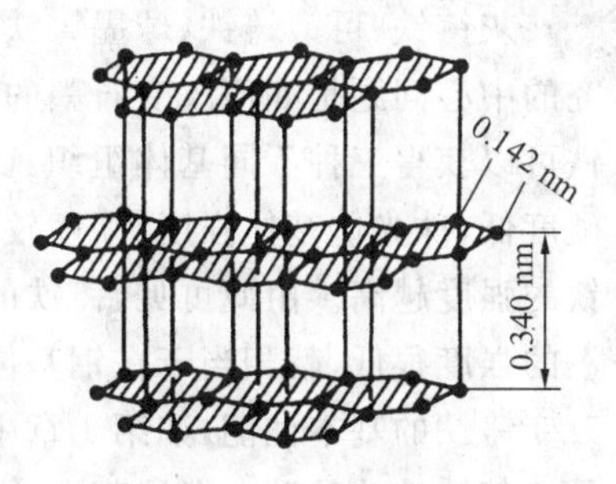

图4－4　石墨的晶体结构

影响铸铁组织和性能的关键是碳在铸铁中存在的形式、形态、大小和分布。铸铁中石墨的不同形态如图4－5所示。

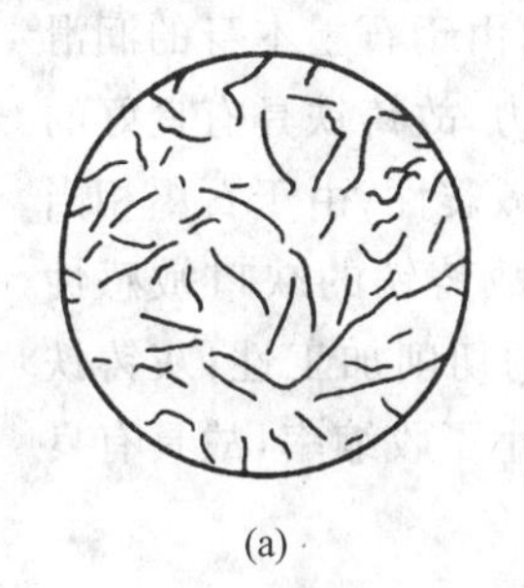
(a)

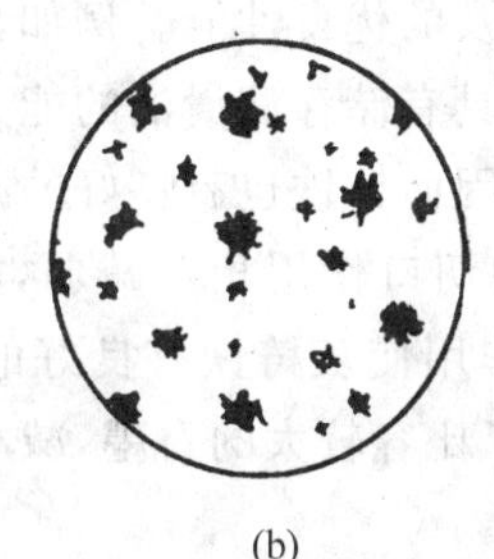
(b)

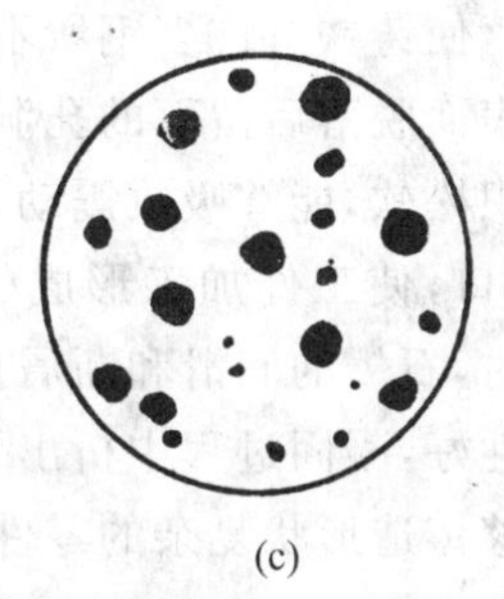
(c)

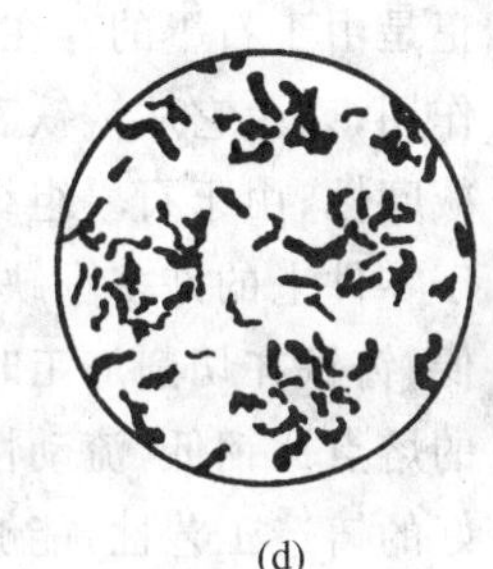
(d)

图4－5　铸铁中石墨形态示意图

a) 片状　b) 团絮状　c) 球状　d) 蠕虫状

根据碳在铸铁中存在形态不同，铸铁可分为下列几种：

a. 白口铸铁　碳全部以碳化物形式存在。普通白口铸铁的显微组织如第二章对$Fe-Fe_3C$相图中$w_C>2.11\%$部分合金所述。其断口呈亮白色。由于有大量硬而脆的渗碳体故普通白口铸铁硬度高、脆性大，工业上极少直接用它制造机械零件，而主要作炼钢原料或可锻铸铁零件的毛坯。

b. 灰铸铁　碳主要以片状石墨形式存在，断口呈灰色。灰铸铁是工业生产中应用最广泛的一种铸铁材料。

c. 可锻铸铁　由一定成分的白口铸铁铸件经过较长时间的高温可锻化退火，使白口铸铁中的渗碳体大部分或全部分解成团絮状石墨。这种铸铁的强度和塑性、韧性比灰铸铁好，但并不可锻造。

d. 球墨铸铁　铁液经过球化处理后浇铸，铸铁中的碳大部或全部成球状石墨形式存在，用于力学性能要求高的铸件。

e. 蠕墨铸铁　碳主要以蠕虫状石墨形态存在于铸铁中，石墨形状介于片状与球状石墨之间，类似于片状石墨，但片短而厚，头部较圆，形似蠕虫。

灰铸铁、可锻铸铁、球墨铸铁、蠕墨铸铁是一般的工程应用铸铁。工程应用铸铁研究的中心问题是如何改变石墨的数量、形状、大小和分布。由于石墨化程度的不同，铸铁可以获得三种不同基体组织：铁素体、珠光体＋铁素体、珠光体。铁素体基体强度、硬度低，珠光体基体强度、硬度较高。当石墨状态相同时，基体组织珠光体的量越多，铸铁的强度越高。由此可见，铸铁的组织相当于在钢的基体上分布着石墨夹杂。由于石墨的强度很低，就相当于在钢基体中有许多孔洞和裂纹。改变铸铁中石墨的形态可以改变铸铁的基本性能，如第1章中的图1-1的模拟实验所示，球墨铸铁、可锻铸铁等就是在灰铸铁的基础上发展起来的。为了满足工业生产的各种特殊性能要求，向上述铸铁中加入某些合金元素，可得到具有耐磨、耐热、耐蚀等特性的多种合金铸铁。

由于石墨的存在削弱了基体的连续性，所以铸铁的某些力学性能明显比钢差。但正是由于石墨的存在，使铸铁有许多钢所不及的优良性能。例如，由于石墨本身的润滑作用，以及它从铸铁表面脱落后留下的孔洞具有储存润滑油的能力，故铸铁具有良好的减摩性；由于石墨组织松软，能够吸收震动，因而铸铁也有良好的减震性；由于石墨相当于零件上的许多小缺口，使工件加工形成的切口作用相对减弱，故铸铁的缺口敏感性低；铸铁在切削加工时，石墨的润滑和断屑作用使灰铸铁有良好的切削加工性；灰铸铁的熔点比钢低，流动性好，凝固过程中析出了比容较大的石墨，减小了收缩率，故具有良好的铸造工艺性，能够铸造形状复杂的零件。

4.4.2 铸铁的石墨化

铸铁组织中石墨的形成过程称之为石墨化过程。铸铁的石墨化可有两种方式：一种是石墨直接从液态合金和奥氏体中析出；另一种是渗碳体在一定条件下分解出石墨，铸铁的石墨化到底按哪种方式进行，主要取决于铸铁的成分与冷却条件。

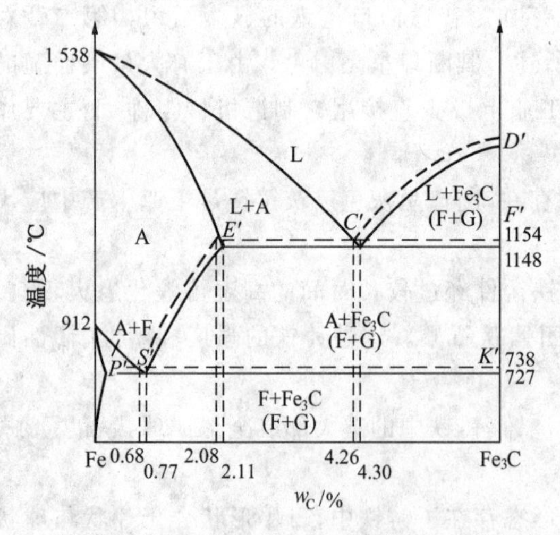

图4-6 铁—碳双重相图

1. 铁碳合金双重相图

实践证明，成分相同的铁液在冷却时，冷却速度越缓慢，析出石墨的可能性越大；冷却速度越快，则析出渗碳体的可能性越大。此外，形成的渗碳体若加热到高温，长时间保温，又可分解为铁素体和石墨，即 $Fe_3C \rightarrow 3Fe + C(G)$。由此可见，石墨是稳定相，而渗碳体仅是亚稳定相。前述的 $Fe-Fe_3C$ 相图说明了亚稳定相 Fe_3C 的析出规律，而要说明稳定相石墨的析出规律必须应用

Fe－G 相图。为了便于比较和应用，习惯上把这两个相图合画在一起，称为铁—碳双重相图，如图 4－6 所示，其中实线表示 Fe－Fe_3C 相图，虚线表示 Fe－G 相图，凡虚线与实线重合的线条都用实线表示。

2. *石墨化过程*

按照 Fe－G 相图，可将铸铁的石墨化过程分为三个阶段。

第一阶段石墨化从铸铁的液相中析出一次石墨 G_{I}（过共晶合金）以及通过共晶转变时形成的共晶石墨 $G_{共晶}$，或者通过一次渗碳体、共晶渗碳体在高温分解成石墨。

中间阶段石墨化从过饱和奥氏体中直接析出的二次石墨 G_{II}，或者由共析渗碳体分解析出石墨。

第二阶段石墨化在共析转变过程中奥氏体分解为铁素体和共析石墨 $G_{共析}$，或者由共析渗碳体分解出石墨。

石墨化过程需要碳原子和铁原子的扩散，进行石墨化的温度越低原子扩散越困难，因而石墨化进程越慢。因此铸铁中第二阶段石墨化常常不能充分进行。

铸铁的组织受到各阶段石墨化程度的影响。如果第一、中间和第二阶段石墨化都得以充分进行，就会得到铁素体基体的铸铁；如果第一和中间阶段石墨化充分进行，但第二阶段石墨化未能充分进行或完全没有进行，则得到以珠光体—铁素体为基体的铸铁；如果不仅第二阶段石墨化没有进行。而且中间阶段甚至第一阶段石墨化也仅部分进行，则得到含有二次渗碳体甚至莱氏体的麻口铸铁；如果完全没有进行各阶段石墨化，那就会得到白口铸铁。

3. *影响石墨化的因素*

铸铁的组织取决于石墨化过程进行的程度，而影响石墨化的主要因素是铸铁的化学成分和冷却速度。

(1) 化学成分的影响

各种元素对石墨化过程的影响互有差别，促进石墨化的元素按作用由强至弱排列为 Al，C，Si，Ti，Ni，Cu，P；阻碍石墨化的元素按作用由弱至强排列为 W，Mn，Mo，S，Cr，V，Mg。这里仅介绍铸铁中常见的五个元素 C，Si，Mn，P，S 对铸铁的影响。

碳与硅是强烈促进石墨化的元素。铸铁的碳、硅含量越高，石墨化进行得越充分。实验表明，在铸铁中每增加 1% 的硅，能使共晶点碳的质量分数相应降低 0.33%。一般将($w_C + w_{Si}/3$)称为碳当量。碳当量接近共晶成分的铸铁具有最佳的铸造性能。

锰是阻碍石墨化的元素。但它和硫有很大的亲和力，在铸铁中能与疏形成 MnS，减弱硫对石墨化的有害作用。故锰含量允许在较高的范围。

硫是强烈阻碍石墨化的元素，并降低铁液的流动性，使铸铁的铸造性能恶化，其含量应尽可能降低。

磷也是促进石墨化的元素，但其作用较弱。磷在铸铁中还易生成 Fe_3P，常与 Fe_3C

形成共晶组织分布在晶界上，增加铸铁的硬度和脆性，故一般应限制其含量。但磷能提高铁液的流动性，能改善铸铁的铸造性能。

(2) 冷却速度的影响

冷却速度对铸铁石墨化的影响也很大。冷却越慢，越有利于石墨化的进行。冷却速度受造型材料、铸造方法及铸件壁厚等因素的影响。例如，金属型铸造使铸铁冷却快，砂型铸造冷却较慢；壁薄的铸件冷却快，壁厚的冷却慢。

图 4-7 表示化学成分和冷却速度(铸件壁厚)对铸铁组织的综合影响可以看出，对于薄壁铸件，容易形成白口铸铁组织。要得到灰铸铁组织，应增加铸铁的碳、硅含量。相反，厚大的铸件，为避免得到过多的石墨，应适当减少铸铁的碳、硅含量。

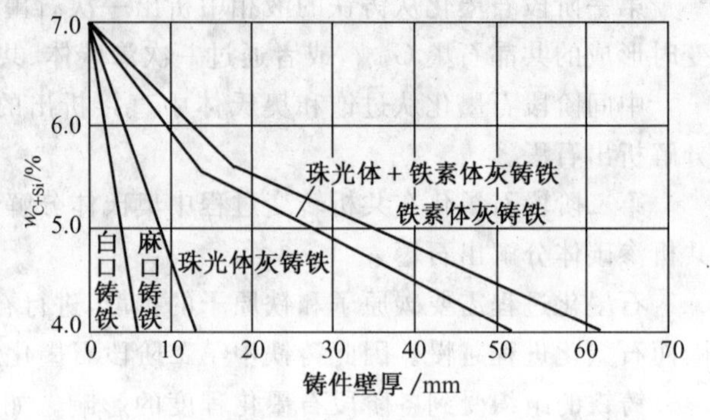

图 4-7 铸铁的成分和冷却速度对铸铁组织的影响

4.4.3 常用铸铁

1. 灰铸铁

(1)灰铸铁的化学成分、组织和性能

目前生产中，灰铸铁的化学成分范围一般为：$w_C = 2.5\% \sim 3.0\%$，$w_{Si} = 1.0\% \sim 2.5\%$，$w_P \leqslant 0.3\%$，$w_{Mn} = 0.5\% \sim 1.3\%$，$w_S \leqslant 0.15\%$。灰铸铁的性能取决于基体组织和石墨的数量、形状、大小及分布状态。一般灰铸铁的化学成分和显微组织不作为验收条件，但为了达到规定的牌号及相应的力学性能，必须以相应的化学成分和显微组织来保证。

灰铸铁的第一、中间阶段石墨化已充分进行，其基体组织取决于第三阶段的石墨化程度。铁素体基体强度、硬度低，珠光体基体强度、硬度较高。当石墨状态相同时，基体组织珠光体的量越多，铸铁的强度越高。由于片状石墨相当于在钢基体中有许多裂纹，破坏了基体的连续性，并且在外力作用下，裂纹尖端处容易引起应力集中，而产生破坏。因此灰铸铁的抗拉强度、疲劳强度都很低，塑性、冲击韧度几乎为零。当基体组织相同时，其石墨越多、片越粗大，分布越不均匀，铸铁的抗拉强度和塑性越低。由于片状石墨对灰铸铁性能的决定性影响，即使基体的组织从珠光体改变为铁素体，也只会降低强度而不会增加塑性和韧性，因此珠光体灰铸铁得到广泛应用。

(2) 灰铸铁的牌号及用途

灰铸铁的牌号以"HT"和其后的一组数字表示。其中"HT"表示灰铁二字的汉语拼音字首，其后一组数字表示直径 30mm 试棒的最小抗拉强度值。灰铸铁的牌号，力学性能及用途如表 4－6 所示。GB9439—1988 附录 A 规定了灰铸铁牌号，附录 B 提供了灰铸铁硬度与抗拉强度的关系。

表 4－6　灰铸铁牌号、不同壁厚铸件的力学性能和用途

铸铁类别	牌　号	铸件壁厚/mm	力学性能		用途举例
			σ_b/MPa	HBS	
铁素体灰铸铁	HT100	2.5～1.0 10～20 20～30 30～50	130 100 90 80	110～166 93～140 87～131 82～122	适用于载荷小、对摩擦和磨损无特殊要求的不重要零件，如防护罩、盖、油盘、受轮、支架、底版、重锤、小手柄、镶导轨的机床底座等
铁素体—珠光体灰铸铁	HT150	2.5～10 10～20 20～30 30～50	175 145 130 120	137～205 119～179 110～166 105～157	承受中等载荷的零件，如机座、支架、箱体、刀架、床身、轴承座、工作台、带轮、法兰、泵体、阀体、管路附件（工作压力不大）、飞轮、电动机座等
珠光体灰铸铁	HT200	2.5～10 10～20 20～30 30～50	220 195 170 160	157～236 148～222 134～200 129～192	承受较大载荷和要求一定的气密性或耐蚀性等较重要的零件，如汽缸、齿轮、机座、飞轮、床身、活塞、齿轮箱刹车轮、联轴器盘、中等压力（80MPa 以下）泵体、阀体、液压缸、阀门等
	HT250	4.0～10 10～20 20～30 30～50	270 245 220 200	175～262 164～247 157～236 150～225	
孕育铸铁	HT300	10～20 20～30 30～50	290 250 230	182～272 168～251 161～241	承受高载荷、耐磨和气密性重要零件，如重型机床、剪床、压力机、自动机床的机座、机架、高压液压件、活塞环、齿轮、凸轮、车床卡盘、大型发动机的汽缸体、衬套、汽缸盖等
	HT350	10～20 20～30 30～50	340 290 260	199～298 182～272 171～2578	

（3）灰铸铁的孕育处理

为了改善灰铸铁的组织和力学性能，生产中常采用孕育处理，即在浇注前向铁液中加入少量孕育剂（如硅铁、硅钙合金等），改变铁液的结晶条件，从而得到细小均匀分布的片状石墨和细小的珠光体组织。经孕育处理后的灰铸铁称为孕育铸铁。

孕育铸铁的强度有较大的提高，塑性和韧性也有改善，并且由于孕育剂的加入，可使冷却速度对结晶过程的影响减小，使铸件的结晶几乎是在整个体积内同时进行，可使铸件在各个部位获得均匀一致的组织。因而孕育铸铁用于制造力学性能要求较高、截面尺寸变化较大的大型铸件。

(4) 灰铸铁的热处理

由于热处理只能改变灰铸铁的基体组织，不能改变石墨的形状、大小和分布，片状石墨的弊端依然存在，故灰铸铁的热处理一般只用于消除铸件内应力和白口组织，稳定尺寸或提高工件表面的硬度和耐磨性等。

1) 消除应力退火　将铸铁缓慢加热到 500～600℃，保温一段时间，随炉降至 200℃后出炉空冷。

2) 消除白口组织的退火　将铸件加热到 850～950℃，保温 2～5h，然后随炉冷却到 400～500℃出炉空冷，使渗碳体在高温和缓慢冷却中分解，用以消除白口，降低硬度，改善切削加工性。

3) 表面淬火　为了提高某些铸件的表面耐磨性，常采用高(中)频表面淬火或接触电阻加热表面淬火等方法，使工作面(如机床导轨)获得细马氏体基体＋石墨组织。

2. 球墨铸铁

球墨铸铁的基体组织上分布着球状石墨。由于球状石墨对基体组织的割裂作用和应力集中作用很小，所以球墨铸铁力学性能远高于灰铸铁。石墨球越圆整、细小、均匀，则力学性能越高。在某些性能方面甚至可与碳钢相媲美。同时还具有灰铸铁的减震、耐磨和低的缺口敏感性等一系列优点。

球墨铸铁是将铁液经过球化处理而得到的。球化处理是在铁液浇注前加入少量的球化剂，使石墨呈球状析出。常用的球化剂有镁、稀土合金、稀土镁合金三种，我国广泛采用稀土镁合金。由于镁和稀土元素都是强烈阻止石墨化的元素，只加球化剂处理，易使铸铁生成白口，所以，还应加入适量的孕育剂硅铁，以促进石墨化。球墨铸铁不适于铸造小而薄壁的复杂零件，其铸造质量不很稳定，可靠性不够。

球墨铸铁的化学成分范围是：$w_{C}=3.8\%\sim4.0\%$，$w_{Si}=2.0\%\sim2.8\%$，$w_{Mn}=0.6\%\sim0.8\%$，$w_{P}\leqslant0.1\%$，$w_{S}\leqslant0.04\%$，$w_{Mg}=0.03\%\sim0.05\%$。

几乎所有钢的普通热处理方法都可以用在球墨铸铁上，在生产中经退火、正火、调质等温淬火等不同热处理，球墨铸铁可获得不同的基体组织，如铁素体、铁素体＋珠光体、珠光体马氏体和贝氏体等。

球墨铸铁的 σ_b，$\sigma_{0.2}$，屈强比 $\sigma_b/\sigma_{0.2}$ 及耐磨性都优于 45 钢；伸长率 δ 和弹性模量 E 及光滑试样的 σ_{-1} 比 45 钢低。但由于其缺口敏感性小，使其带肩带孔试样的 σ_{-1} 值与 45 钢相近，球墨铸铁的 a_K 值远比 45 钢低，但在小能量的冲击载荷条件下工作，寿命比

45 钢长。由于球墨铸铁具有如此优良的性能,使它成功地代替了部分可锻铸铁和中碳铸钢、锻钢材料。但是目前球墨铸铁尚不能完全替代可锻铸铁、中碳铸钢和锻钢,其原因是球墨铸铁的塑性和弹性仍不如钢。

球墨铸铁的牌号用“QT”及其后的两组数字表示。其中“QT”表示球铁二字的汉语拼音字首,后面的两组数字分别表示最低抗拉强度和最低断后伸长率。各种球墨铸铁的牌号、力学性能和用途举例如表 4－7 所示。

表 4－7　球墨铸铁的牌号、力学性能和用途(GB1348—1988)

牌　号	力　学　性　能				基体组织	用　途　举　例
	σ_b/MPa	$\sigma_{0.2}$/MPa	δ/%	HBS		
	不　大　于					
QT400－18	400	250	18	130～180	铁素体	受冲击、振动的零件如汽车、拖拉机轮毂、差速器壳、拨叉、农机具零件、中低压阀门、上下水及输气管道、压缩机高低压汽缸、电机机壳、齿轮箱、飞轮壳等
QT400－15	400	250	15	130～180	铁素体	
QT450－10	450	310	10	160～210	铁素体	
QT500－7	500	320	7	170～230	铁素体＋珠光体	机器座架、传动轴飞轮、电动机架内燃机的机油泵齿轮、铁路机车车轴瓦等
QT600－3	600	370	3	190～270	珠光体＋铁素体	载荷大、受力复杂的零件、如汽车、拖拉机、曲轴、连杆、凸轮轴、部分车床、磨床、铣床的主轴、机床蜗杆蜗轮、轧钢机轧辊、大齿轮、汽缸体、桥式起重机大小滚轮等
QT700－2	700	420	2	225～305	珠光体	
QT800－2	800	480	2	245～335	珠光体或回火组织	
QT900－2	900	600	2	280～360	贝氏体或回火马氏体	高强度齿轮,如汽车后桥螺旋锥齿轮、减速器齿轮、内燃机曲轴、凸轮等

3. 可锻铸铁

可锻铸铁是由一定化学成分的白口铸铁通过可锻化退火而获得的具有团絮状石墨的铸铁。可锻铸铁的生产过程是先铸成白口铸铁件,再将其经高温长时间的可锻化退火,使渗碳体分解出团絮状石墨。如果铸件不是完全的白口组织,一旦有片状石墨生成,则在随后的退火过程中,由渗碳体分解的石墨将会沿已有的石墨片析出,最终得到粗大的片状石墨组织,为此必须控制铸件化学成分,使之具有较低的 C,Si 含量。通常化学成分为 $w_C = 2.2\% \sim 2.8\%$,$w_{Si} = 1.0\% \sim 1.8\%$,$w_{Mn} = 0.5\% \sim 0.7\%$,$w_P <$

0.1%，w_S<0.2%。

可锻铸铁根据退火方法和最后组织的不同，可分为黑心(铁素体)可锻铸铁和珠光体可锻铸铁两种类型。另外，由白口铸铁件在氧化性气氛中经脱碳退火可制得白心可锻铸铁，我国较少采用。

可锻铸铁的牌号用“KTH”，“KTZ”和后面的两组数字表示。其中“KT”是“可铁”两字的汉语拼音字首；“H”，“Z”，表示“黑”、“珠”字的拼音字首；两组数字分别表示最低抗拉强度和最低断后伸长率。常用可锻铸铁的牌号、性能及用途如表 4-8 所示。

表 4-8 黑心可锻铸铁和珠光体可锻铸铁的牌号、性能及用途(摘自 GB9440—1988)

种类	牌号	试样直径/mm	力学性能				用途举例
			σ_b/MPa	$\sigma_{0.2}$/MPa	δ/%	HBS	
			不大于				
黑心可锻铸铁	KTH300-06	12或15	300		6	≤150	制作弯头、三通管件中低压阀门等
	KTH330-08*		330		8		制作机床扳手、犁刀、犁柱、车轮壳、钢丝绳轧头等
	KTH350-10		350	200	10		汽车、拖拉机前后轮壳后桥壳、减速器壳、转向节壳、制动器、铁道零件等
	KTH370-12*		370		12		
珠光体可锻铸铁	KTZ450-06		450	270	6	150～200	载荷较高和耐磨损零件，如曲轴、凸轮轴、连杆、齿轮、活塞环、摇臂、轴套、耙片、万向接头、棘轮、扳手、传动链条、犁刀、矿车轮等
	KTZ550-04		550	340	4	180～250	
	KTZ650-02		650	430	2	210～260	
	KTZ700-02		700	530	2	240～290	

注：1. 试样直径 12mm 只适用于主要壁厚小于 10mm 的铸件。
2. 带 * 号为过渡牌号。

可锻铸铁的强度和韧性均较灰铁高，强度已可与铸钢比美，但生产过程较为复杂，退火时间长达几十小时，因而生产率低、能耗大、成本较高。近年来，不少可锻铸铁件已被球墨铸铁件代替。但可锻铸铁韧性和耐蚀性好，适宜制造形状复杂、承受冲击的薄壁铸件(有些管件的壁厚仅为 1.7mm)及在潮湿环境中工作的零件，与球墨铸铁相比具有质量稳定、铁液处理简易等优点。

4. 蠕墨铸铁

蠕墨铸铁是近十几年来发展起来的新型铸铁。它是在一定成分的铁液中加入适量的蠕化剂，获得石墨形态介于片状与球状之间，形似蠕虫状石墨的铸铁。石墨近似短而厚的片状，有时近似球状，一般长厚比为2～10，而灰铸铁中片状石墨的长厚比常大于50，使石墨对金属基体的割裂作用弱化。

蠕墨铸铁的化学成分要求与球墨铸铁相近，生产方法与球墨铸铁相似，蠕化剂有镁钛合金、稀土镁钛合金、稀土镁钙合金等。生产中蠕墨铸铁的蠕虫状石墨往往与球状石墨共存，蠕化率是影响蠕墨铸铁性能的主要因素。蠕墨铸铁的牌号用“RuT”加抗拉强度数值(JB4403—1987)，例如RuT340。各牌号蠕墨铸铁的主要区别在于基体组织。

蠕墨铸铁的力学性能介于相同基体组织的灰铸铁和球墨铸铁之间，其铸造性能和热传导、耐疲劳性及减震性与灰铸铁相近。蠕墨铸铁已在工业中广泛应用，主要用来制造大功率柴油机汽缸盖、汽缸套，电动机外壳、机座，机床床身、阀体，起重机卷筒，纺织机零件，钢锭模等铸件。

4.4.4　其他铸铁

在灰铸铁、白口铸铁或球墨铸铁中加入一定量的合金元素，可以使铸铁具有某些特殊性能(如耐热、耐酸、耐磨等)，这类铸铁称为合金铸铁。合金铸铁与在相似条件下使用的合金钢相比有熔炼简便、成本较低、使用性能良好的优点，但力学性能比合金钢低，脆性较大。

1. 耐磨铸铁

普通铸铁虽然具有较好的耐磨性，但对机床的床身导轨、拖板，发动机的汽缸和缸套来说，还不能满足性能要求。所以在普通铸铁的基础上加入一定的合金元素，便得到耐磨铸铁。一般耐磨铸铁按其工作条件大致可分为两大类：一类是在无润滑、干摩擦条件下工作的，如犁铧、轧辊、破碎机和球磨机零件等；另一类是在润滑条件下工作的，如机床导轨、汽缸套和活塞环等。

(1) 抗磨铸铁

在干摩擦或磨料磨损条件下工作的铸铁，应具有均匀的高硬度组织和必要的韧性。我国常用的抗磨铸铁的技术标准有：GB8263—1987《抗磨白口铸铁技术条件》、GB3180—1982《中锰抗磨球墨铸铁技术条件》、GB/T1504—1991《铸铁轧辊》等。抗磨白口铸铁具有优良的抗磨料磨损性能，近年在矿山、冶金、电力、建材和机械制造等行业获得广泛应用。

1) 高铬白口铸铁　实践证明，在中、低冲击载荷的高应力碾研磨损条件下，高铬铸铁代替高锰钢已显示了优越的抗磨性能。$w_{Cr}=15\%$的铸铁用于生产冷、热轧辊、球磨机磨球等；加入Mo，Ni，Cu等可使其具有更高的淬透性，用于生产水泥磨机和平盘磨煤机的板材等。$w_{Cr}=26\%\sim28\%$的高铬铸铁抗腐蚀性高，用于生产砂浆泵和制砖模、高炉钟斗、轧钢导板等。热处理后获得马氏体＋奥氏体＋$(Cr, Fe)_7C_3$合金碳化物组织，因此十分耐磨，并且脆性小。虽然高铬铸铁铸件价格高，但用其制造的零件比高锰钢提高寿命达几倍甚至十几倍，经济效益还是十分显著的。

2）低合金白口铸铁　利用我国自然资源条件研制的锰钨、钨铬、镍铬、铬铜等多种系列的中低合金马氏体或贝氏体白口铸铁，辅之以稀土、硼等微量元素变质处理，破坏渗碳体的连续性，改善碳化物形貌，从而提高其强韧性。这类铸铁在生产低冲击载荷条件下的抗磨零件，如抛丸机叶片、砂浆泵件、农产品加工设备中易磨损件等取得良好效果。

3）普通白口铸铁　生产简便，价格低廉，但脆性大，适用于冲击载荷不大的犁铧等抗磨铸件及铸件清理抛丸机中的铁丸等。

4）中锰球墨铸铁　将球墨铸铁中的锰提高到 $w_{Mn}=5\%\sim10\%$，铸件基体组织为马氏体或马氏体＋奥氏体，使材料具有很好的耐磨性，较高的强度和冲击韧度；适用于犁铧、饲料粉碎机锤片、中小球磨机磨球、衬板、粉碎机锤头等。

5）冷硬铸铁　冷轧机轧辊和车轮等表面要有很高的耐磨性，生产时在铸件要求耐磨的部位做成金属型，其余部位用砂型，使灰铸铁或球墨铸铁铸件表面获得白口组织，提高耐磨性，而整个铸件能够承受较大的应力和冲击。

（2）减摩铸铁

减摩铸铁应有较低的摩擦系数和能够很好地保持连续油膜的能力。最适宜的组织形式应是在软的基体上分布着坚硬的骨架，以便使基体磨损后，形成保持润滑剂的“沟槽”，坚硬突出的骨架承受压力。常用的减摩铸铁有高磷铸铁和钒钛铸铁。

在孕育铸铁中加入磷（$w_P=0.4\%\sim0.6\%$）得到高磷铸铁。高磷铸铁中的磷共晶具有很高的硬度，能大大提高铸铁的耐磨性。钒和钛都是强碳化物形成元素，在铸铁中能形成高硬度的碳化物和氮化物，呈细小的硬质点分布于基体中，使铸铁的耐磨性大大提高。钒钛铸铁制造的机床导轨耐磨性比 HT200 显著提高。

高磷、钒钛、铬钼铜等耐磨铸铁详见机械行业标准 JB/GQ0033—1988《机床导轨用耐磨铸铁件》。

2. 耐蚀铸铁

耐蚀铸铁（GB8491—1987）主要有高硅、高铝、高铬、高镍等系列。铸铁中加入一定量的 Si，Al，Cr，Ni，Cu 等元素，可使铸件表面生成致密的氧化膜，改变了铸铁内各相的电极电位，改变了铸铁组织减少了原电池的数量，从而提高了耐蚀性。高硅（$w_S=10\%\sim18\%$）铸铁是最常用的耐蚀铸铁，为了提高对盐酸腐蚀的抵抗力可加入 Cr 和 Mo 等合金元素。高硅铸铁广泛用于化工、石油、化纤、冶金等工业所用设备，如泵、管道、阀门、储罐的出口等。高铬（$w_{Cr}=20\%\sim35\%$）铸铁在各种氧化性酸和多种盐的条件下工作十分可靠。对强力的热苛性碱溶液一般用高镍铸铁。

3. 耐热铸铁

耐热铸铁（GB9437—1988）具有抗高温氧化和抗生长性能，能够在高温下承受一定载荷。在铸铁中加入Al,Si,Cr等合金元素,可以在铸铁表面形成致密的保护性氧化膜(如Al_2O_3,SiO_2,Cr_2O_3),使铸铁在高温下具有抗氧化的能力,同时能够使铸铁的基体变为单相铁素体,在高温下不发生相变,加入Ni,Mo能增加在高温下的强度和韧性,从而提高铸铁的耐热性。

常用的耐热铸铁有中硅铸铁、高铬铸铁、镍铬硅铸铁。镍铬球墨铸铁、中硅球墨铸铁等,主要用于制造加热炉附件,如炉底板、加热炉传送链构件、换热器、渗碳坩埚等。

思考练习题

1. 名词解释

(1) 低碳钢、中碳钢与高碳钢

(2) 碳素结构钢、优质碳素结构钢与碳素工具钢

(3) 白口铸铁、灰铸铁与钢

(4) 灰铸铁、球墨铸铁、蠕墨铸铁与可锻铸铁

2. 炼铁的实质是什么?炼钢的实质是什么?有哪几种炼钢方法?

3. 磷对钢的力学性能有哪些影响?硅、锰对钢的力学性能有哪些影响?

4. 钢的质量是根据什么来划分的?

5. 说明下列牌号属于哪类钢?说明其符号及数字的含义。并各举一实例,说明它们的主要用途。

Q235-A,20,65Mn,T8,T12A,45,08F。

6. 碳素工具钢的含碳量对其性能有什么影响?如何选用?

7. 化学成分和冷却速度对铸铁石墨化有何影响?阻碍石墨化的元素主要有哪些?

8. 说明铸铁石墨化三个阶段进行程度对其组织的作用。

9. 为什么一般机器的支架、机床床身常用灰铸铁制造?

10. 试述石墨对铸铁性能特点的影响。

11. 球墨铸铁和可锻铸铁的生产工艺要点是什么?

第5章

钢的热处理

热处理是将固态金属或合金在一定的介质中进行加热、保温和冷却，以改变材料整体或表面组织，从而获得预期性能的工艺方法。

热处理是指提高金属使用性能和改善工艺性能的重要加工工艺方法。如 T10 钢经球化退火后，切削性能大大改善；而经淬火处理后，其硬度可从处理前的 20HRC 提高到 62～65HRC。因此热处理是一种非常重要的加工工艺方法，在机械制造中绝大多数的零件都要进行热处理。例如，机床工业中 60％～70％的零件要进行热处理，汽车、拖拉机工业中 70％～80％的零件要进行热处理，各种量具、刃具、模具和滚动轴承几乎 100％要进行热处理。可见，热处理在机械制造工业中占有十分重要的地位。

根据热处理的目的、加热条件和特点不同，热处理主要分为以下三类：

(1) 整体热处理　特点是对工件整体进行穿透加热。常用于：退火、正火、淬火、回火。

(2) 表面热处理　特点是对工件表层进行热处理，以改变表层组织和性能。常用的方法有感应淬火、火焰淬火。

(3) 化学热处理　特点是改变工件表层化学成分、组织和性能。常用的方法有渗碳、氮化（渗氮）、氰化（碳氮共渗）等。

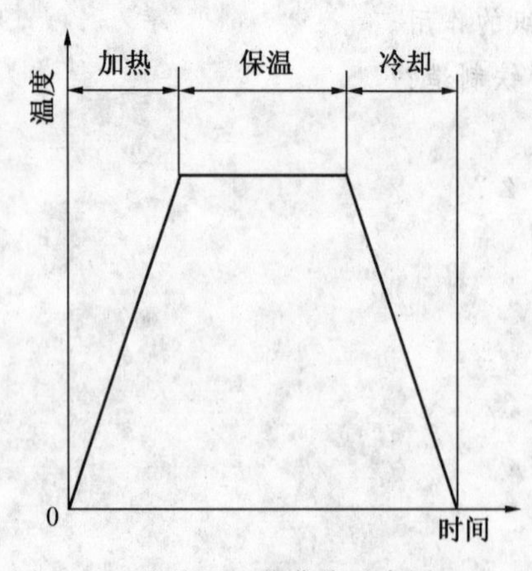

图 5－1　热处理工艺曲线示意图

尽管热处理工艺的方法很多，但都是由加热、保温和冷却三个阶段组成的，通常用热处理工艺曲线表示，如图5-1。因此，要了解各种热处理工艺方法，必须研究钢在加热（包括保温）和冷却过程中组织变化的规律。

5.1 钢在加热时的组织转变

大多数热处理工艺都要将钢加热到临界温度以上，获得全部或部分奥氏体组织，即进行奥氏体化。加热时形成奥氏体的质量，对冷却转变过程及组织、性能有极大的影响。

由 $Fe-Fe_3C$ 相图可知，A_1，A_3，A_{cm}线是碳钢在极其缓慢加热和冷却时得到的相变温度线，因此这些线上的点都是平衡条件下的相变点。但实际生产中，加热和冷却并不是极其缓慢的，因此实际发生组织转变的温度与 A_1，A_3，A_{cm} 有一定偏离，如图5-2所示。实际加热时各相变点用 Ac_1，Ac_3，Ac_{cm}表示；冷却时各相变点用 Ar_1，Ar_3，Ar_{cm}表示。

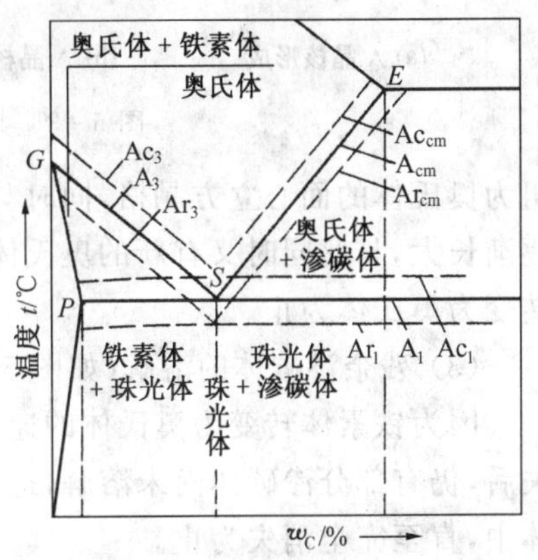

图5-2 钢的相变点在 $Fe-Fe_3C$ 相图上的位置

5.1.1 奥氏体的形成及其影响因素

把钢件加热到Ac_3或Ac_1温度以上，以获得全部或部分奥氏体组织的过程，称为奥氏体化。

1. 奥氏体的形成

以共析钢为例，共析钢在A_1点以下为珠光体组织，珠光体组织中铁素体具有体心立方晶格，在A_1点时铁素体中的 $w_C = 0.0218\%$；渗碳体具有复杂晶格，其 $w_C = 6.69\%$。当加热到Ac_1点以上时，珠光体转变为具有面心立方晶格，其 $w_C = 0.77\%$ 的奥氏体。因此，珠光体向奥氏体转变必须进行晶格改组和铁、碳原子的扩散，其转变过程遵循生核和长大的基本规律。奥氏体形成过程可归纳奥氏体晶核的形成、长大、残余渗碳体的溶解和奥氏体成分的均匀化四个阶段，如图5-3所示。

(1) 奥氏体晶核的形成（如图5-3(a)所示）

钢在临界温度以上，珠光体是不稳定的，有转变为奥氏体的倾向。奥氏体晶核优先在珠光体中的铁素体和渗碳体相界面上形成。这是由于相界面处于原子排列比较紊乱，处于能量较高状态。而且奥氏体含碳量介于铁素体和渗碳体之间，故在两相的相界面处为奥氏体形核提供了条件。

(2) 奥氏体晶核的长大（如图5-3(b)所示）

奥氏体晶核形成后，便通过铁、碳原子的扩散，使其相邻铁素体的体心立方晶格改

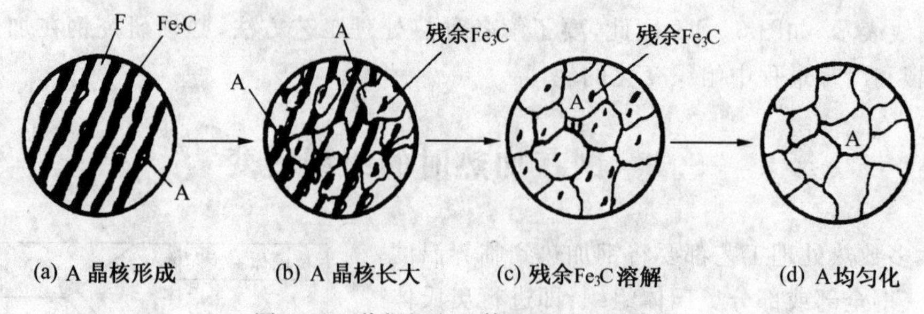

图 5-3 共析钢奥氏体形成过程示意图

组为奥氏体的面心立方晶格，同时与其相邻的渗碳体不断溶入奥氏体中，使奥氏体晶核逐渐长大，与此同时又有新的奥氏体晶核形成，并长大。此阶段一直进行到铁素体全部转变为奥氏体为止。

(3) 残余渗碳体的溶解(如图 5-3(c)所示)

因为铁素体转变为奥氏体的速度远高于渗碳体的溶解速度，所以当铁素体全部消失后，仍有部分渗碳体尚未溶解，这部分渗碳体随着保温时间的延长，将逐渐溶入奥氏体中，直至完全消失为止。

(4) 奥氏体成分的均匀化(如图 5-3(d)所示)

残余渗碳体全溶解后，奥氏体中碳浓度是不均匀的，在原渗碳体区域，碳浓度较高；而原铁素体区域，碳浓度较低，必须继续保温一段时间，通过碳原子的扩散，才能得到成分均匀的奥氏体。

在钢的热处理工艺中，加热和保温的奥氏体化过程，不仅是为了将工件热透，而且也是为了获得成分均匀的奥氏体组织的过程，以便冷却后能得到良好的组织和性能。

亚共析钢和过共析钢的奥氏体形成过程与共析钢基本相同。但是，由于这两类钢的室温组织中除了珠光体以外，亚共析钢中还有先共析铁素体，过共析钢中还有先共析二次渗碳体，所以要想得到单一奥氏体组织，亚共析钢要加热到 Ac_3 线以上，过共析钢要加到 Ac_{cm} 线以上，以使先共析铁素体或先共析二次渗碳体完成向奥氏体的转变或溶解。

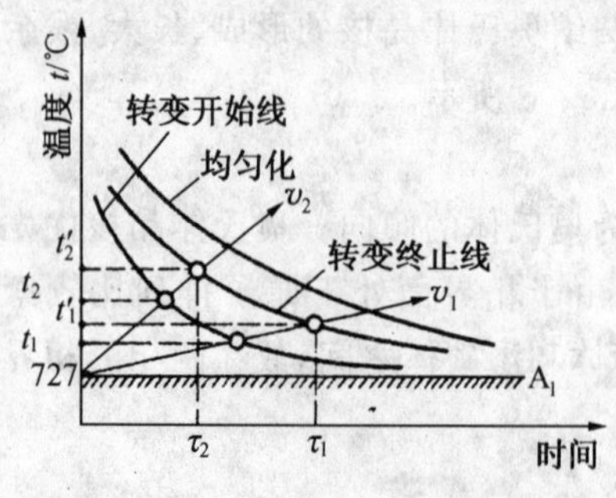

图 5-4 加热速度对奥氏体转变的影响

2. 影响奥氏体转变的因素

(1) 加热温度

随加热温度的提高，铁、碳原子扩散速度越快，且铁的晶格转变也越快，因而奥氏体化的速度加快。

(2) 加热速度

在实际热处理条件下，加热速度越快（$v_2 > v_1$），发生转变的温度越高($t_2 > t_1$)，转变结束的温度也越高($t'_2 > t'_1$)，完成转变所需的时间越短($\tau_2 < \tau_1$)，即奥氏体转变速度越快。如图 5-4 所示。

（3）钢中的碳含量

碳含量增加时，渗碳体量增多，铁素体和渗碳体的接触界面增大，形成的奥氏体核心增多，奥氏体化速度加快。

（4）合金元素

在钢中的合金元素对钢的奥氏体化所起的作用是不同的，有的起加速作用；有的起减缓作用；有的几乎不起作用。例如钴、镍等起加速作用；铬、钼、钒等起减缓作用；硅、铝、锰等不影响奥氏体化。

（5）钢的原始组织

当钢的成分相同时，其原始组织越细、相界面越多，奥氏体的形成速度就越快。例如，相同成分的钢，由于细片状珠光体比粗片状珠光体的相界面积大，故细片状珠光体的奥氏体形成速度快。

5.1.2　奥氏体晶粒长大及其影响因素

钢的奥氏体晶粒大小将直接影响冷却后钢的组织和性能。奥氏体晶粒细时，退火后得到的组织也细，则钢的强度、塑性和韧性较好。奥氏体晶粒细，淬火后得到的马氏体晶粒也细，因而韧性得到改善。

1. 奥氏体晶粒度

奥氏体晶粒度是指将钢加热到相变点（亚共析钢为 Ac_3，过共析钢为 Ac_1 或 Ac_{cm}）以上某一温度，并保温给定时间所得到的奥氏体晶粒大小。奥氏体的晶粒度通常分为8级，级数越高，晶粒越细，如图5-5所示。

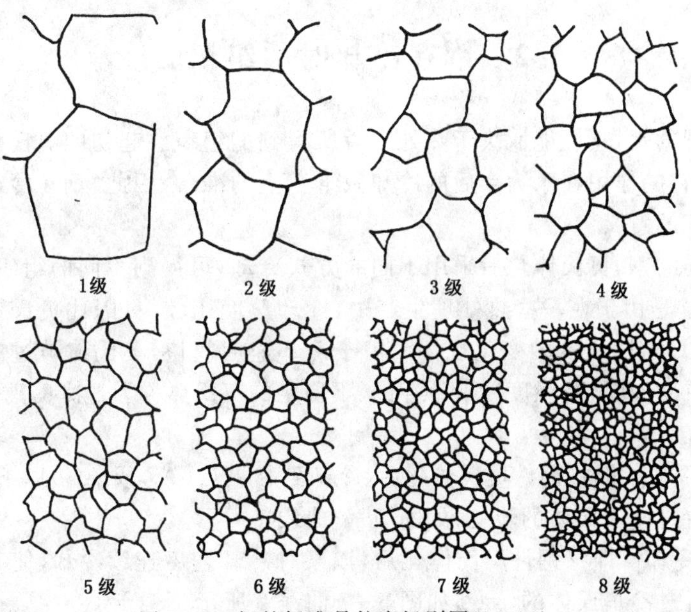

图5-5　钢的标准晶粒度级别图（100×）

实践证明，不同成分的钢，在加热时奥氏体晶粒长大倾向是不相同的，如图 5-6 所示。有些钢随着加热温度的升高，奥氏体晶粒会迅速长大，称这类钢为本质粗晶粒钢（见图 5-6 所示曲线 1），而有些钢的奥氏体晶粒不易长大，只有当温度超过一定值时，奥氏体晶粒才会突然长大，称这类钢为本质细晶粒钢（见图 5-6 曲线 2）。生产中，须经热处理的工件，一般都采用本质细晶粒钢制造。

2. 影响奥氏体晶粒度的因素

(1) 加热温度和保温时间

奥氏体刚形成时晶粒是细小的，但随着加热温度的提高，保温时间的沿长，奥氏体晶粒将快速长大。通常加热温度对奥氏体晶粒长大的影响比保温时间更显著。

(2) 合金元素

奥氏体中的含碳量增高时，晶粒长大的倾向加强。但当碳以未溶碳化物的形式存在时，将阻碍奥氏体晶粒的长大。

钢中的合金元素均能不同程度的阻碍奥氏体晶粒长大，尤其是与碳结合力较强的合金元素（如铬、钼、钒等），由于它们在钢中形成难溶于奥氏体的碳化物，并弥散分布在奥氏体晶界上，能阻碍奥氏体晶粒长大，而锰、磷则促使奥氏体晶粒长大。

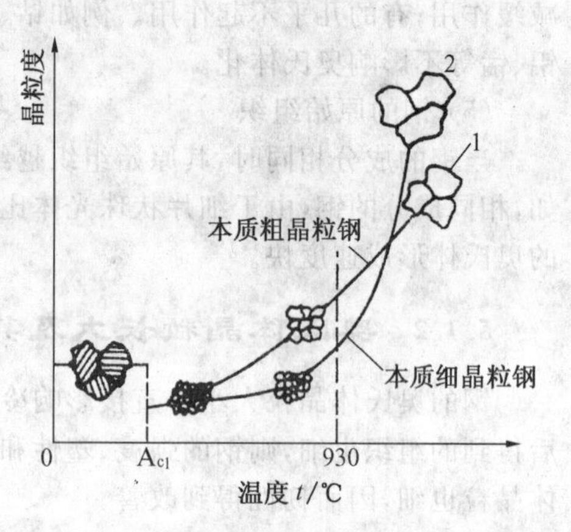

图 5-6　奥氏体晶粒长大倾向示意图

5.2　钢在冷却时的组织转变

经热处理的钢，其性能取决于热处理后所得到的组织。起初的奥氏体化不是钢热处理的目的，它的作用在于为今后的冷却做组织上的准备，因此，钢在冷却时的组织转变才具有真正的意义。

成分相同的钢，奥氏体化后采用不同的方式冷却，可得到不同的组织和性能，如表 5-1 所示。这是由于在一些热处理生产中，冷却速度比较快，因此奥氏体组织转变不符合 $Fe-Fe_3C$ 相图所示的变化规律。由于冷却速度较快，奥氏体被过冷到共析温度以下才发生转变，在共析温度以下暂存的、不稳定的奥氏体称为过冷奥氏体。过冷奥氏体的冷却方式有两种：

a. 等温冷却　即将钢件奥氏体化后，冷却到临界点（Ar_1 或 Ar_3）以下，使其在该温度下恒温进行过冷奥氏体的转变，如图 5-7 曲线 1 所示。

b. 连续冷却　即将钢件奥氏体化后，以某种冷却速度连续冷却，使其在临界温度以下连续进行过冷奥氏体的转变，如图 5-7 曲线 2 所示。

表 5-1　45钢不同方式冷却后的力学性能(加热温度840℃)

冷却方式	力学性能				
	σ_b/MPa	σ_s/MPa	δ/%	ψ/%	HBS
炉　冷	530	280	32.5	49.3	160 左右
空　冷	670～720	340	15～18	45～50	210 左右
水　冷	1100	720	7～8	12～14	52～60HRC

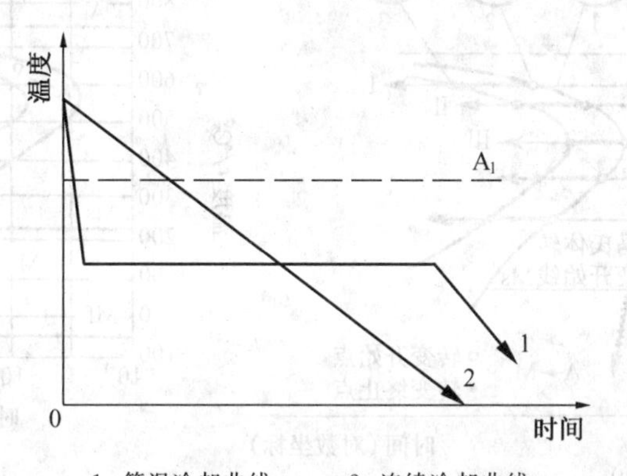

1-等温冷却曲线　　2-连续冷却曲线

图 5-7　等温冷却曲线与连续冷却曲线

5.2.1　共析钢过冷奥氏体等温转变

1. 共析钢过冷奥氏体等温转变曲线图的建立

共析钢过冷奥氏体等温转变曲线图的建立方法是，将共析钢试样，加热至奥氏体化后，分别迅速放入 A_1 点以下不同温度的恒温盐浴槽中进行等温转变，分别测出在各温度下，过冷奥氏体转变开始时间、终止时间以及转变产物量，将其画在温度—时间坐标图上，并把各转变开始点和终止点分别用光滑曲线连起来，便得到共析钢过冷奥氏体等温转变图，如图 5-8(a)所示。由于曲线形状与字母"C"相似，故又称为 C 曲线。因过冷奥氏体在不同过冷度下，转变所需时间相差很大，故图中用对数坐标表示时间。

图 5-8(b)中左边曲线为过冷奥氏体等温转变开始线，右边曲线为过冷奥氏体等温转变终止线。A_1 线以上是奥氏体的稳定区，A_1 线以下，转变开始线以左是过冷奥氏体暂存区。A_1 线以下，转变终止线以右是转变产物区。转变开始线和转变终止线之间是过冷奥氏体和转变产物共存区。钢件的不平衡组织在一定过冷度或过热度条件下等温转变时，等温停留开始至相转变开始之间的时间称为孕育期。孕育期随转变温度的

降低，先是逐渐缩短，而后又逐渐增长，在曲线拐弯处(或称“鼻尖”)约550℃左右，孕育期最短，过冷奥氏体最不稳定，转变速度最快。Ms为上马氏体点(或Ms点)，是指钢经奥氏体化后，以大于或等于马氏体临界冷却速度淬火冷却时，奥氏体开始向马氏体转变的温度。Mf为下马氏体点(或Mf点)，是过冷奥氏体停止向马氏体转变的温度。符号A′表示残留奥氏体(残存奥氏体)，它是指工件淬火冷却至室温后残存的奥氏体。

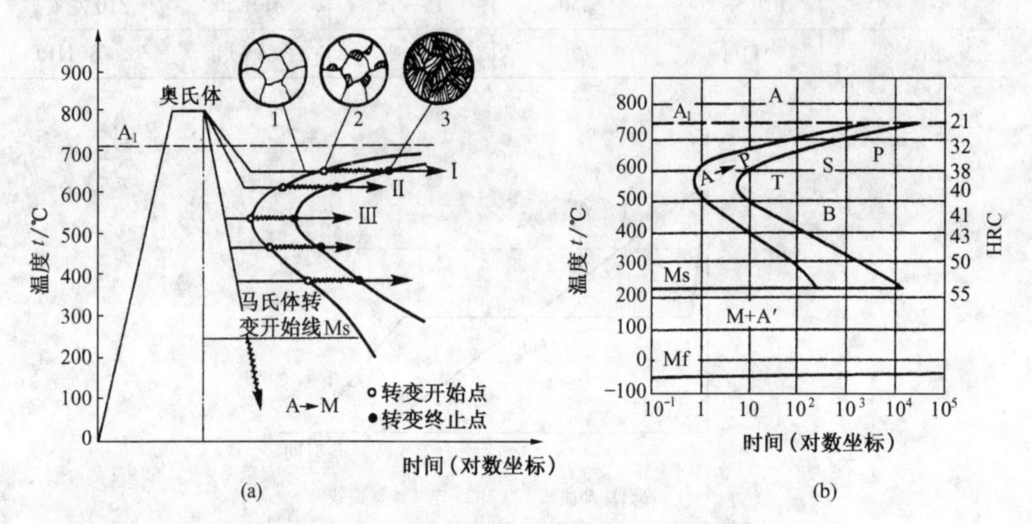

图5-8 共析钢过冷奥氏体等温转变图(C曲线)

2. 过冷奥氏体等温转变产物

过冷奥氏体的等温转变的温度不同，其转变产物也不同。转变产物可分为珠光体、贝氏体和马氏体。

(1) 珠光体

转变温度为A_1～550℃。过冷奥氏体向珠光体转变是扩散型相变，要发生铁、碳原子扩散和晶格改组，其转变过程也是通过形核和核长大完成的。

当奥氏体冷到A_1点以下时，首先在奥氏体晶界处形成渗碳体晶核(如图5-9(a)所示)，其晶核靠周围奥氏体不断供应碳原子而长大成为渗碳体片。与此同时，渗碳体周围的奥氏体含碳量不断降低，从而促使这部分奥氏体转变为铁素体片(如图5-9(b)所示)。铁素体溶碳能力很低，在它长大过程中必然要将多余的碳转移到相邻的奥氏体

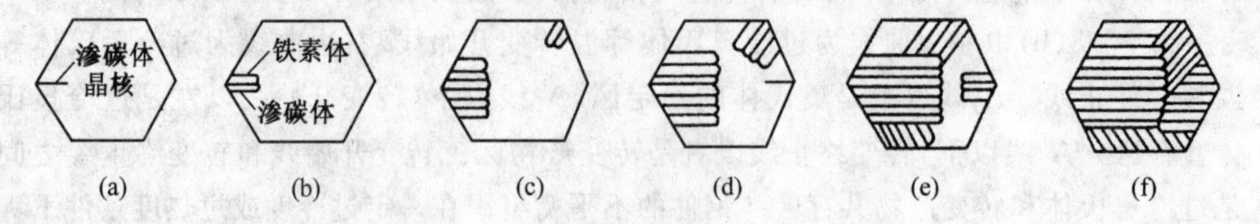

图5-9 片状珠光体形成示意图

中，使其含碳量升高，这又促使新的渗碳体片形成（如图 5-9(c)所示）。上述过程连续进行（如图 5-9(d)(e)所示），最终形成了铁素体与渗碳体片层相间的珠光体组织（如图 5-9(f)所示）。

珠光体中的铁素体和渗碳体片层间距与过冷度大小有关。根据片间距离和尺寸的大小，珠光体分为三种。

① 珠光体(P) 在 A_1～650℃范围内形成，由于过冷度较小，片层间距较大。在的光学显微镜下就能分辨出片层形态，如图 5-10(a)所示。

② 索氏体(S) 在 650～600℃范围内形成，因过冷度增大，转变速度加快，故得到片层间距较小的细珠光体。只有在高倍光学显微镜下才能分辨出片层形态，如图 5-10(b)所示。

③ 托氏体(T) 在 600～550℃范围内形成，因过冷度更大，转变速度更快，故得到片层间距更小的极细珠光体。只有在电子显微镜下才能分辨出片层形态，如图5-10(c)所示。

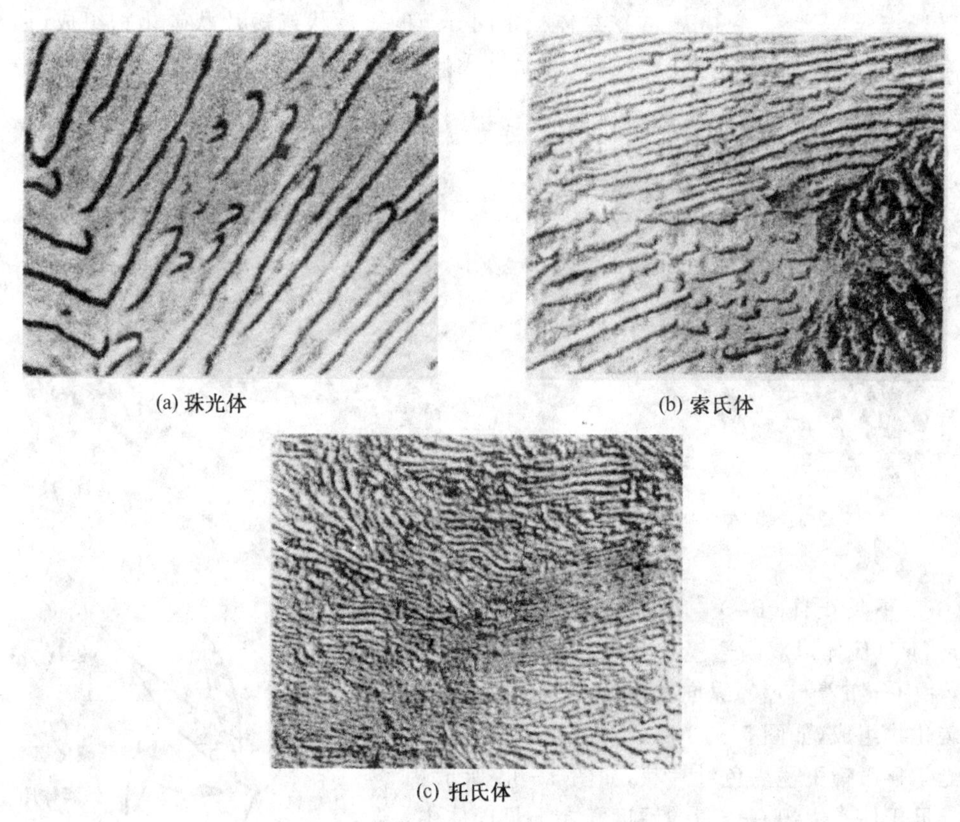

(a) 珠光体 (b) 索氏体

(c) 托氏体

图 5-10 珠光体类显微组织

珠光体片层间距越小，相界面越多，塑性变形抗力越大，故强度、硬度越高。另外，由于片层间距越小，渗碳体越薄，越容易随铁素体一起变形而不脆断，因而塑性、韧性也有所提高。

(2) 贝氏体

转变温度为 550℃～Ms。过冷奥氏体在此温度区间转变为贝氏体，用符号“B”表示。贝氏体是由过饱和 α 固溶体和碳化物组成的复相组织。由于转变时过冷度较大，只有碳原子扩散，铁原子不扩散，因此过冷奥氏体向贝氏体的转变是半扩散型相变。

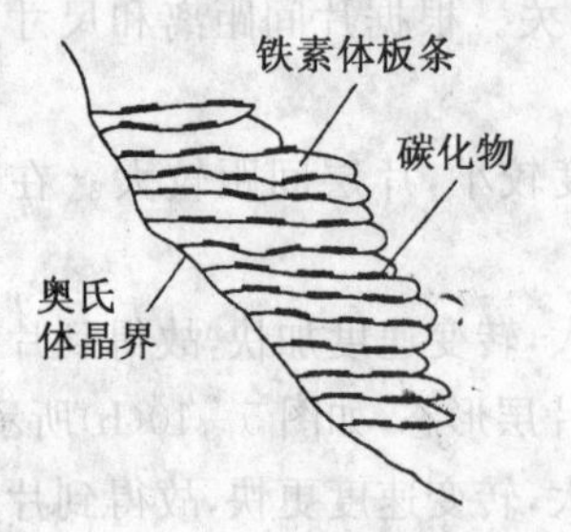

图 5-11 上贝氏体组织示意图

按贝氏体转变温度和组织形态不同，贝氏体分为上贝氏体和下贝氏体两种。

① 上贝氏体($B_上$) 形成温度范围为 550～350℃。它以大致平行、碳轻微过饱和的铁素体板条为主体和在铁素体板条间分布的短棒状或短片状碳化物组成(如图 5-11所示)。在光学显微镜下，典型的上贝氏体呈羽毛状形态，组织中碳化物不易辨认，如图5-12 所示。

(a) 光学显微照片 1300×

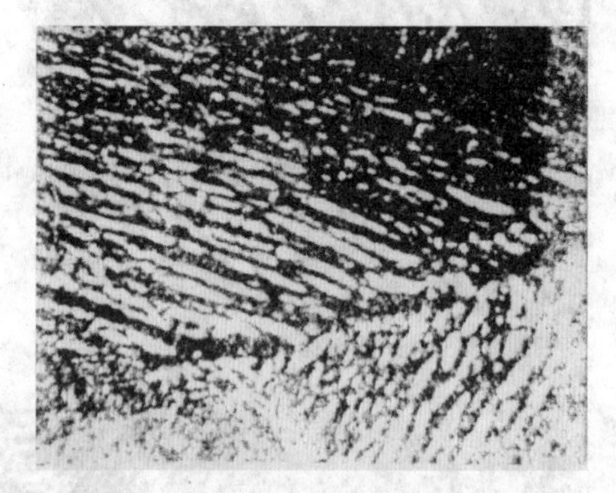
(b) 电子显微照片

图 5-12 上贝氏体显微组织

② 下贝氏体($B_下$) 形成温度范围为 350℃～Ms。下贝氏体以双凸透镜片状碳过饱和铁素体为主体，片中分布着与片的纵向轴呈 55°～65°角平行排列的碳化物组成，如图 5-13 所示。共析钢的下贝氏体在光学显微镜下呈黑色针片状，如图 5-14 所示。

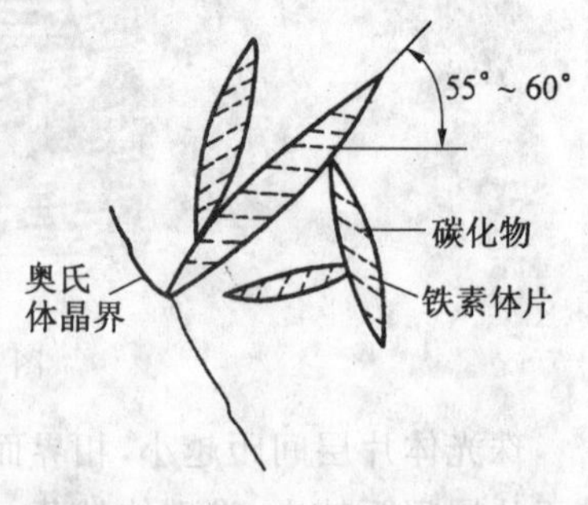

图 5-13 下贝氏体组织示意图

贝氏体类组织有较高的硬度。在上贝氏体中，碳化物分布在铁素体片层间，脆性大，易引起脆断，基本上无实用价值。在下贝氏体中，铁素体片细小，且无方向性，碳的过饱和度大，碳化物分布均匀，弥散度大，

光学显微照片 500×

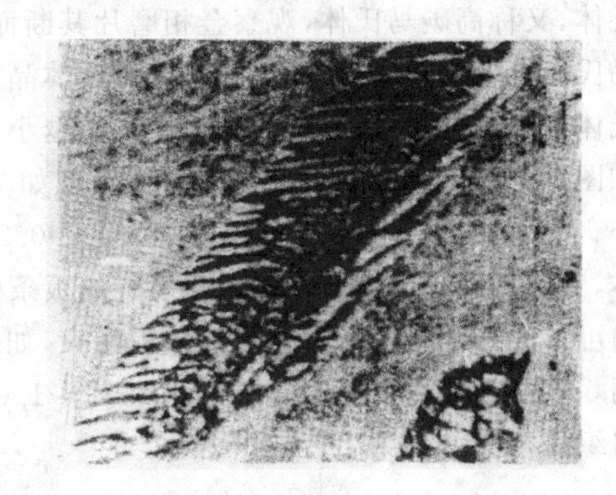

电子显微照片 12000×

图 5-14　下贝氏体显微组织

下贝氏体具有较高的强度、硬度、塑性和韧性相配合的优良力学性能，生产中常采用贝氏体等温淬火获得下贝氏体。

(3) 马氏体

过冷奥氏体在 Ms 点温度以下的转变产物为马氏体。碳在 α-Fe 中的过饱和固溶体，称为马氏体，用符号"M"表示。

当冷却速度大于 v_K 时，奥氏体很快被过冷到 Ms 点下，发生马氏体转变。由于过冷度很大，铁、碳原子均不能进行扩散，只有依靠铁原子的移动来完成 γ-Fe 向 α-Fe 的晶格改组，但原来固溶于奥氏体中碳仍全部保留在 α-Fe 中，形成碳在 α-Fe 中的过饱和固溶体。马氏体组织形态主要取决于奥氏体的含碳量，其组织形态有片状(针状)和板条状两种。

① 片状马氏体　当奥氏体中 $w_C > 1.0\%$ 时，马氏体是呈凸透镜状，故称为片状马

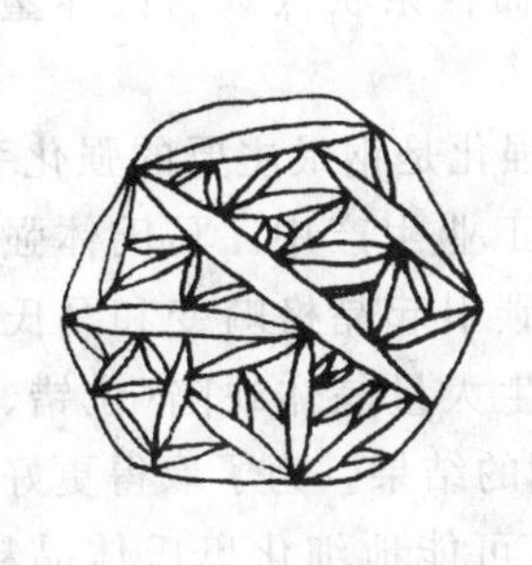

(a)

(b)

图 5-15　片状马氏体的组织形态和显微组织

氏体，又称高碳马氏体，观察金相磨片其断面呈针状。在一个奥氏体晶粒内，先形成的马氏体针较为粗大，往往贯穿整个奥氏体晶粒，而后形成的马氏体不能穿越先形成的马氏体。因此，越是后形成的马氏体尺寸越小，整个组织是由长短不一的马氏体针组成，如图 5-15(a)所示。片状马氏显微组织如图 5-15(b)所示。

② 板条马氏体　当奥氏体中 $w_C < 0.25\%$ 时，马氏体呈板条状，故称为板条马氏体，又称低碳马氏体。许多相互平行的板条构成一个马氏体板条束，在一个奥氏体晶粒内可形成几个位向不同的马氏体板条束，如图 5-16(a)所示。板条马氏体显微组织如图 5-16(b)所示。若 w_C 介于 0.25%～1.0%之间，则为片状和板条状马氏体的混合组织。

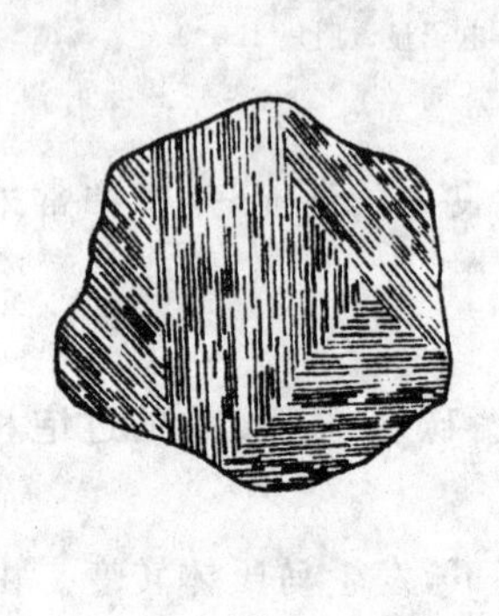

(a)

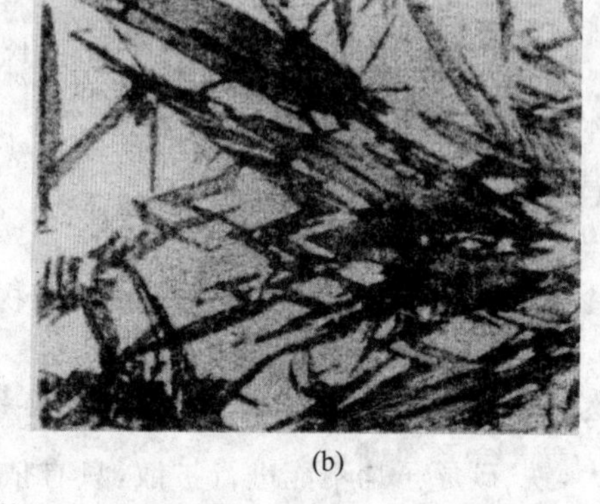

(b)

图 5-16　板条马氏体的组织形态和显微组织

高硬度是马氏体组织力学性能的主要特点。马氏体的硬度和强度主要取决于马氏体的含碳量。如图 5-17 所示，马氏体的硬度和强度随着马氏体含碳量的增加而升高，但当马氏体的 $w_C > 0.60\%$ 后，硬度和强度提高不明显。马氏体的塑性和韧性也与其含碳量有关。片状高碳马氏体的塑性和韧性差，而板条状低碳马氏体塑性和韧性较好。

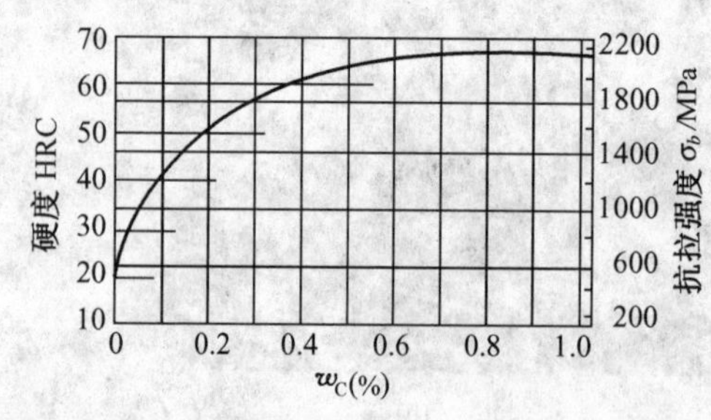

图 5-17　马氏体硬度和强度与含碳量的关系

马氏体强化是钢最主要的强化手段，广泛应用于工业生产中。马氏体强化主要是过饱和碳引起晶格畸变和马氏体转变过程中产生大量晶体缺陷(位错、孪晶等)综合作用的结果。为了取得更好的强化效果，应尽可能地细化奥氏体晶粒，以获得细小的马氏体组织。

钢的组织不同，其比体积(单位质量物质的体积，俗称比容)也不同，马氏体的比体积最大，奥氏体最小，珠光体介于两者之间。因此，淬火时钢的体积要膨胀，产生应力，易导致钢件变形与开裂。

过冷奥氏体向马氏体的转变是无扩散型相变，转变速度极快；马氏体在 Ms 点和 Mf 点温度范围内连续冷却过程中不断形成，若在 Ms 点与 Mf 点之间的某一温度保持恒温，马氏体量不会明显增多，即马氏体的形核数取决于温度，与时间无关；含碳量越高 Ms 点与 Mf 点越低，如图 5-18 所示。当奥氏体的 $w_C > 0.50\%$ 时，Mf 点降至室温以下。因此，淬火到室温不能得到 100% 的马氏体，而保留了一定数量的奥氏体，即残留奥氏体。残留奥氏体量随奥氏体含碳量增加而增多，如图 5-19 所示。

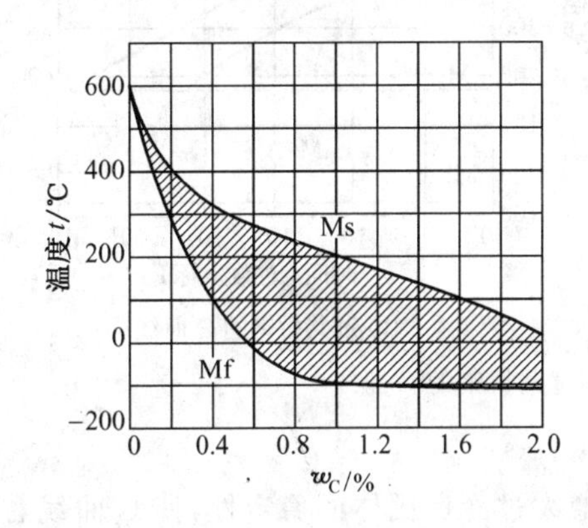

图 5-18 奥氏体含碳量对 Ms 点和 Mf 点的影响

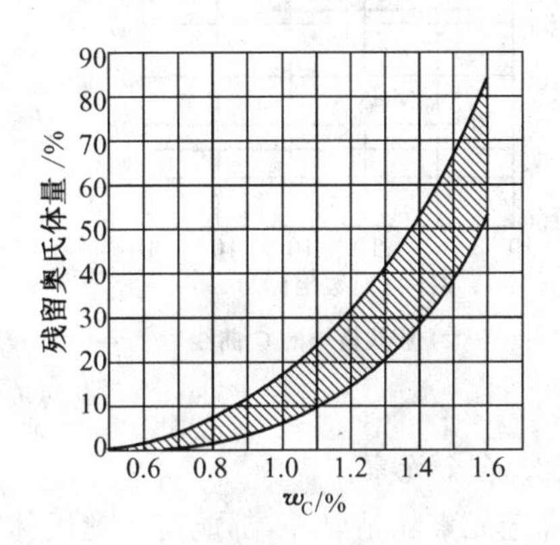

图 5-19 奥氏体含碳量对残留奥氏体量的影响

残留奥氏体的存在不仅降低了淬火钢的硬度和耐磨性，而且在零件长期使用过程中，残留奥氏体会继续转变为马氏体，使零件尺寸发生变化，尺寸精度降低。因此，对某些高精度零件（如精密量具、精密丝杠等）淬火冷至室温后，又随即放入零度以下的介质中冷却（如：干冰＋酒精可冷至－78℃，液态氧可冷至－183℃），以尽量减少残留奥氏体量，称此处理为冷处理（或深冷处理）。

3. 影响过冷奥氏体等温转变曲线的因素

影响过冷奥氏体等温转变曲线的因素主要是奥氏体的成分和奥氏体化条件。

(1) 含碳量

随着奥氏体含碳量的增加，奥氏体的稳定性增大，C 曲线向右移动。但是奥氏体中的含碳量并不等于是钢中的含碳量，钢中的含碳量较大时，未溶渗碳体量增多，反而可以促进转变的生核，促进奥氏体的转变，而使 C 曲线左移。因此，在正常热处理加热条件下，亚共析钢随奥氏体含碳量增加，C 曲线逐渐右移，过冷奥氏体稳定性增高；过共析钢随奥氏体含碳量增加，C 曲线逐渐左移，过冷奥氏体稳定减小；共析钢 C 曲线最靠右，过冷奥氏体最稳定。

在过冷奥氏体转变为珠光体之前，亚共析钢有先共析铁素体析出，过共析钢有先共析渗碳体析出。因此，分别在C曲线左上部多了一条先共析铁素体析出线（如图5－20(a)所示）和先共析渗碳体析出线（如图5－20(b)所示）。

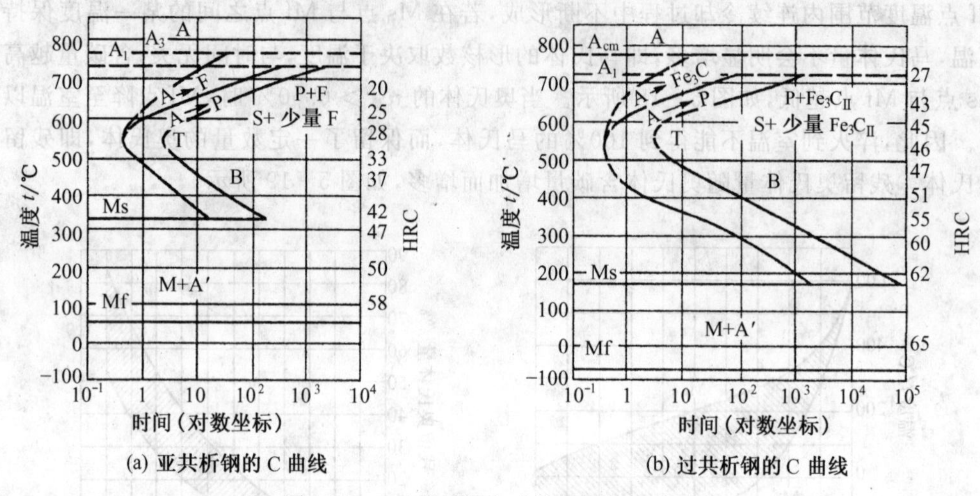

图5－20 亚共析钢和过共析钢的C曲线

(2) 合金元素

合金元素除钴以外，都能溶入奥氏体而增大过冷奥氏体的稳定性，使C曲线右移。其中一些碳化物形成元素（如铬、钼、钨、钒等）不仅使C曲线右移，而且还使C曲线形状发生改变。

(3) 奥氏体化条件

奥氏体化条件主要是指加热温度和保温时间，加热温度越高，保温时间越长，奥氏体成分越均匀，晶粒也越粗大，晶界面积越少，使过冷奥氏体稳定性提高，C曲线右移。

5.2.2 过冷奥氏体的连续冷却转变

1. 过冷奥氏体连续冷却转变曲线

在实际生产中，奥氏体的转变较多情况是在连续冷却过程中进行的。因此，分析过冷奥氏体连续冷却转变曲线具有重要的实用意义。

共析钢连续冷却和转变曲线如图5－21所示。由图可知，连续冷却转变曲线只有C曲线的上半部分，没有下半部分，即连续冷却转变时不形成贝氏体组织，且较C曲线向右下方移一些。

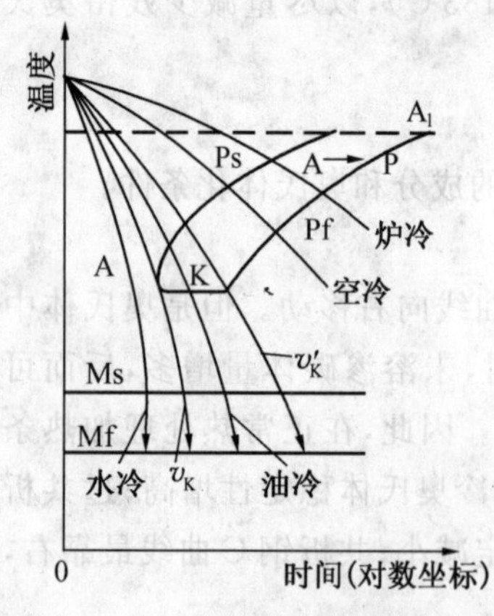

图5－21 共析钢冷却转变曲线

图中Ps线为过冷奥氏体向珠光体转变开始线；Pf

线为过冷奥氏体向珠光体转变终止线；K线为过冷奥氏体向珠光体转变中止线，它表示当冷却速度与K线相交时，过冷奥氏体不再向珠光体转变，一直保留到Ms点下转变为马氏体。与连续冷却转变曲线相切的冷却速度线 v_K，称为上临界冷却速度（或称马氏体临界冷却速度），它是获得全部马氏体组织的最小冷却速度。v_K'称为下临界冷却速度，它是获得全部珠光体的最大冷却速度。

2. C曲线在连续冷却转变中的应用

在生产中，由于连续冷却转变曲线测定比较困难，而目前C曲线的资料又比较多。因此，常用C曲线来定性地、近似地分析同一种钢在连续冷却时的转变过程。

以共析钢为例，将连续冷却速度线画在C曲线图上，根据与C曲线相交的位置，可估计出连续冷却转变的产物，如图5－22所示。图中 v_1 相当于随炉冷却的速度（退火），根据它与C曲线相交的位置，可估计出连续冷却后转变产物为珠光体，硬度170～220HBS；v_2 相当于空冷的冷却速度（正火），可估计出转变产物为索氏体，硬度25～35HRC；v_3 相当于油冷的冷却速度（油淬），它只与C曲线转变开始线相交于

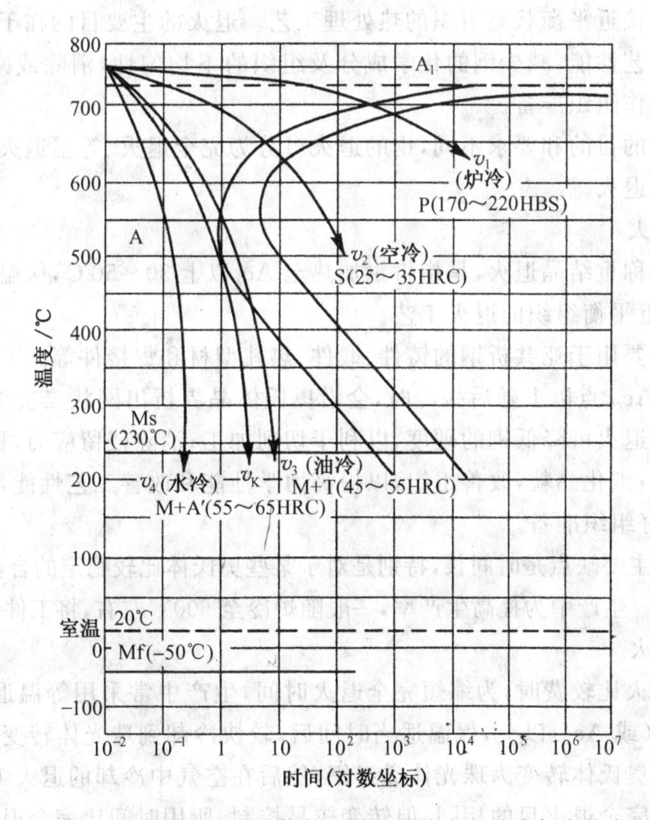

图5－22 共析钢过冷奥氏体等温转变曲线在连续冷却中的应用

550℃左右处，未与转变终止线相交，并通过 Ms 点，这表明只有一部分过冷奥氏体转变为托氏体，剩余的过冷奥氏体到 Ms 点以下转变为马氏体，最后得到托氏体和马氏体及残留奥氏体的复相组织，硬度 45～55HRC；v_4 相当于在水中冷却的冷却速度（淬火），它不与 C 曲线相交，直接通过 Ms 点，转变为马氏体，得到马氏体和残留奥氏体，硬度 55～65HRC。

5.3 钢的退火与正火

在生产中，退火和正火常作为预备热处理工艺，在对工件性能要求不是很高的情况下，也较多地用于最终热处理。

5.3.1 钢的退火

钢的退火工艺是将钢件加热到适当温度，保温一定时间，然后缓慢冷却（一般为随炉冷却），以获得接近平衡状态组织的热处理工艺。退火的主要目的在于调整和改善钢的机械性能和工艺性能，减少钢的化学成分及组织的不均匀性，消除或减少内应力，以及为后续热处理作组织准备。

根据热处理的目的和要求不同，钢的退火可分为完全退火、等温退火、球化退火、扩散退火和去应力退火。

（1）完全退火

完全退火也称重结晶退火，是指将钢加热至 Ac_3 以上 30～50℃，保温一定时间后缓慢冷却，获得接近平衡组织的退火工艺。

完全退火主要用于亚共析钢的铸件、锻件、热轧型材和焊接件等。不能用于过共析钢，因为加热到 Ac_{cm} 点以上随后缓冷时，会沿奥氏体晶界析出网状二次渗碳体，使钢件韧性降低。完全退火可降低钢的硬度，以利于切削加工；消除残留应力，稳定工件尺寸，以防变形或开裂；细化晶粒，改善组织，以提高力学性能和改善工艺性能，为最终热处理（淬火、回火）作好组织准备。

完全退火的主要缺点是时间长，特别是对于某些奥氏体比较稳定的合金钢，退火一般需要几十个小时。生产中为提高生产率，一般随炉冷至 600℃左右，将工件出炉空冷。

（2）等温退火

钢的完全退火比较费时，为缩短完全退火时间，生产中常采用等温退火工艺，即将钢件加热到 Ac_3（或 Ac_1）以上，保温适当时间后，较快冷却到珠光体转变温度区间的适当温度并等温使奥氏体转变为珠光体类组织，然后在空气中冷却的退火工艺。

等温退火与完全退火目的相同，但转变较易控制，所用时间比完全退火缩短约1/3，获得均匀的组织和性能。图 5－23 所示为高速工具钢完全退火与等温退火的比较。

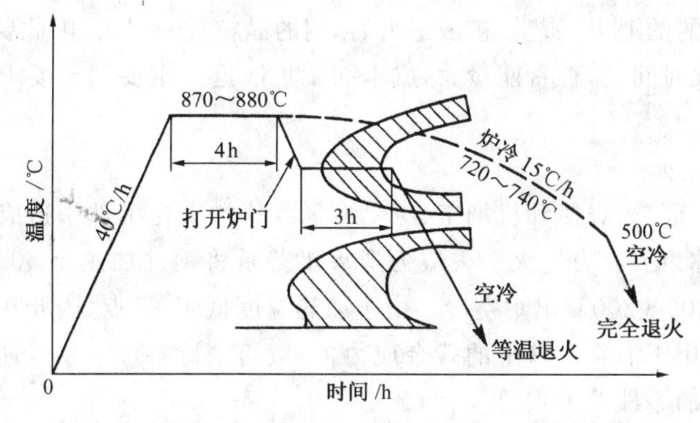

图 5-23 高速工具钢的完全退火与等温退火工艺曲线

(3) 球化退火

球化退火是指将共析钢或过共析钢加热到 Ac_1 以上 20～30℃，充分保温使二次渗碳体球化，然后随炉缓冷至室温，或快冷却到略低于 Ar_1 温度，保温后出炉空冷，使钢中碳化物球状化的退火工艺，如图 5-24 所示。

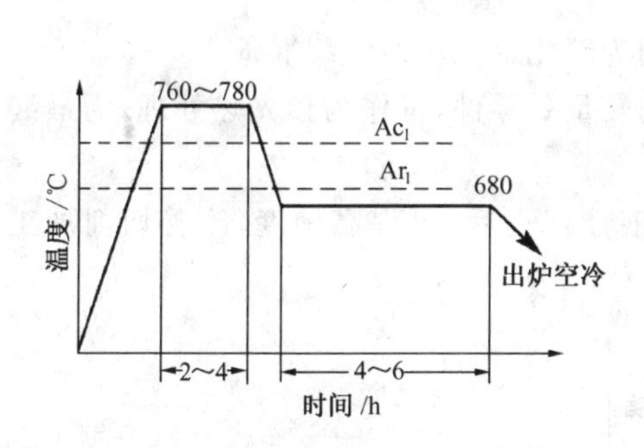

图 5-24 T10 钢球化退火工艺曲线

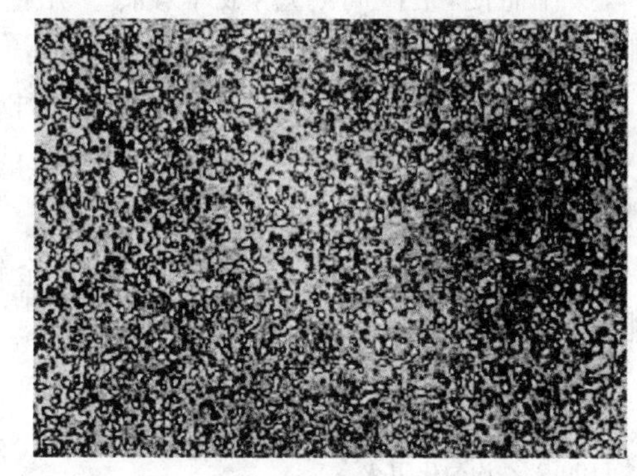

图 5-25 粒状珠光体显微组织

球化退火主要用于过共析钢，如工具钢、滚动轴承钢等。由于这类钢的组织中常出现粗片状珠光体和网状二次渗碳体，钢的切削加工性能变差，且淬火时易产生变形和开裂。为消除上述缺陷，可采用球化退火，使珠光体中的片状渗碳体和钢中网状二次渗碳体均呈颗粒状，这种在铁素体基体上弥散分布着粒状渗碳体的复相组织，称为粒状珠光体，如图 5-25 所示。对于存在有严重网状二次渗碳体的钢，可在球化退火前，先进行一次正火，将渗碳体网破碎。

(4) 扩散退火

扩散退火也称均匀化退火。扩散退火是将铸锭、铸件或锻坯加热到高温(钢熔点以下 100～200℃)，并在此温度长时间保温(10～15h)，然后缓慢冷却，以达到化学成分和组织均匀化为目的的退火工艺。扩散退火后，钢的晶粒过分粗大，因此要进行完全退火或正火；扩散退火时间长，耗费能量大，成本高。扩散退火主要用于要求质量高的合金钢铸锭和铸件。

(5) 去应力退火

为消除铸造、锻造、焊接和机加工、冷变形等冷热加工在工件中造成的残余内应力而进行的退火，称为去应力退火。去应力退火工艺是将钢件加热至500～600℃，保温后，随炉缓冷至300～200℃出炉空冷。由于加热温度低于A_1点，因此在退火过程中不发生相变。主要用于消除工件中的残余应力，一般可消除50%～80%应力，对形状复杂及壁厚不均匀的零件尤为重要。

5.3.2 钢的正火

正火是指将钢件加热到奥氏体化后在空气中冷却的热处理工艺。正火既可作为预备热处理，为下续热处理工艺提供适宜的组织状态；也可作为最终热处理工艺。

正火与退火的主要区别是正火冷却速度稍快，得到的组织较细小，强度和硬度有所提高，操作简便，生产周期短，成本较低。几种退火与正火的加热温度范围及热处理工艺曲线，如图5-26所示。它的主要应用是：

(1) 用于过共析钢　可消除二次渗碳体网为球化退火作好组织准备。

(2) 用于中碳钢　对于中碳结构钢制作的较重要零件，可作为预先热处理，为最终热处理作好组织准备。

(3) 用于低碳钢　低碳钢和低碳的合金钢经正火后，可提高硬度，改善切削加工性能。

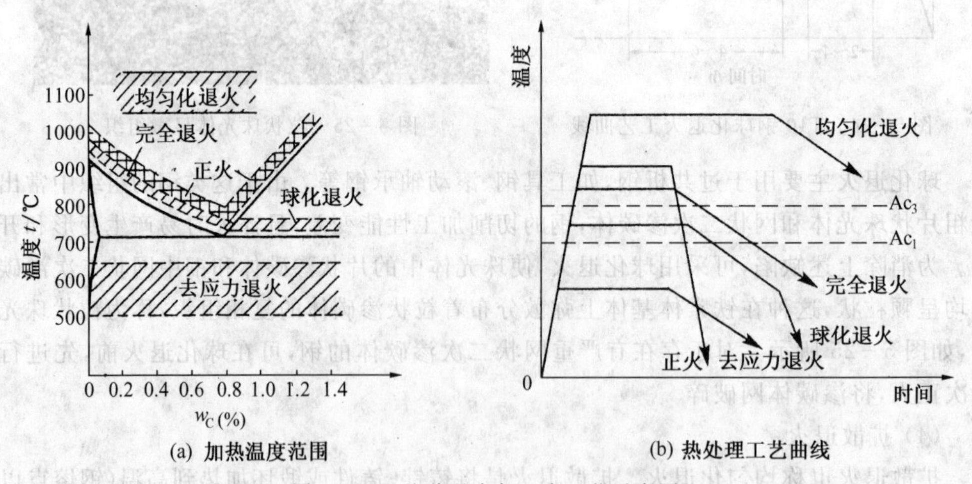

(a) 加热温度范围　　　　　　(b) 热处理工艺曲线

图5-26　几种退火与正火工艺示意图

对于使用性能要求不高的零件，以及某些大型或形状复杂的零件，当淬火有开裂危险时，可采用正火作为最终热处理。

常用结构钢和工具钢的退火、正火工艺规范见附表Ⅱ和附表Ⅲ。

在机械零件、工模具等加工中，退火与正火一般作为预先热处理被安排在毛坯生产之后，粗或半精加工之前。

5.4 钢的淬火

淬火是将钢奥氏体化后，保温一定时间，然后快速冷却，以获得马氏体或（和）贝氏体组织的热处理工艺。马氏体强化是钢最主要的强化手段，因此，淬火是钢最重要的热处理工艺。淬火需与适当的回火工艺相配合，才能使钢具有不同的力学性能，以满足各类零件或工模具的使用要求。

5.4.1 淬火工艺

1. 淬火温度

淬火温度即钢的奥氏体化温度，是淬火的主要工艺参数。钢的淬火加热温度可按 $Fe-Fe_3C$ 相图来选定，如图 5-27 所示。亚共析钢淬火加热温度一般在 Ac_3 以上 30～50℃，得到单一细晶粒的奥氏体，淬火后为均匀细小的马氏体和少量残留奥氏体。若加热温度在 Ac_1～Ac_3 之间，淬火后组织为铁素体、马氏体和少量残留奥氏体，由于铁素体的存在，钢硬度降低。若加热温度超过 Ac_3+（30～50℃），奥氏体晶粒粗化，淬火后得到粗大的马氏体，钢性能变差，且淬火应力增大，易导致变形和开裂。

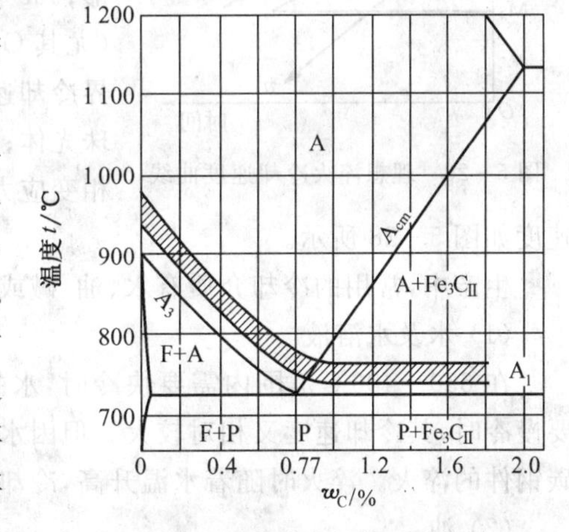

图 5-27　碳钢淬火加热温度范围

共析钢和过共析钢的淬火加热温度为 Ac_1 以上 30～50℃，淬火后得到细小的马氏体和少量残留奥氏体，或细小的马氏体、少量渗碳体和残留奥氏体。由于渗碳体的存在，钢硬度和耐磨性提高。若加热温度在 Ac_{cm} 以上，由于渗碳体全部溶于奥氏体中，奥氏体含碳量提高，Ms 点降低，淬火后残留奥氏体量增多，钢的硬度和耐磨性降低。此外，因温度高，奥氏体晶粒粗大，淬火后得到粗大马氏体，脆性增大。若加热温度低于 Ac_1 点，组织没发生相变，达不到淬火目的。

实际生产中，淬火加热温度的确定，尚需考虑工件形状和尺寸、淬火冷却介质和技术要求等因素。

2. 加热时间

加热时间包括升温阶段和保温阶段的时间。通常以装炉后炉温达到淬火温度所需时间为升温阶段，并以此作为保温时间的开始，保温阶段是指温度均匀并完成奥氏体化所需的时间。加热时间受工件形状尺寸、装炉方式、装炉量、加热炉类型、炉温和加热介质等影响。

3. 淬火冷却介质

冷却是淬火工艺的另一个重要因素，选择合适的淬火冷却介质，对于达到淬火的目的具有十分重要的意义。工件进行淬火冷却所用介质称为淬火冷却介质。为保证工件淬火后得到马氏体，又要减小变形和防止开裂，必须正确选用冷却介质。由C曲线可知，理想的淬火冷却介质应保证：650℃以上由于过冷奥氏体较稳定，因此冷却速度可慢些，以减小工件内外温差引起的热应力，防止变形；650～400℃范围内，由于过冷奥氏体很不稳定（尤其C曲线鼻尖处），只有冷却速度大于马氏体临界冷却速度，才能保证过冷奥氏体在此区间不形成珠光体；300～200℃范围内应缓冷，以减小热应力和相变应力，防止产生变形和开裂。理想的淬火冷却速度如图5-28所示。

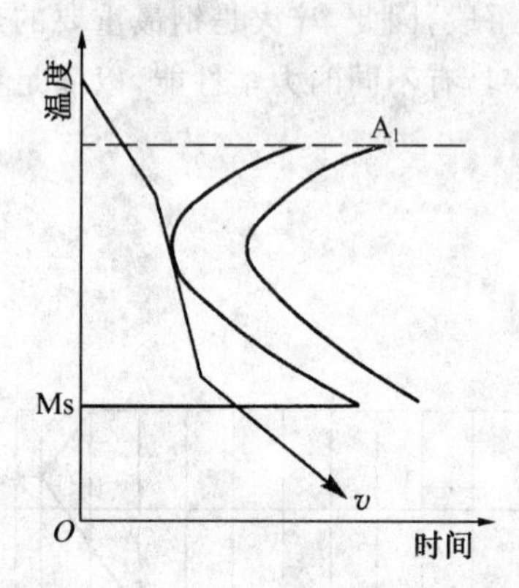

图5-28 理想淬火冷却速度曲线

生产中，常用的冷却介质有水、油、碱或盐类水溶液和熔融状态的盐。

（1）水及水溶液

在650～400℃范围内需要快冷时，水的冷却速度相对较小；300～200℃范围内需要慢冷时，其冷却速度又相对较大。但因水价廉安全，故常用于形状简单、截面较大的碳钢件的淬火。淬火时随着水温升高，冷却能力降低，故使用时应控制水温低于40℃。

（2）油

淬火用油主要为各种矿物油（如柴油、变压器油等）。它的优点是在300～200℃范围内的冷却速度较小，有利于减小工件变形和开裂，但油在650～400℃范围内冷却速度也比较小，不利于工件淬硬，因此只能用于低合金钢与合金钢的淬火，使用时油温应控制在40～100℃内。

（3）碱或盐类水溶液

为提高水在650～400℃范围内的冷却能力，常在水中加入少量（5%～10%）的盐（或碱）制成盐（或碱）水溶液。盐水溶液对钢件有一定的锈蚀作用，淬火后必须清洗干净,主要用于形状简单的低、中碳钢件淬火。碱水溶液对工件、设备及操作者腐蚀性大,主要用于易产生淬火裂纹工件的淬火。

(4)熔融状态的盐

熔融状态的盐也常用作淬火的冷却介质。这种介质在高温区有较强的冷却能力,而在接近介质温度时冷却能力迅速降低,有利于减少工件的变形。它们常用于形状复杂和变形要求严格的小件的分级淬火或等温淬火。

5.4.2 淬火方法

1. 单介质淬火

这种方法指淬火工艺冷却过程只在一种冷却介质中进行,常用的介质为水或油。单介质淬火是将钢件奥氏体化后,保温适当时间,随之在水(或油)中急冷的淬火工艺,如图5－29①所示。此法操作简便,易实现机械化和自动化。通常形状简单、尺寸较大的碳钢件在水中淬火,合金钢件及尺寸很小的碳钢件在油中淬火。

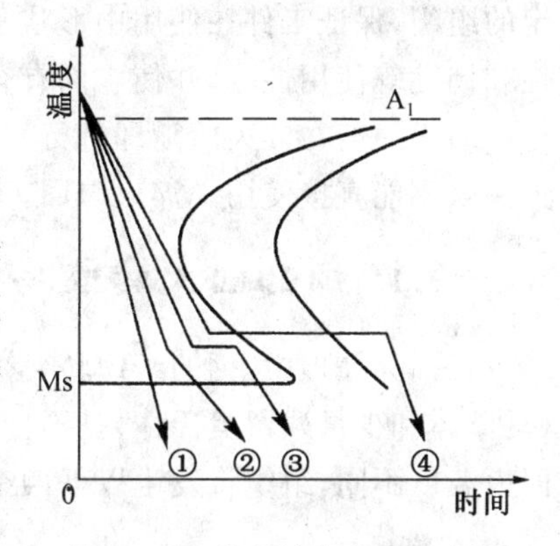

图5－29 常用淬火方法示意图

2. 双介质淬火

双介质淬火也称双液淬火。双介质淬火是将钢件加热到奥氏体化后,先浸入冷却能力强的介质中,在组织即将发生马氏体转变时立即转入冷却能力弱的介质中冷却的淬火工艺。例如先水后油、先水后空气等,如图5－29②所示。此种方法操作时,如能控制好工件在水中停留的时间,就可有效的防止淬火变形和开裂,但要求有较高的操作技术。主要用于形状复杂的高碳钢件和尺寸较大的合金钢件。

3. 分级淬火

分级淬火是将钢件奥氏体化后,随之浸入温度稍高或稍低于Ms点的盐浴或碱浴中,保持适当时间,待工件整体达到介质温度后取出空冷,以获得马氏体组织的淬火工艺,如图5－29③所示。此法操作比双介质淬火容易控制,能减小热应力、相变力和变形,防止开裂。主要用于截面尺寸较小(直径或厚度＜12mm),形状较复杂工件的淬火。

4. 等温淬火

等温淬火是将钢件加热到奥氏体化后,随之快冷到贝氏体转变温度区间等温保持,使奥氏体转变为贝氏体的淬火工艺,如图5－29④所示。等温淬火后应力和变形很小,但生产周期长,效率低。主要用于形状复杂、尺寸要求精确,并要求有较高强韧性的小型工模具及弹簧的淬火。

5.5 钢的回火

回火是将淬火后的钢，再加热到 Ac_1 以下某一温度，保温后冷却到室温的热处理工艺。

回火可减小和消除淬火时产生的应力和脆性，防止和减小工件变形和开裂；获得稳定的组织，保证工件在使用中形状和尺寸不发生改变；获得工件所要求的硬度、强度、塑性和韧性等使用性能，并使它们有合适的配合。

回火一般在淬火后随即进行。对于未淬火的钢，回火一般没有意义；淬火钢不经回火一般不能直接使用。淬火与回火常作为零件的最终热处理。

5.5.1 钢的回火转变与组织

在回火处理中，钢的组织转变主要发生在加热阶段。在加热过程中，淬火后的组织（马氏体和少量残留奥氏体）是不稳定的，在回火过程中将逐渐向稳定组织转变。根据回火温度不同，组织将发生以下四个阶段转变。

1. 马氏体分解生成回火马氏体

主要发生在100～200℃，马氏体中的碳开始以化学式为 $Fe_{2.4}C$ 的过渡型碳化物（称为 ε 碳化物）的形式析出，马氏体中碳的过饱和程度逐渐降低，到350℃左右，α 相含碳量降到接近平衡成分，马氏体分解基本结束，但此时 α 相仍保持针状特征。这种饱和度较低的 α 相与极细的 ε 碳化物组成的组织，称为回火马氏体。其显微组织如图 5-30 所示。由于 ε 碳化物析出，晶格畸变降低，淬火应力有所减小，但硬度并不降低。

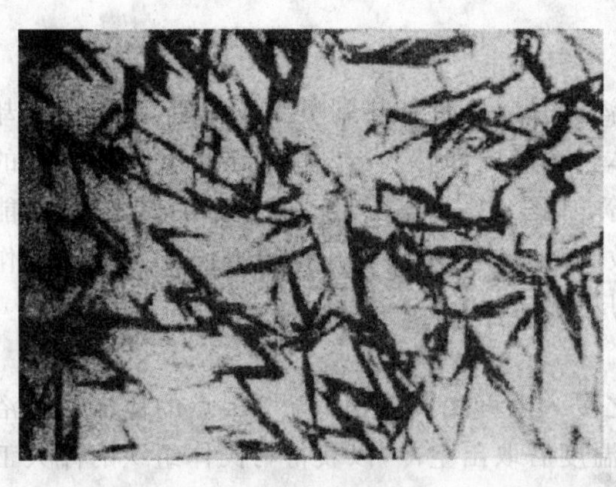

图 5-30 回火马氏体显微组织

2. 残余奥氏体分解生成下贝氏体

主要发生在200～300℃，残留奥氏体分解出 ε 碳化物和过饱和的 α 相，即转变为下贝氏体。在此温度范围内，马氏体仍在继续分解，因而淬火应力进一步减小，硬度无明显降低。

3. 碳化物转变生成回火托氏体

主要发生在(250～400℃)，此时 ε 碳化物逐渐向稳定的渗碳体转变，到400℃全部转变为高度弥散分布的、极细小的粒状渗碳体。因 ε 碳化物不断析出，此时 α 相的含碳量降低到平衡成分，即实际上已转变成铁素体，但形态仍为针状。于是得到由针状铁素体和极细小粒状渗碳体组成的复相组织，称为回火托氏体，其显微组织如图5-31所示。此时，淬火应力基本消除，硬度降低。

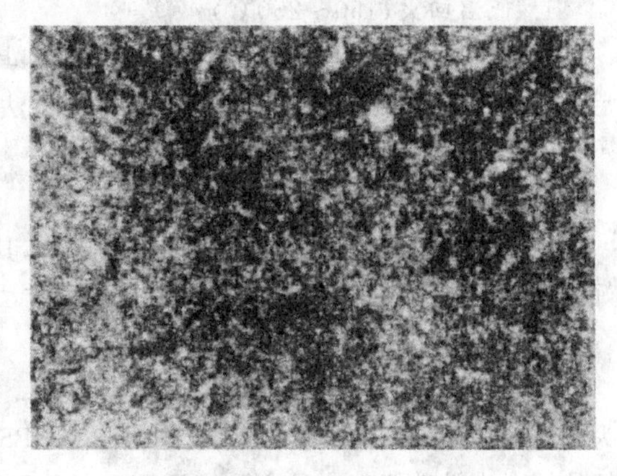

图5-31 回火托氏体显微组织

4. 渗碳体聚集长大和α相再结晶生成回火索氏体

主要发生在400℃以上，高度弥散分布的极细小粒状渗体逐渐转变为较大粒状渗碳体，到600℃以上渗碳体迅速粗化。此外，在450℃以上α相发生再结晶，铁素体由针状转变为块状（多边形）。这种在多边形铁素体基体上分布着粗粒状渗碳体的复相组织，称为回火索氏体，其显微组织如图5-32所示。淬火应力完全消除，硬度明显下降。

图5-32 回火索氏体显微组织

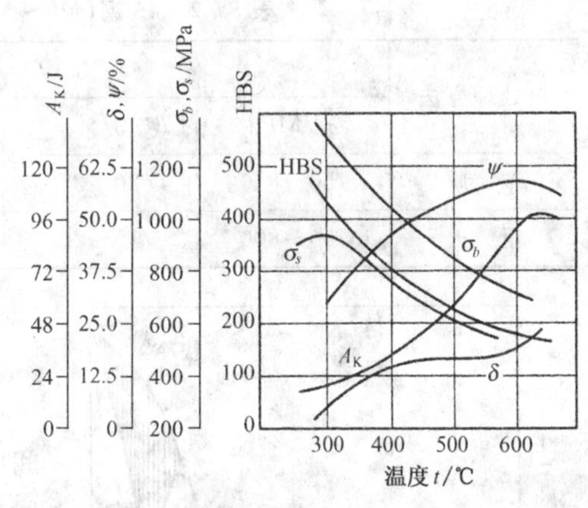

图5-33 40钢回火温度与力学性能的关系

可见，淬火钢回火时的组织转变，是在不同温度范围内进行的，但多半又是交叉重叠进行的，即在同一回火温度，可能进行几种不同的转变。淬火钢回火后的性能取决于组织变化，随着回火温度的升高，强度、硬度降低，而塑性、韧性提高，如图5-33所示。温度越高，其变化越明显。为防止回火后重新产生应力，一般回火时采用空冷，冷却方式对回火后性能影响不大。

5.5.2 回火的种类

根据回火温度的高低，回火分为以下三类：

1．低温回火（150～250℃）

低温回火得到的回火组织为回火马氏体，其目的是减小淬火应力和脆性，保持淬火后的高硬度（58～64HRC）和耐磨性。这种方法主要用于处理刃具、量具、模具、滚动轴承以及渗碳、表面淬火的零件。

2．中温回火（250～500℃）

中温回火得到的回火组织为回火托氏体，其目的是获得高的弹性极限、屈服点和较好的韧性。硬度一般为35～50HRC。这种方法主要用于处理各种弹簧、锻模等。

3．高温回火（500～650℃）

高温回火得到的回火组织为回火索氏体。钢淬火并高温回火的复合热处理工艺称为调质。调质后钢的硬度一般为200～350HBS，其目的是为获得强度、塑性、韧性都较好的综合力学性能。这种方法广泛用于各种重要结构件（如轴、齿轮、连杆、螺栓等），也可作为某些精密零件的预先热处理。

钢经调质后的硬度与正火后的硬度相近，但塑性和韧性却显著高于正火，见表5-2。

常用钢的淬火、回火温度与硬度对照表，见附表Ⅳ。

表5-2　45钢（ϕ20～ϕ40mm）调质与正火后性能

热处理方法	力学性能				组　织
	σ_b/MPa	δ/%	A_K/J	HBS	
调　质	750～850	20～25	64～96	210～250	回火索氏体
正　火	700～800	15～20	40～64	163～220	索氏体＋铁素体

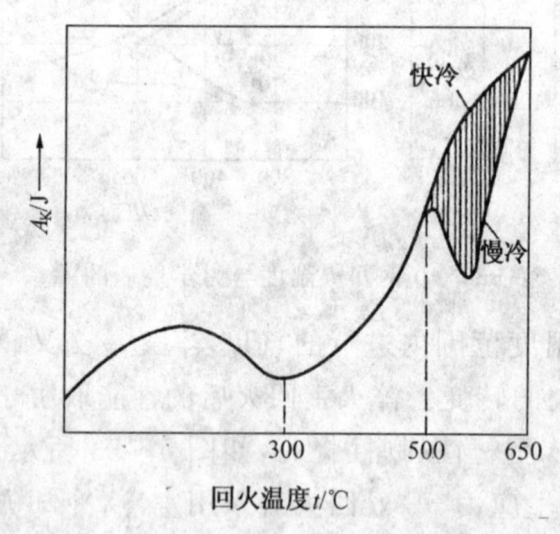

图5-34　合金钢韧性与回火温度的关系

5.5.3　回火脆性

在250～400℃和450～650℃两个温度区间回火时，钢的韧性出现明显的下降，即产生了回火脆性，如图5-34所示。回火脆性分为第一类回火脆性和第二类回火脆性。

1．第一类回火脆性

钢淬火后在350℃左右回火时所产生的回火脆性称为第一类回火脆性，它与回火冷却速度无关，几乎所有的钢都会产生这类回火脆性。第一类回火脆性产生后无法消除，故又称不可逆回火脆性。产生的主要原因是，在250℃以上回火时，由于沿马氏体晶界析出硬脆薄片碳化物，破坏了马氏体间的连接，导致韧性降低。为避免这类回火脆性，一般不在250～400℃范围内回火。

2. 第二类回火脆性

钢在400～500℃范围内回火时，或经更高温回火后缓冷通过该温度区所产生的脆性称为第二类回火脆性。产生的主要原因是由于某些杂质及合金元素在原奥氏体晶界上偏聚，使晶界强度降低所造成的。含有铬、镍、锰等元素的合金钢经400～550℃回火缓冷后，易产生第二类回火脆性。若回火后快冷，由于杂质及合金元素来不及在晶界上偏聚，故不易产生这类回火脆性。所以，当出现第二类回火脆性时，可将其重新加热至高于脆化温度(400～550℃)后再次回火，并快速冷却予以消除，故第二类回火脆性又称可逆性回火脆性。为防止第二类回火脆性，可采用回火时快冷，或尽量减少钢中杂质元素的含量以及采用含钨、钼等的合金钢。

5.6 钢的淬透性

淬透性是钢的主要热处理工艺性能，对钢的合理选用和热处理工艺的正确制订，具有十分重要的意义。

5.6.1 淬透性的概念

钢的淬透性是指钢获得马氏体的能力。它的大小可用规定条件下钢试样淬硬深度和硬度分布特征表示。

不同的钢淬透性是不同的，在同样的条件下，钢的淬透层深度越大，它的淬透性越好。从理论上讲，淬硬层深度应是工件整个截面上全部淬成马氏体的深度。但实际上，当钢的淬火组织中含有少量非马氏体组织时，硬度值变化不明显，且金相检验也较困难。因此，一般规定从工件表面向里至半马氏体区(马氏体与非马氏体组织各占一半处)的垂直距离作为有效淬硬层深度。用半马氏体处作淬硬层界限，只要测出截面上半马氏体硬度值的位置，即可确定出淬硬层深度。实际生产中，零件淬火所能获得的淬硬层深度是变化的，随钢的淬透性、零件尺寸和形状以及工艺规范的不同而变化。

淬透性和淬硬性是两个不同的概念。淬硬性是指钢在淬火时的硬化能力，以钢在理想条件下，进行淬火硬化所能达到的最高硬度来表示。淬火后硬度值越高，淬硬性越好。淬硬性主要取决于马氏体的含碳量。合金元素含量对淬硬性没有显著影响，但对淬透性却有很大影响，所以淬透性好的钢，其淬硬性不一定高。

5.6.2 淬透性的测定方法

目前多采用末端淬火试验法测定钢的淬透性，具体方法见GB225—1988《钢的淬透性末端淬火试验方法》。

图 5-35(a)所示为末端淬火试验装置简图，将标准试样(ϕ25mm×100mm)加热至奥氏体化后，垂直置于支架上，向试样末端喷水冷却，由于试样末端冷却最快，越往上冷却速度越慢，因此沿试样长度方向上各处的组织和硬度不同。

淬火后，从试样末端起，每隔一定距离测量一个硬度值，即得到沿试样长度方向的硬度分布曲线，该曲线称为淬透性曲线，如图 5-35(b)所示。

由图可见 45 钢比 40Cr 钢硬度下降得快，这表明 40Cr 钢淬透性比 45 钢要好。图 5-35(c)与图 5-35(b)相配合就可找出钢半马氏体区至末端的距离。该距离越大，淬透性越好。

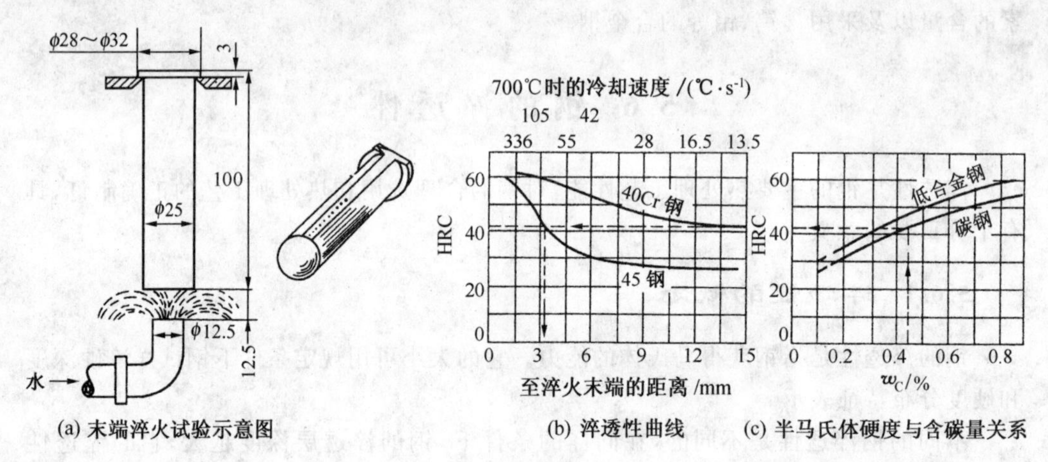

(a) 末端淬火试验示意图　(b) 淬透性曲线　(c) 半马氏体硬度与含碳量关系

图 5-35　末端淬火方法

钢的淬透性值用 $J\dfrac{HRC}{d}$ 表示。这里：J——末端淬透性；d——距水冷端的距离；HRC——该处硬度值。例如，$J\dfrac{45}{5}$ 表示距水冷端 5mm 处的硬度值为 45HRC。此外，在热处理生产中，还常用临界直径(D_c)来衡量钢的淬透性。临界直径是指工件在某种介质中淬火后，心部得到全部马氏体或半马氏体组织时的最大直径，直径越大，钢的淬透性越好。几种常用钢的临界直径如表 5-3 所示。

表 5-3　几种常用钢的临界直径

牌　号	$D_{c水}$/mm	$D_{c油}$/mm	心部组织
45	10～18	6～8	50%M
60	20～25	9～15	50%M
40Cr	20～36	12～24	50%M

（续 表）

牌 号	$D_{c水}$/mm	$D_{c油}$/mm	心部组织
20CrMnTi	32～50	12～20	50%M
T8～T12	15～18	5～7	95%M
GCr15	—	30～35	95%M
9SiCr	—	40～50	95%M
Cr12	—	200	90%M

5.6.3 淬透性的应用

钢的淬透性是选材和制订热处理工艺规程时的主要依据。

钢的淬透性好坏对热处理后的力学性能影响很大。例如，当工件整个截面被淬透时，回火后表面和心部组织和性能均匀一致，如图5-36(a)所示。否则工件表面和心部组织不同，回火后整个截面上硬度虽然近似一致，但未淬透部分的屈服点(σ_s)和韧性(A_K)却显著降低，如图5-36(b)，(c)所示。机械制造中许多大截面、形状复杂的工件和在动载荷下工作的重要零件，以及承受轴向拉伸和压缩的连杆、螺栓、拉杆、锻模等，常要求表面和心部的力学性能一致，故应选用淬透性好的钢；对于承受弯曲、扭转应力(如轴类)以及表面要求耐磨并承受冲击力的模具(如冷镦凸模等)，因应力主要集中在工件表层，因此不要求全部淬透，可选用淬透性较差的钢；受交变应力和振动的弹簧，为避免因心部未淬透，工作时易产生塑性变形而失效，应选用淬透性好的钢；焊件一般不选用淬透性好的钢，否则易在焊缝和热影响区出现淬火组织，造成焊件变形和开裂。

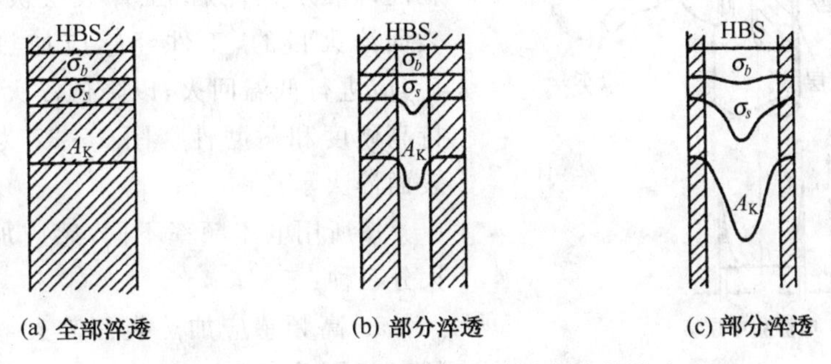

图5-36 淬透性对钢回火后力学性能的影响

5.7 钢的表面热处理

很多在工作中受弯、受扭和承受摩擦的工件，要求表面具有高的强度、高的硬度、高的耐磨性和高的疲劳强度，而心部在保持一定的强度、硬度的条件下，具有足够的塑性和韧性。表面热处理是钢表面强化的重要方法之一。表面热处理是指为改变工件表面的组织和性能，仅对工件表层进行的热处理工艺。表面淬火是常用的一种表面热处理工艺，它是指仅对工件表层进行淬火的工艺。目前生产中广泛应用的表面淬火有感应加热表面淬火和火焰加热表面淬火。

5.7.1 感应加热表面淬火

感应加热表面淬火是指利用感应电流通过工件所产生热量，使工件表层、局部或整体加热并快速冷却的淬火。

1. 感应加热的基本原理

这种加热的方法是将工件放入铜管制成的感应器(线圈)中，感应器通入一定频率的交流电，以产生交变磁场，于是在工件内产生同频率的感应电流，并自成回路，称为“涡流”。“涡流”在工件截面上的分布是不均匀的，表面密度大，心部密度小。电流频率越高，“涡流”集中的表面层越薄，称此现象为“集肤效应”。由于工件本身有电阻，因而集中于工件表层的涡流，可使表层迅速被加热到淬火温度，而心部仍接近于室温，在随即喷水快冷后，工件表层被淬硬，达到表面淬火目的，工件经感应加热表面淬火后，应进行低温回火，以降低淬火应力，并保持高硬度和耐磨性。图 5 - 37 为感应加热表面淬火示意图。

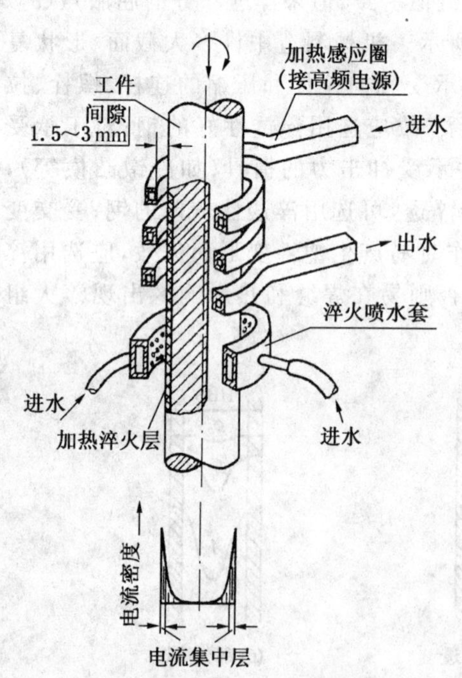

图 5 - 37 感应淬火示意图

按所用电流频率不同，感应加热表面淬火分三种：

a. 高频感应加热表面淬火 常用电流频率范围为 200～300kHz，淬硬层深度为 0.5～2mm。主要用于要求淬硬层较薄的中、小模数齿轮和中、小尺寸轴类零件等。

b. 中频感应加热表面淬火　常用电流频率范围为2500～8000Hz，淬硬层深度为2～10mm。主要用于大、中模数齿轮和较大直径轴类零件等。

c. 工频感应加热表面淬火　电流频率为50Hz，不需要变频设备。淬硬层深度为10～20mm。主要用于大直径零件（如轧辊、火车车轮等）的表面淬火和大直径钢件的穿透性加热。

2. 感应加热表面淬火的特点

与普通淬火相比，感应加热表面淬火有以下主要特点：

感应加热表面淬火加热速度极快（一般只需几秒～几十秒），加热温度高（高频感应淬火 Ac_3 以上100～200℃）；奥氏体晶粒均匀细小，淬火后可在工件表面获得极细马氏体，硬度比普通淬火高2～3HRC，且脆性较低；因马氏体体积膨胀，工件表层产生残余压应力，疲劳强度提高20%～30%；工件表层不易氧化和脱碳，变形小，淬硬层深度易控制；易实现机械化和自动化操作，生产率高。但感应加热设备较贵，维修调整较困难，对形状复杂的零件不易制造感应器，不适于单件生产。

感应加热表面淬火主要适用于中碳钢（如40钢、45钢）和中碳合金钢（如40Cr钢、40MnB钢等），也可用于高碳工具钢、含合金元素较少的合金工具钢及铸铁等。

通常，在表面淬火前应对工件正火或调质，以保证心部有良好的力学性能，并为表层加热作好组织准备。表面淬火后进行低温回火，以降低淬火应力和脆性。

5.7.2 火焰加热表面淬火

火焰加热表面淬火是用氧—乙炔或氧—煤气等火焰直接对工件的表层加热，并快速冷却的淬火工艺，如图5-38所示。淬硬层深度一般为2～6mm。

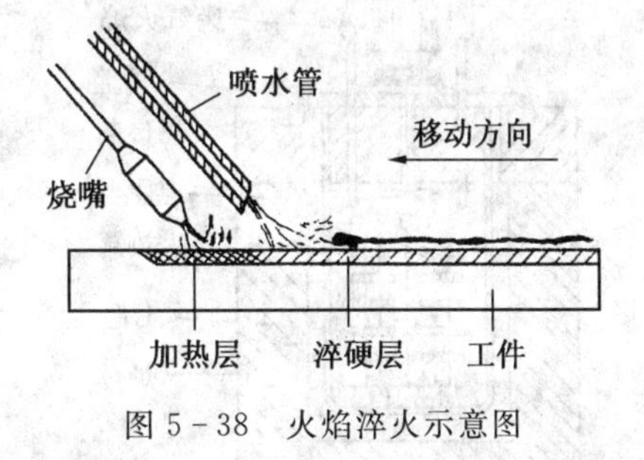

图5-38　火焰淬火示意图

与感应加热表面淬火相比，火焰加热表面淬火操作简便，设备简单，成本低，灵活性大。但加热温度不易控制，工件表面易过热，淬火质量不稳定。主要用于单件、小批生产以及大型零件（如大模数齿轮、大型轴类等）的表面淬火。

5.8 钢的化学热处理

化学热处理是指将钢置于适当活性介质中加热、保温，使一种或几种元素渗入其表层，以改变化学成分、组织和性能的热处理工艺。

化学热处理的基本过程是：活性介质在一定温度下通过化学反应进行分解，形成渗入元素的活性原子；活性原子被工件表面吸收，即活性原子溶入铁的晶格形成固溶体，或与钢中某种元素形成化合物；被吸收的活性原子由工件表面逐渐向内部扩散，形成一定深度的渗层。

目前常用的化学热处理有渗碳、氮化（渗氮）、氰化（碳氮共渗）等。

5.8.1 钢的渗碳

渗碳是将钢件在高碳介质中加热并保温，使碳原子渗入表层的化学热处理工艺。渗碳后应进行淬火和回火处理。

渗碳的目的是为了提高钢件表层的含碳量并在其中形成一定的碳含量梯度，经淬火和低温回火后提高工件表面硬度和耐磨性，使心部保持良好的韧性。渗碳用钢为低碳钢和低碳合金钢。渗碳主要用于承受较大冲击力和在严重磨损下工作的零件，如齿轮、活塞销等。

根据所用的渗碳介质不同，渗碳方法可分为气体渗碳、固体渗碳和液体渗碳三类。常用的是气体渗碳，液体渗碳应用很少。

1. 气体渗碳

气体渗碳就是在气体介质中加热，进行渗碳处理的工艺。如图 5-39 所示，气体渗碳是将工件置于密封的井式渗碳炉中，滴入易于汽化的液体和热分解（如煤油、甲醇等），或直接通入渗碳气体（如煤气、石油液化气等），加热到渗碳温度（900～950℃），上述液体或气体在高温下分解形成渗碳气氛（即由 CO，CO_2，H_2 及 CH_4 等组成）。渗碳气氛在钢件表面发生反应提供活性碳原子〔C〕，即

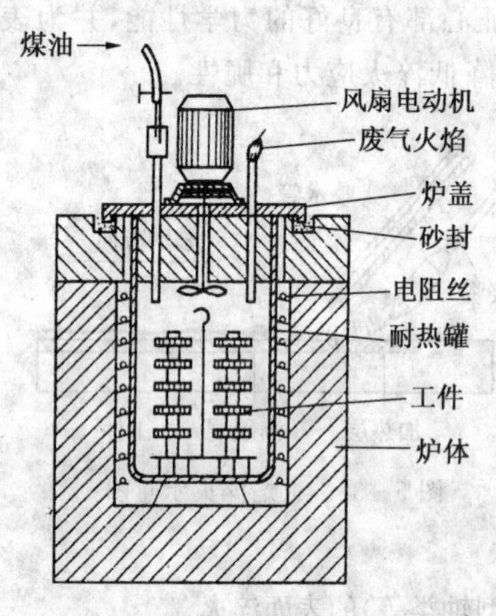

图 5-39 气体渗碳示意图

$$CH_4 \Leftrightarrow 2H_2 + [C]$$
$$2CO \Leftrightarrow CO_2 + [C]$$
$$CO + H_2 \Leftrightarrow H_2O + [C]$$

活性碳原子〔C〕被工件表面吸收而溶于高温奥氏体中，并向工件内部扩散形成一定深度的渗碳层。气体渗碳速度平均为 0.2～0.5mm/h。

气体渗碳生产率高，渗碳过程易控制，渗碳层质量好，劳动条件较好，易实现机械化和自动化。但设备成本高，且不适宜单件、小批生产，广泛应用于大批量生产中。

2. 固体渗碳

固体渗碳就是将工件放入渗碳箱中，周围填满固体渗碳剂，密封后送入加热炉中进行加热渗碳。如图 5-40 所示，工件放在填充渗碳剂的密封箱中，然后放入炉中加热至

900～950℃,保温渗碳。渗碳剂是颗粒状的木炭和15%～20%碳酸盐($BaCO_3$或Na_2CO_3)的混合物。木炭提供活性碳原子,碳酸盐可加速渗碳速度。加热时发生下列反应:

$$BaCO_3 \Leftrightarrow BaO + CO_2$$
$$CO_2 + C \Leftrightarrow 2CO$$
$$2CO \Leftrightarrow CO_2 + [C]$$

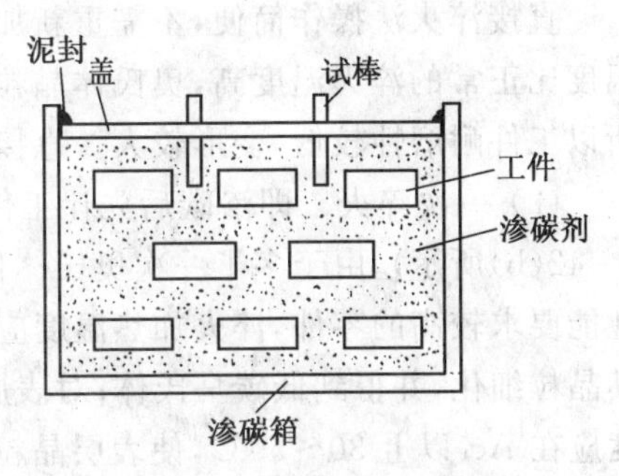

图5-40　固体渗碳示意图

在渗碳温度下CO不稳定,与工件表面接触发生分解,生成活性碳原子〔C〕被工件表面吸收,并逐渐向内部扩散形成渗碳层。固体渗碳平均速度为0.1mm/h。

固体渗碳劳动条件差,质量不易控制,生产率低,不便于实现机械化生产,应用受到限制。但因其设备简单,成本低,目前在一些中、小型工厂中应用于单件、小批生产。

3. 渗碳后的组织及热处理

大量实践表明,渗碳后表层的含碳量以$w_C = 0.85\% \sim 1.05\%$为最佳。渗碳缓冷后的组织,如图5-41所示,表层为过共析组织(珠光体和网状二次渗碳体),与其相邻为共析组织(珠光体),再向里为亚共析组织的过渡层(珠光体和铁素体),心部为原低碳钢组织(铁素体和少量珠光体)。一般规定,从渗碳工件表面向内至含碳量为规定值处(一般$w_C = 0.4\%$)的垂直距离为渗碳层深度。工件的渗碳层深度取决于工件尺寸和工作条件,一般为0.5～2.5mm。

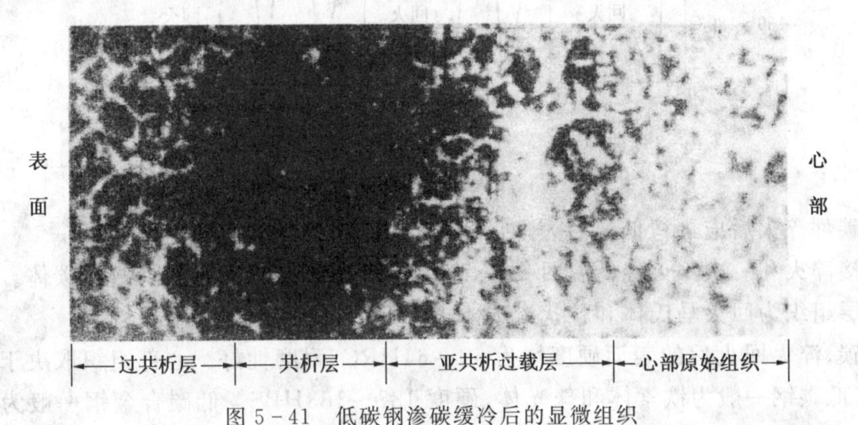

图5-41　低碳钢渗碳缓冷后的显微组织

为了充分发挥渗碳层的作用,使渗碳获得最好的效果,工件渗碳必须进行合理的淬火和低温回火处理。渗碳后常用的淬火方法有:

(1) 直接淬火　即渗碳后直接进行回火,工件从渗碳温度预冷到略高于心部Ar_3的某一温度,立即放入水或油中(如图5-42(a)所示)。预冷是为了减少淬火应力和变形。

直接淬火法操作简便，不需重新加热，生产率高，成本低，脱碳倾向小。但由于渗碳温度比正常的淬火温度高，奥氏体晶粒易长大，淬火后马氏体粗大，残留奥氏体也较多，所以工件耐磨性较低，变形较大。直接淬火适用于受力不大，耐磨性要求不高的零件。

(2) 一次淬火　即渗碳后先让工件缓慢冷却下来，然后再重新加热进行淬火(如图5－42(b)所示)。由于多了一次奥氏体化过程，钢的组织可得到进一步的细化。对心部性能要求较高的零件，淬火加热温度应略高于心部的 Ac_3(如图5－42(b)虚线所示)，使其晶粒细化，并得到低碳马氏体；对表层性能要求较高，但受力不大的零件，淬火加热温度应在 Ac_1 以上30～50℃，使表层晶粒细化，而心部组织改善不大。

(3) 二次淬火　即渗碳后进行两次淬火，以保证工件的表层和心部获得较高的机械性能。第一次淬火是为了改善心部组织和消除表面网状二次渗碳体，加热温度为 Ac_3 以上30～50℃。第二次淬火是为细化工件表层组织，获得细马氏体和均匀分布的粒状二次渗碳体，加热温度为 Ac_1 以上30～50℃(如图5－42(c)所示)。二次淬火法工艺复杂，生产周期长，成本高，变形大，只适用于表面耐磨性和心部韧性要求高的零件。

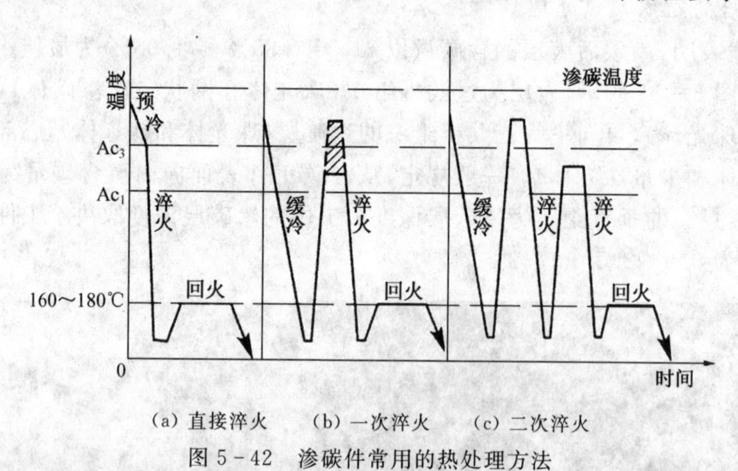

(a) 直接淬火　(b) 一次淬火　(c) 二次淬火

图5－42　渗碳件常用的热处理方法

渗碳件淬火后应进行低温回火，回火温度一般为150～200℃。

直接淬火和一次淬火经低温回火后，表层组织为回火马氏体和少量渗碳体。二次淬火表层组织为回火马氏体和粒状渗碳体。

渗碳、淬火回火后的表面硬度均为58～64HRC，耐磨性好。心部组织取决于钢的淬透性，低碳钢一般为铁素体和珠光体，硬度137～183HBS。低碳合金钢一般为回火低碳马氏体、铁素体和托氏体，硬度35～45HRC，具有较高强度、韧性和一定的塑性。

5.8.2　钢的氮化(渗氮)

氮化就是向工件表面渗入氮的化学热处理工艺，也称为渗氮，其目的在于进一步提高工件表面硬度、耐磨性、疲劳强度和耐蚀性。常用氮化方法有气体渗氮和离子渗氮。

1. 气体渗氮

广泛应用的气体渗碳在可提供活性氮原子的气体中进行。常用方法是将工件放入通有氨气(NH_3)的井式渗氮炉中,加热到500～570℃,使氨气分解出活性氮原子〔N〕,反应如下:

$$2NH_3 \Leftrightarrow 3H_2 + 2[N]$$

活性氮原子〔N〕被工件表面吸收,并向内部逐渐扩散形成渗氮层。

大量使用的渗氮用钢是38CrMoAl钢,钢中铬、钼、铝等元素在渗氮过程中形成高度弥散、硬度很高的稳定氮化物(CrN,MoN,AlN),使渗氮后工件表面有很高的硬度(1000～1200HV,相当于72HRC)和耐磨性,因此渗氮后不须再进行淬火。且在600℃左右时,硬度无明显下降,热硬性高。

氮原子的渗入使渗氮层内形成残余压应力,可提高疲劳强度(一般提高25%～35%);渗氮层表面有致密的、连续的氮化物组成,使工件具有很高的耐腐蚀性;渗氮温度低,工件变形小;渗氮层很薄(<0.6.～0.70mm),且精度高,渗氮后若需加工,只能精磨、研磨或抛光。但渗氮层较脆,不能承受冲击力,生产周期长(例如0.3～0.5mm的渗层,需要30～50h),成本高。

一般渗氮前零件须经调质处理,获得回火索氏体组织,以提高心部的性能。对于形状复杂或精度要求较高的零件,在渗氮前精加工后还要进行消除应力的退火,以减少渗氮时的变形。

渗氮主要用于耐磨性和精度要求很高精度的零件或承受交变载荷的重要零件,以及要求耐热、耐蚀、耐磨的零件,如镗床主轴、高速精密齿轮,高速柴油机曲轴、阀门和压铸模等。

2. 离子渗氮

离子渗氮也称离子氮化。离子渗氮是指在低于1×10^5Pa(通常是10^{-1}～10^{-3}Pa)的渗氮气氛中,利用工件(阴极)和阳极之间产生的辉光放电进行渗氮的工艺。其方法是将工件放入离子渗氮炉的真空器内,通入氨气或氮、氢混合气体,使气压保持在133.2～1333.2Pa间。在阳极(真空器)与阴极(工件)间通入高压(400～700V)直流电,迫使电离后的氮离子以高速轰击工件表面,将表面加热到渗氮所需温度(450～650℃),氮离子在阴极上夺取电子后,还原成氮原子,被工件表面吸收,并逐渐向内部扩散形成渗氮层。

离子渗氮的特点是:渗氮速度快,时间短(仅为气体渗氮的1/5～1/2);渗氮层质量好,脆性小,工件变形小;省电,无公害,操作条件好;对材料适应性强,如碳钢、低合金钢、合金钢、铸铁等均可进行离子渗氮。但对形状复杂或截面相差悬殊的零件,渗氮后很难同时达到相同的硬度和渗氮层深度,设备复杂,操作要求严格。

5.8.3 钢的氰化(碳氮共渗)

钢的氰化也称碳氮共渗。钢的氰化是指在奥氏体状态下,同时将碳和氮渗入工件表层,并以渗碳为主的化学热处理工艺。主要目的是提高工件表面的硬度和耐磨性。

常用的氰化是气体碳氮共渗。其方法是向井式气体渗碳炉中同时滴入煤油和通入氨气,在共渗温度下(820~860℃),煤油与氨气除单独进行上述的渗碳和渗氮作用外,渗碳气氛中的CH_4,CO与氨气还发生如下反应,提供活性碳、氮原子,即

$$CH_4+NH_3 \Leftrightarrow HCN+3H_2$$

$$CO+NH_3 \Leftrightarrow HCN+H_2O$$

$$2HCN \Leftrightarrow H_2+2[C]+2[N]$$

氰化后要进行淬火、低温回火。共渗层表面组织为回火马氏体、粒状碳氮化合物和少量残余奥氏体。渗层深度一般为0.3~0.8mm。气体碳氮共渗用钢,大多为低碳或中碳的碳钢、低合金钢及合金钢。

氰化与渗碳相比,具有处理温度低,时间短,变形小,硬度高,耐磨性好,生产率高等优点。主要用于形状较复杂,要求变形小,受力不特别大的小型耐磨零件,例如用于机床、汽车上的各种齿轮、蜗轮、蜗杆、轴类等零件和缝纫机、纺织机零件等。

表面淬火、渗碳、氮化、氰化等四种热处理工艺的特点和性能比较如表5-4所示。在实际生产中,可以根据零件的工作条件、几何形状、尺寸大小等,选用合适的热处理工艺。

表5-4 几种表面热处理和化学热处理的比较

处理方法	表面淬火	渗碳	氮化	氰化
处理工艺	表面加热淬火,低温回火	渗碳,淬火低温回火	氮化	碳氮共渗,淬火低温回火
生产周期	很短,几秒到几分钟	长,约3h~9h	很长,约20h~50h*	短,约1h~2h
表层深度/mm	0.5~7	0.5~2	0.3~0.5	0.2~0.5
硬度/HRC	58~63	58~63	65~70(1000HV~1100HV)	58~63
耐磨性	较好	良好	最好	良好
疲劳强度	良好	较好	最好	良好
耐蚀性	一般	一般	最好	较好
热处理后变形	较小	较大	最小	较小
应用举例	机床齿轮 曲轴	汽车齿轮 爪型离合器	油泵齿轮 制动器齿轮	精密机床主轴 丝杠

* 在重载和严重磨损条件下使用。

5.9 钢的热处理新技术

为了提高零件的机械性能和表面质量，节约能源，降低成本，提高经济效益，以及减少或防止环境污染等，发展了许多热处理新技术、新工艺。

5.9.1 可控气氛热处理

在炉气成分可控制的炉内进行的热处理称为可控气氛热处理。

可控气氛热处理的应用有一系列技术、经济优点：能减少和避免钢件在加热过程中氧化和脱碳，节约钢材，提高工件质量；可实现光亮热处理，保证工件尺寸精度；可控制表面碳浓度的渗碳和碳氮共渗，可使已脱碳的工件表面复碳等。可控气氛热处理的可控气氛主要有吸热式气氛、放热式气氛和滴注式气氛。

(1) 吸热式气氛　燃料气（天然气、城市煤气、丙烷）按一定的比例与空气混合后，通入发生器进行加热，在触媒的作用下，经吸热而制成的气体称为吸热式气氛。吸热式气氛主要用作渗碳气氛和高碳钢的保护气体。

(2) 放热式气氛　燃料气（天然气、乙烷、丙烷等）按一定比例与空气混合后，靠自身的燃烧反应而制成的气体，由于反应时放出大量的热量，故称为放热式气氛。它是所有制备气体中最便宜的一种，主要用于防止加热时的氧化，如低碳钢的光亮退火，中碳钢小件的光亮淬火等。

(3) 滴注式气氛　用液体有机化合物（如甲醇、乙醇、丙醇、三乙醇胺等）滴入热处理炉内所得到的气氛称为滴注式气氛。它主要用于渗碳、氰化、保护气氛淬火和退火等。

5.9.2 真空热处理

真空热处理是指在低于 1×10^{5} Pa（通常是 $10^{-1}\sim10^{-3}$ Pa）的环境中进行加热的热处理工艺。

1. 真空热处理的效果

a. 减少变形　在真空中加热，升温速度很慢，工件变形小。

b. 净化表面　在高真空中，表面的氧化物、油污发生分解，工件可得光亮的表面，提高耐磨性、疲劳强度。防止工件表面氧化。

c. 脱气作用　有利于改善钢的韧性，提高工件的使用受命。

2. 真空热处理的应用

真空热处理包括真空退火、真空淬火、真空回火和真空化学热处理等。

a. 真空退火　真空退火有避免氧化、脱碳和去气、脱脂的作用，除了钢、铜及其合金外，还可用于处理一些与气体亲和力较强的金属，如钛、钽、铌、锆等。

b. 真空淬火　真空淬火已大量用于各种渗碳钢、合金工具钢、高速钢和不锈钢的淬火，以及各种时效合金、硬磁合金的固溶处理。

c. 真空渗碳　真空渗碳也叫低压渗碳，是近年来在高温渗碳和真空淬火的基础上发展起来的一项新工艺。与普通渗碳相比有许多优点，可显著缩短渗碳周期，减少渗碳气体的消耗，能精确控制工件表层的碳浓度、浓度梯度和有效渗碳层深度，不形成反常组织和发生晶间氧化，工件表面光亮，基本不造成环境污染，并可显著改善劳动条件等。

5.9.3 形变热处理

形变热处理是指将塑性变形和热处理有机结合在一起，以提高工件力学性能的复合热处理方法。它能同时达到形变强化和相变强化的综合效果，可显著提高钢的综合力学性能。形变热处理方法较多，按形变温度不同分为：中温形变热处理和高温形变热处理。

(1) 中温形变热处理

中温形变热处理是将钢件奥氏化保温后，快冷至 Ac_1 温度以下(500～600℃)进行大量(50%～75%)塑性变形，随后淬火、回火，如图5-43所示。其主要特点是在保证塑性和韧性不下降的情况下，能显著提高强度和耐回火性，改善抗磨损能力。例如，在塑性保持基本不变情况下，抗拉强度比普通热处理提高 30～70MPa，甚至可达 100MPa。此法主要用于刀具、模具、板簧、飞机起落架等。

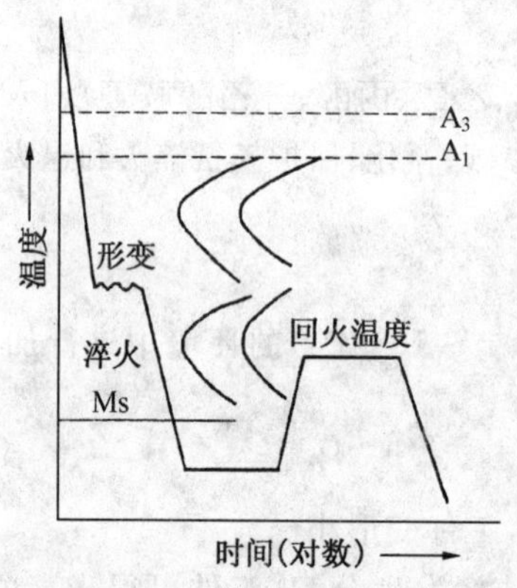

图 5-43　中温形变热处理工艺曲线示意图

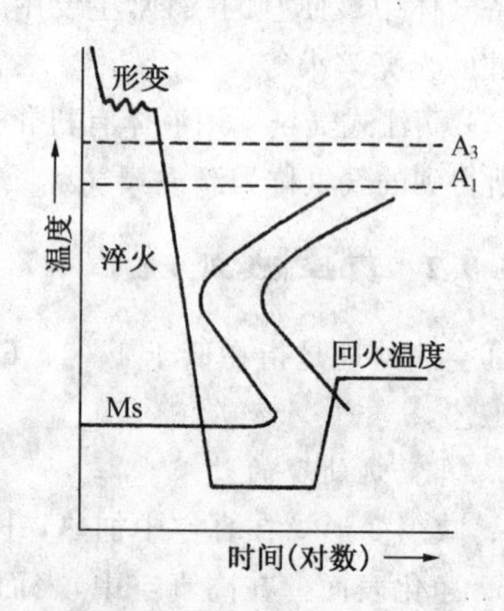

图 5-44　高温形变热处理工艺曲线示意图

(2) 高温形变热处理　高温形变热处理是将钢件奥氏体化，保持一定时间后，在该温度下进行塑性变形(如锻、轧等)，随后立即淬火、回火，如图 5-44 所示。其特点是在提高强度的同时，还可明显改善塑性、韧性，减小脆性，增加钢件的使用可靠性。但形变通常是在钢的再结晶温度以上进行，故强化程度不如中温形变热处理大(抗拉强度比普通热处理提高 10%～30%，塑性提高 40%～50%)，高温形变热处理对材料无特殊要求。此法多用于钢和机械加工量不大的锻件，如曲轴、连杆、叶片、弹簧等。

5.9.4 表面气相沉积

表面气相沉积按其工艺过程不同可分为：化学气相沉积(CVD)和物理气相沉积(PVD)两类。

(1) 化学气相沉积

化学气相沉积是将工件置于炉内加热到高温后，向炉内通入反应气(低温下可气化的金属盐)，使其在炉内发生化学反应，并在工件上沉积成一层所要的化合物薄膜的方法。

碳素工具钢、渗碳钢、轴承钢、高速工具钢、铸铁、硬质合金等材料均可进行气相沉积。化学气相沉积的缺点是加热温度较高。目前主要用于硬质合金的涂覆。

(2) 物理气相沉积

物理气相沉积是通过蒸发或辉光放电、弧光放电等物理方法提供原子、离子，使之在工件表面沉积形成薄膜的工艺。此法包括蒸镀、溅射沉积、离子束沉积等方法，因它们都是在真空条件下进行的，所以又称真空镀膜法。其中离子镀发展最快。

进行离子镀时，先将真空室抽至高度真空后通入氩气，并使真空度调至 10^{-3} Pa，工件(基板)接上 1～5kV 负偏压，将欲镀的膜层材料放置在工件下方的蒸发源上。当接通电源产生辉光放电后，由蒸发源发出的部分镀材原子被电离成金属离子，在电场作用下，金属离子向阴极(工件)加速运动，并以较高能量轰击工件表面，使工件获得需要的离子镀膜层。

化学气相沉积法和物理气相沉积法在满足现代技术所要求的高性能方面比常规方法有许多优越性，如镀层附着力强、均匀，质量好，生产率高，选材广，公害小，可得到全包覆的镀层。能制成各种耐磨膜(如 TiN，TiC 等)、耐蚀膜(如 Al，Cr，Ni 及某些多层金属等)、润滑膜(如 MoS_2，WS_2，石墨、CaF_2 等)、磁性膜、光学膜等。另外，气相沉积所适应的基体材料可以是金属、碳纤维、陶瓷、工程塑料、玻璃等多种材料。因此，在机械制造、航天、电器、轻工、原子能等方面应用广泛。例如，在高速工具钢和硬质合金刀具、模具以及耐磨件上沉积 TiC，TiN 等超硬涂层，可使其寿命提高几倍。

5.9.5 激光加热表面热处理

激光加热表面处理是利用高能量密度的激光束，对工件表面扫描照射，使其在极短时间内被加热到相变温度以上，停止扫描照射后，热量迅速传至周围未被加热的金属，加热处迅速冷却，达到自行淬火目的。

激光加热表面处理具有加热速度极快(千分之几秒至百分之几秒)；不用冷却介质，变形极小；表面光洁，不需再进行表面加工就可直接使用；细化晶粒，显著提高工件表面硬度和耐磨性(比常规淬火表面硬度高 20%左右)；对任何复杂工件均可局部淬火，不影响相邻部位的组织和表面质量；可控性好等优点。此方法主要用于精密零件的局部表面淬火。

真空热处理、激光加热表面热处理等新的热处理技术节省能源,对环境无污染,可称为绿色热处理技术。当前,能源和环境问题已日益受到人们的重视。因此改造传统热处理工艺,发展和推广这些新技术、新工艺,是贯彻可持续发展战略方针的重要技术措施。

5.10 热处理质量分析

工件热处理质量好坏主要取决于热处理工艺和零件的结构工艺性。

5.10.1 热处理工艺对质量的影响

1. 过热、过烧

过热是指工件加热温度偏高使晶粒过度长大,造成力学性能显著降低的现象。过热可用正火消除。过烧是指工件加温度过高,致使晶界氧化和部分熔化的现象。过烧无法挽救,工件只能报废。

2. 氧化与脱碳

氧化是指金属加热时,介质中的氧、二氧化碳和水蒸气与金属反应生成氧化物的过程。加热温度越高,保温时间越长,氧化现象越明显。脱碳是指加热时,由于介质和钢铁表层碳的作用,表层含碳量降低的现象,加热时间越长,脱碳越严重。

氧化和脱碳使钢材损耗,降低工件表层硬度、耐磨性和疲劳强度,增加淬火开裂倾向。为防止氧化和脱碳,常采用可控气氛热处理、真空热处理或用盐浴炉加热。如果在以空气为介质的电炉中加热,需在工件表面涂上一层涂料或向炉内加入适量起保护作用的木炭或滴入煤油等。另外,还应正确控制加热温度和保温时间。

3. 变形和开裂

热处理时工件形状和尺寸发生的变化称为变形。变形很难避免,通常是将变形量控制在允许范围内。开裂是不允许的,工件开裂后只有报废。

变形和开裂是由应力引起的。应力分为热应力和相变应力。热应力是指工件加热和冷却时,由于不同部位出现温差而导致热胀和冷缩不均所产生的应力;相变应力是指热处理过程中,由于工件不同部位产生组织转变不同步而产生的应力。热应力和相变应力是同时存在的,当两种应力综合作用超过材料的屈服点时,工件发生变形,超过抗拉强度时,产生开裂。

为了减小变形,防止开裂应采取以下措施:正确选用零件材料;结构设计、热处理工艺等要合理;热处理操作方法要正确等。

5.10.2 热处理对结构设计的要求

零件结构形状是否合理,会直接影响热处理质量和生产成本。因此,在设计零件结构时，除满足使用要求外，还应满足热处理对零件结构形状的要求。设计零件结构时应考虑以下要求：

1. 尽量避免尖角、棱角、减少台阶

零件的尖角和棱角处易产生应力集中，会引起淬火开裂。一般应设计成圆角或倒角，如图 5-45。

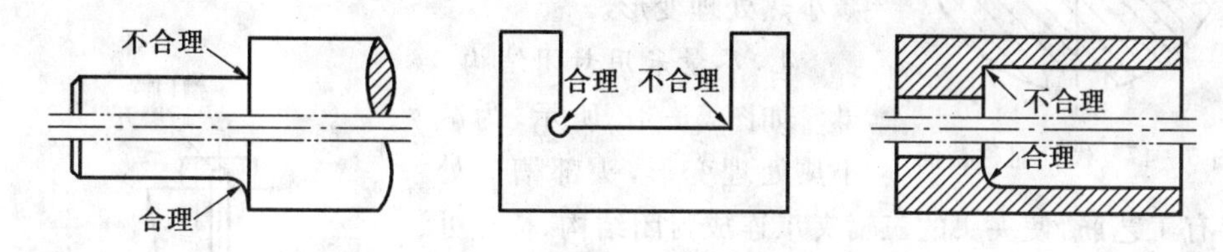

图 5-45　避免尖角和棱角

2. 零件外形应尽量简单，避免厚薄悬殊的截面

截面厚薄悬殊的零件，在热处理时由于冷却不均匀，易产生变形和开裂。为使壁厚尽量均匀，并使截面均匀过渡，可采取开工艺孔，加厚零件面过渡处，合理安排孔洞和槽的位置，变盲孔为通孔等措施，如图 5-46。

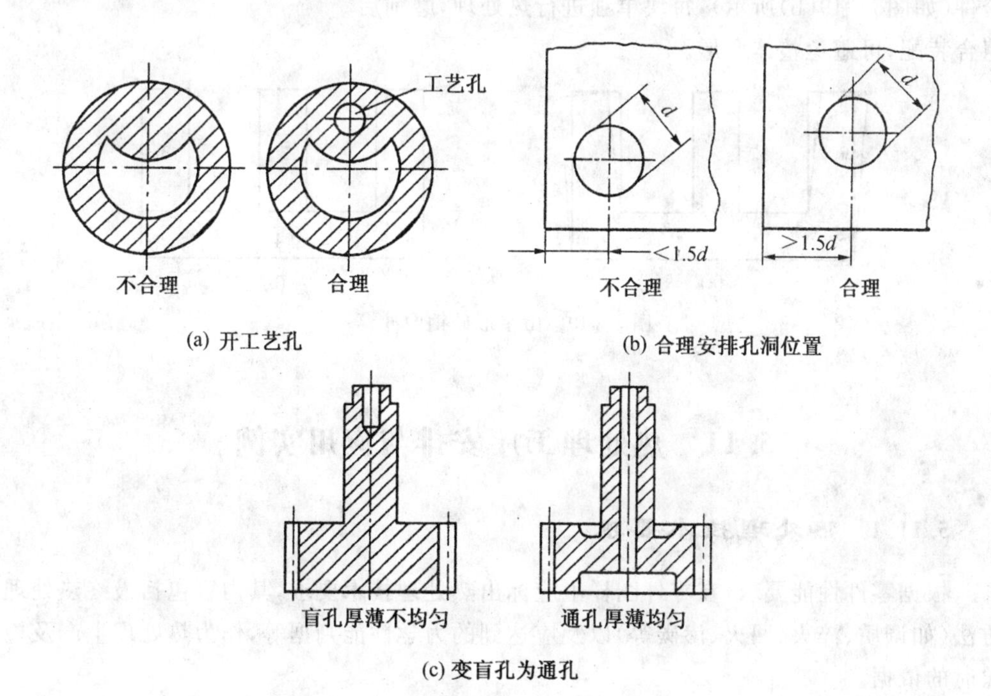

图 5-46　避免厚薄悬殊的截面

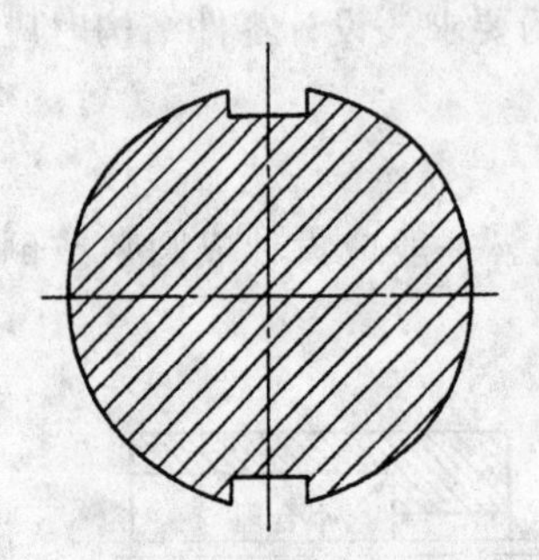

图 5-47　镗杆对称截面

3. 尽量采用对称结构

若零件形状不对称，会使应力分布不均匀，易产生变形。如图 5-47，镗杆截面要求渗氮后变形极小，原设计在镗杆一侧开槽，热处理后弯曲变形很大，改在两侧开槽(所开槽应不影响镗杆使用性能)，使镗杆呈对称结构，可显著减小热处理变形。

4. 尽量采用封闭结构

如图 5-48 所示，为减小热处理变形，头部槽口处应留有工艺筋，使夹头的三瓣夹爪连成封闭结构，待热处理后再将槽磨开。

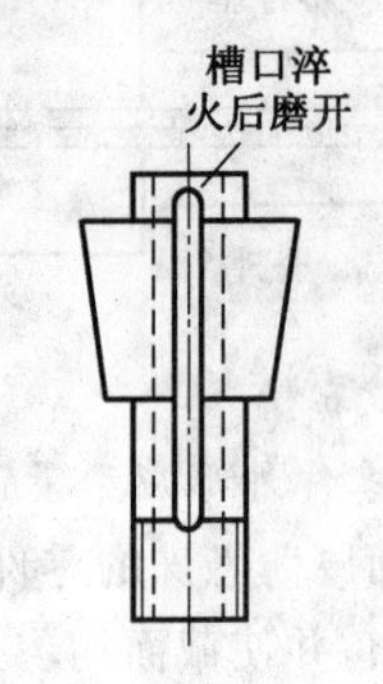

图 5-48　弹簧夹头封闭结构

5. 尽量采用组合结构

对热处理易变形的零件或工具，应尽量采用组合结构。如山字形硅钢片冲模，若做成整体(如图 5-49(a)所示)，热处理变形较大(图中双点划线)，如改为四块组合件(如图5-49(b)所示)，每块单独进行热处理，磨削后组合装配，可避免整体变形。

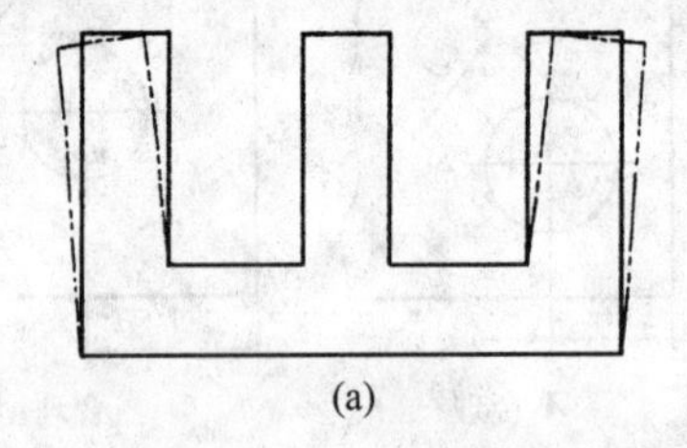

(a)　　　　　　(b)

图 5-49　山字形硅钢中冲模

5.11　热处理工序安排与应用实例

5.11.1　热处理技术要求

根据零件性能要求，在零件图样上应标出热处理技术要求，其内容包括最终热处理方法(如调质、淬火、回火、渗碳等)以及应达到的力学性能判据等，作为热处理生产及检验时的依据。

力学性能判据一般只标出硬度值(硬度值有一定允许范围，布氏硬度值为 30～40 单位，洛氏硬度值为 5 个单位)。例如，调质 220～250HBS，淬火回火 40～45HRC。对于力学性能要求高的重要件，如主轴、齿轮、曲轴、连杆等，还应标出强度、塑性和韧性判据，有时还要对金相组织提出要求。对于渗碳或渗氮件应标出渗碳或渗氮部位、渗层深度，渗碳淬火回火或渗氮后的硬度等。表面淬火零件应标明淬硬层深度、硬度及部位等。

在图样上标注热处理技术要求时，可用文字和数字简要说明，也可用标准的热处理工艺代号。

5.11.2 热处理工序顺序安排

合理安排热处理工序顺序，对保证零件质量和改善切削加工性能有重要意义。热处理按目的和工序顺序不同，分为预先热处理和最终热处理，其工序顺序安排如下：

1. 预先热处理工序顺序

预先热处理包括退火、正火、调质等。一般均安排在毛坯生产之后，切削加工之前，或粗加工之后，半精加工之前。

(1) 退火、正火工序顺序

这道工序的主要作用是消除毛坯件的某些缺陷（如残余应力、粗大晶粒、组织不均等），改善切削加工性能，或为最终热处理作好组织准备。

退火、正火件的加工路线为

毛坯生产→退火（或正火）→切削加工

(2) 调质工序顺序

调质的主要目的是提高零件综合力学性能，或为以后表面淬火作好组织准备。调质工序顺序一般安排在粗加工后，半精或精加工前。若在粗加工前调质，则零件表面调质层的优良组织有可能在粗加工中大部分被切除掉，失去调质的作用，碳钢件可能性更大。

调质件的加工路线一般为

下料→锻造→正火（或退火）→粗加工（留余量）→调质→半精加工（精加工）

生产中，灰铸铁件、铸钢件和某些无特殊要求的锻钢件，经退火、正火或调质后，已能满足使用性能要求，不再进行最终热处理，此时上述热处就是最终热处理。

2. 最终热处理

最终热处理包括淬火、回火、渗碳、渗氮等。零件经最终热处理后硬度较高，除磨削外不宜再进行其他切削加工，因此工序顺序一般安排在半精加工后，磨削加工前。

(1) 淬火工序顺序

淬火分为整体淬火和表面淬火两种。

1) 整体淬火工序顺序　整体淬火件加工路线一般为

下料→锻造→退火（或正火）→粗加工、半精加工（留磨量）→淬火、回火（低、中温）→磨削

2）表面淬火工序顺序　表面淬火加工路线一般为

下料→锻造→退火(或正火)→粗加工→调质→半精加工(留磨量)→表面淬火、低温回火→磨削

为降低表面淬火件的淬火应力，保持高硬度和耐磨性，淬火后应进行低温回火。

(2) 渗碳工序顺序

渗碳分为整体渗碳和局部渗碳两种。对局部渗碳件，在不需渗碳部位采取增大原加工余量(增大的量称为防渗余量)或镀铜的方法。待渗碳后淬火前切去该部位的防渗余量。

渗碳件(整体与局部渗碳)的加工路线一般为

下料 ──→ 锻造 ──→ 正火 ──→ 粗、半精加工(留防渗余量或镀铜) ──→

渗碳 ──→ 淬火、低温回火 ──→ 磨削

└→ 切除防渗余量 ─┘

(3) 渗氮工序顺序

渗氮温度低，变形小，渗氮层硬而薄，因此工序顺序应尽量靠后，通常渗氮后不再磨削，对个别质量要求高的零件，应进行精磨或研磨或抛光。为保证渗氮件心部有良好的综合力学性能，在粗加工和半精加工之间进行调质。为防止因切削加工产生的残余应力，使渗氮件变形，渗氮前应进行去应力退火。

渗氮件加工路线一般为

下料→锻造→退火→粗加工→调质→半精加工→去应力退火(俗称高温回火)→粗磨→渗氮→精磨、研磨或抛光

5.11.3 热处理工艺应用举例

1. 压板

如图 5-50 所示，压板用于在机床工作台或夹具上夹紧工件，故要求有较高强度、硬度和一定弹性。

材料：45 钢

热处理技术条件：淬火、回火，40～45HRC

加工路线：下料→锻造→正火→机加工→淬火、回火

2. 连杆螺栓

如图 5-51 所示，连杆螺栓用于连接紧固，要求较高抗拉强度，良好塑性、韧性和低的缺口敏感性，以及较高的抗弯强度，以免产生松弛现象。

材料：40Cr 钢

热处理技术条件：260～300HBS，组织为回火索氏体，不允许有块状铁素体

加工路线:下料→锻造→退火(或正火)→粗加工→调质→精加工

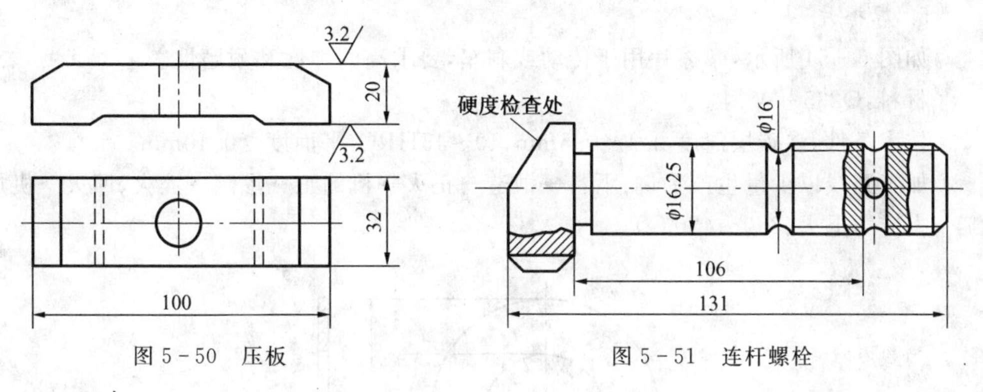

图 5-50　压板　　　　图 5-51　连杆螺栓

3. 蜗杆

如图 5-52 所示,蜗杆主要用于传递运动和动力,要求齿部有较高的强度、耐磨性和精度保持性,其余各部位要求有足够的强度和韧性。

材料:45 钢

热处理技术条件:齿部 45～50HRC,其余部位,调质 220～250HBS

加工路线:下料→锻造→正火→粗加工→调质→半精加工→表面淬火→精加工

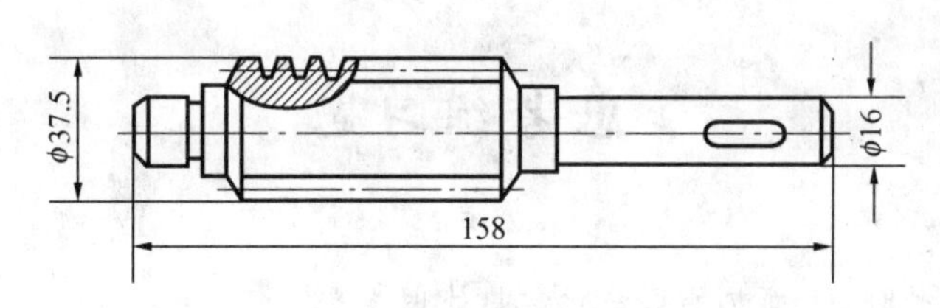

图 5-52　蜗杆

4. 锥度塞规

如图 5-53 所示,锥度塞规是用于检查锥孔尺寸的量具,要求锥部有高的耐磨性、尺寸稳定性和良好的切削加工性。

材料:T12A 钢

热处理技术条件:锥部,淬火、回火 60～64HRC

加工路线:下料→锻造→球化退火→粗、半精加工→锥部淬火、回火→稳定化处理→粗磨→稳定化处理→精磨

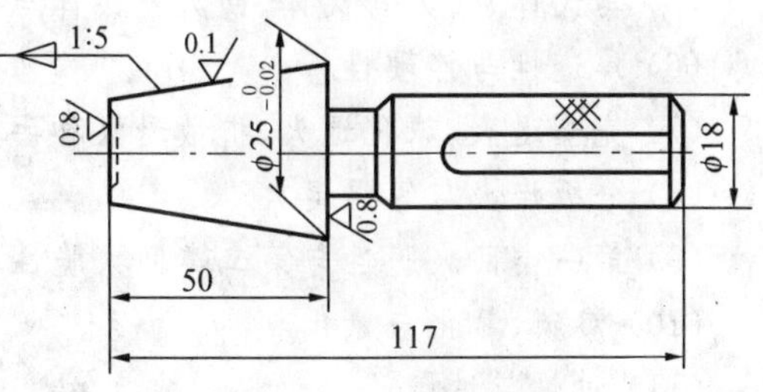

图 5-53　锥度塞规

其中,稳定化处理是指稳定尺寸,消除残余应力,为使工件在长期工作的条件下形状和尺寸变化保持在规定范围内而进

行的一种热处理工艺。

5. 摩擦片

如图5-54所示，摩擦片用于传动或刹车，要求高的弹性和耐磨性。

材料：Q235-A钢

技术条件：渗碳层深度0.4～0.5mm，40～45HRC，平面度≤0.10mm

加工路线以少量生产为例：下料→锻造→正火→机加工→渗碳→淬火、回火→机加工→去应力退火(380～420℃)

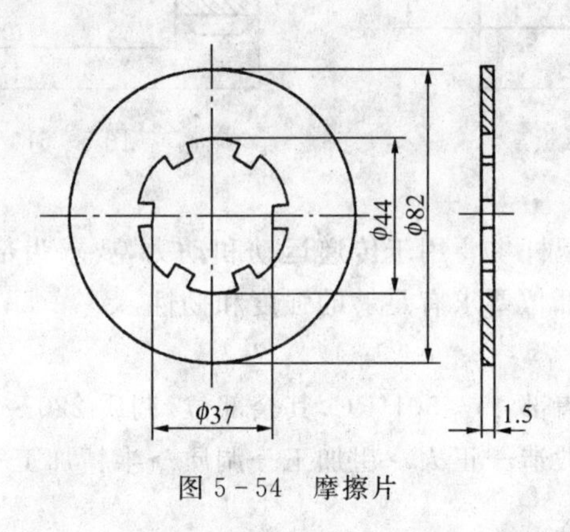

图5-54　摩擦片

思考练习题

1. 名词解释

(1) 整体热处理、表面热处理与化学热处理

(2) 珠光体、索氏体与托氏体

(3) 上贝氏体与下贝氏体

(4) 奥氏体、过冷奥氏体和残余奥氏体

(5) 马氏体、回火马氏体、回火托氏体与回火索氏体

(6) 淬透性与淬硬性

(7) 完全退火、球化退火、扩散退火和去应力退火

(8) 分级淬火与等温退火

(9) 第一类回火脆性与第二类回火脆性

(10) 渗碳、氮化与氰化

(11) 过热与过烧

(12) 氧化与脱碳

(13) 变形与开裂

2. 什么叫热处理？热处理规范包括哪些工艺参数？常用热处理方法有哪些？简述热处理在机械制造中的作用。

3. 指出Ac_1,Ac_3,Ac_{cm},Ar_1,Ar_3,Ar_{cm}各相变点的意义。

4. 试以共析钢为例,说明过冷奥氏体等温转变图中各条线的含义,并指出影响等温转变曲线的主要因素。

5. 什么是淬火临界冷却速度？它对钢的淬火有何重要意义？

6. 马氏体的本质是什么？其组织形态有哪两种基本类型？马氏体的硬度主要取决于什么？

7. 将共析钢加热到760℃,保温足够时间,试问按图5-55所示①、②、③、④、⑤的冷却速度冷却至室温,各获得什么组织？并估计各种组织的硬度？

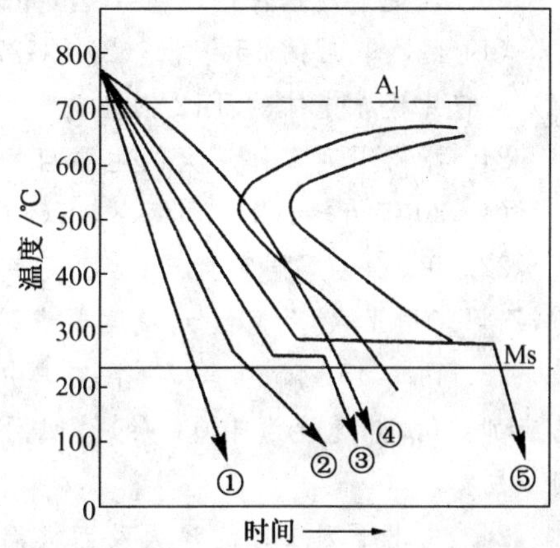

图5-55 第7题图

8. 退火与正火的主要区别是什么？生产中如何选用退火和正火？

9. 低碳钢板硬度低,可否用淬火方法提高硬度？用什么方法可显著提高其硬度？

10. 为什么工件经淬火后会产生变形,甚至开裂？减少淬火变形和防止开裂有哪些措施？

11. 影响淬透性的因素有哪些？

12. 淬火的目的是什么？亚共析钢和过共析钢淬火加热温度应如何确定？为什么？

13. 将45钢和T12钢分别加热到700℃,770℃,840℃淬火,试问这些淬火温度是否正确？为什么45钢在770℃淬火后的硬度远低于T12钢在770℃淬火后的硬度？

14. 为什么淬火后的钢一般都要进行回火？按回火温度不同,回火分为哪几种？指出各种温度回火后得到的组织、性能及应用范围。

15. 在一批45钢制的螺栓中(要求头部热处理后硬度为43～48HRC)混入少量20钢和T12钢,若按45钢进行淬火、回火处理,试问能否达到要求？分别说明为什么。

16. 现有三个形状、尺寸、材质(低碳钢)完全相同的齿轮,分别进行普通整体淬火、渗碳淬火和高频感应淬火,试用最简单的办法将它们区分开来。

17. 现有低碳钢和中碳钢齿轮各一个,为使齿面有高硬度和耐磨性,试问各应进行何种热处理？并比较它们经热处理后在组织和性能上有何不同。

18. 试分析以下几种说法是否正确,为什么？

(1) 过冷奥氏体的冷却速度越快,钢冷却后的硬度越高；

(2) 钢经淬火后处于硬脆状态；

(3) 钢中合金元素含量越多，淬火后硬度越高；

(4) 共析钢经奥氏体化后，冷却所形成的组织主要取决于钢的加热温度；

(5) 同一种钢材在相同加热条件下，水淬比油淬的淬透性好，小件比大件的淬透性好；

(6) 同一种钢淬火到室温，淬火冷却速度越快，淬火后残留奥氏体量越多。

19. 用 T10 钢刀具，要求淬硬到 60～64HRC。生产时误将 45 钢当成 T10 钢，按 T10 钢加热淬火，试问能否达到要求，为什么？

20. 确定下列钢件的退火工艺，并说明其退火目的和退火后的组织。

(1) 经冷轧后的 15 钢板；(2) ZG270～500 的铸钢齿轮；(3) 锻造过热的 60 钢坯；(4) 具有片状珠光体的 T12 钢坯。

21. 指出下列零件正火的主要目的和正火后的组织。

(1) 20 钢齿轮；(2) 45 钢小轴；(3) T12 钢锉刀。

22. 甲、乙两厂同时生产一批 45 钢零件，硬度要求为 220～250HBS。甲厂采用调质，乙厂采用正火，均可达到硬度要求，试分析甲、乙两厂产品的组织和性能差异。

23. 两个 45 钢制齿轮，一个在炉中加热(加热速度约为 0.3℃/s)；另一个采用高频感应加热(加热速度为 400℃/s)。试问两者淬火温度有何不同？淬火后组织和性能有何区别？

24. 指出下列工件的淬火及回火温度，并说明回火后得到的组织和大致硬度。

(1) 45 钢小轴(要求综合力学性能好)；(2) 60 钢弹簧；(3) T12 钢锉刀。

25. 什么是表面淬火？为何能淬硬表面层，而心部性能不变？它和淬火时没有淬透有何有同？

26. 什么是化学热处理？化学热处理包括哪些基本过程？常用化学热处理方法有哪几种？

27. 渗碳后的零件为什么必须淬火和回火？淬火、回火后表层与心部性能如何？为什么？

28. 常见的热处理缺陷有哪些？如何减小和防止？

29. 某柴油机凸轮轴，要求表面有高硬度(＞50HRC)，心部有良好韧性(A_K＞40J)。原采用 45 钢经调质后，再在凸轮表面进行高频淬火、低温回火。现拟改用 20 钢代替 45 钢，试问：(1) 原 45 钢各热处理工序的作用；(2) 改用 20 钢后，其热处理工序是否应进行修改？应采用何种热处理工艺最合适？

30. 一直径为 6mm 的 T12 钢圆棒，经 780℃淬火、180℃回火后，硬度为 63HRC，然后从一端加热，使圆棒上各点达到如图 5－56 所示温度。试问：(1) 加热至如图所示温度，各点部位组织；(2) 圆棒由图示温度空冷至室温后，各点部位组织；(3) 圆棒由图示温度水淬快冷至室温后，各点部位组织。

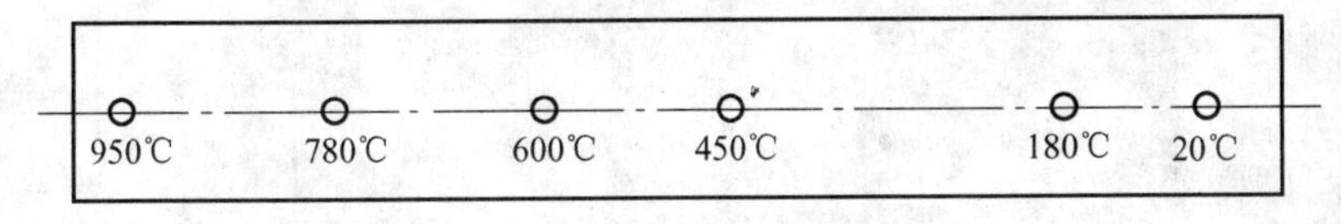

图5-56 第30题图

31. 某厂用20钢制造齿轮,其加工路线为

下料→锻造→正火→粗加工、半精加工→渗碳→淬火、低温回火→磨削

试回答下列问题:(1) 说明各热处理工序作用;(2) 制订最终热处理工艺规范(温度、冷却介质);(3) 最终热处理后表面组织和性能。

32. 用T10钢制造形状简单的刀具,其加工路线为

锻造→热处理→切削加工→热处理→磨削

试回答下列问题:(1) 各热处理工序的名称及其作用;(2) 制定最终热处理工艺规范(温度、冷却介质);(3) 各热处理后的显微组织。

33. 下列零件均选用锻造毛坯,试为其选热处理方法,并写出简明的加工路线。

(1) 机床变速箱齿轮,模数 $m=4$,要求齿面耐磨,心部的强度和韧性要求不高,选用45钢;(2) 机床主轴,要求良好的综合力学性能,轴颈部分要求硬度50~55HRC,选用45钢;(3) 重载荷工作的镗床镗杆,精度要求很高,并在滑动轴承中运转,镗杆表面应有高硬度,心部应有较好的综合力学性能,选用38CrMoAl钢。

第6章

合金钢

以铁为主要元素，碳的质量分数一般在2%以下，并含有其他元素的材料称为钢。碳钢具有良好的使用性能，应用广泛，但不能满足某些特殊的性能要求，工程中合金钢的应用是多方面的。为改善碳钢的组织和性能，在碳钢的基础上加入一种或几种合金元素所形成的铁基合金称为合金钢。

钢是应用最广、用量最大的工程材料之一。目前，尽管钢的应用领域已部分地被有色金属、陶瓷、工程塑料及复合材料等所取代，但钢在现代社会工程材料消费中的主导地位仍将延续下去。仍将是21世纪乃至更长时间内的主要工程材料。

6.1 钢的分类

对品种数量极多的钢进行科学的分类，不仅关系到钢产品的生产、加工、使用和管理等工作，对学习和掌握正确选用钢材也有重要意义。

我国关于钢分类的国家标准GB/T13304—1991《钢分类》是参照ISO 4948/1，4948/2制定的。钢的分类分为“按化学成分分类”、“按主要质量等级和主要性能及使用特性分类”两部分。

6.1.1 按化学成分分类

根据各种合金元素规定含量界限值，将钢分为非合金钢、低合金钢、合金钢三大类，如表6-1所示。

表6-1　非合金钢、低合金钢和合金钢中合金元素规定质量分数的界限值

合金元素	合金元素规定质量分数界限值(%)			合金元素	合金元素规定质量分数界限值(%)		
	非合金钢	低合金钢	合金钢		非合金钢	低合金钢	合金钢
Al	<0.10	—	≥0.10	Se	<0.10	—	≥0.10
B	<0.0005	—	≥0.0005	Si	<0.50	0.50~<0.90	≥0.90
Bi	<0.10	—	≥0.10	Te	<0.10	—	≥0.10
Cr	<0.30	0.30~<0.50	≥0.50	Ti	<0.05	0.05~<0.13	≥0.13
Co	<0.10	—	≥0.10	W	<0.10	—	≥0.10
Cu	<0.10	0.10~<0.50	≥0.50	V	<0.04	0.04~<0.12	≥0.12
Mn	<1.00	1.00~<1.40	≥1.40	Zr	<0.05	0.05~<0.12	≥0.12
Mo	<0.05	0.05~<0.10	≥0.10	混合稀土	<0.02	0.02~<0.05	≥0.05
Ni	<0.30	0.30~<0.50	≥0.50	其他元素(S,P,C,N除外)	<0.05	—	≥0.05
Nb	<0.02	0.02~<0.06	≥0.06				
Pb	<0.40	—	≥0.40				

如果在低合金钢中同时存在Cr,Ni,Mo,Cu四种元素中的2种或2种以上时，应同时考虑这些元素的规定含量总和。如果钢中这些元素的规定含量总和大于表6-1中规定的每种元素最高界限值总和的70%,应划为合金钢。对于Nb,Ti,V,Zr四种元素，也适用以上原则。近年开发的微合金非调质钢，大部分划入低合金钢。

根据表6-1的分类，采用"非合金钢"一词代替传统的"碳素钢"。但在GB/T13304—1991施行以前所制订的有关技术标准中均采用"碳素钢"。这类标准中，有的仍属现行标准，所以"碳素钢"名称也将会沿用一段时间。本书介绍这类标准时，仍沿用碳素结构钢、碳素工具钢等术语。

6.1.2　按主要质量等级、主要性能及使用特性分类

1. 非合金钢的主要分类

非合金钢按主要质量等级分类划分为普通质量非合金钢、优质非合金钢、特殊质量非合金钢。

(1) 普通质量非合金钢　指对生产过程中控制质量无特殊规定的，一般用途的非合金钢。

(2) 优质非合金钢　指在生产过程中需要按规定控制质量(如控制晶粒度，降低

硫、磷含量,改善表面质量或增加工艺控制等),以达到比普通质量非合金钢较高的质量要求的钢。

(3) 特殊质量非合金钢　指在生产过程中需要严格控制质量和性能的非合金钢,例如要求控制淬透性和纯洁度,同时还根据不同情况规定一些特殊要求。例如冲击性能、有效淬硬深度或表面硬度、表面缺陷、钢中非金属夹杂物含量、磷、硫的质量分数(成品 $w_P(w_S) \leqslant 0.025\%$)、残余元素 Cu,Co,V 的最高含量等方面的要求。

2. 低合金钢的主要分类

低合金钢按主要质量等级分类,分为普通质量低合金钢、优质低合金钢、特殊质量低合金钢。

(1) 普通质量低合金钢　指对生产过程中控制质量无特殊规定的、一般用途的低合金钢,合金含量较低,不规定钢材热处理条件(钢厂根据工艺需要进行的退火、正火、消除应力及软化处理除外)。

(2) 优质低合金钢　与优质非合金钢类似,在生产过程中需要按规定控制质量。

(3) 特殊质量低合金钢　指在生产工程中需要严格控制质量和性能的低合金钢,特别是要求控制硫、磷等含量和提高纯洁度,并应满足一些特殊质量要求的低合金钢。

3. 合金钢的主要分类

(1) 按质量等级可分为优质合金钢和特殊质量合金钢。

(2) 按基本性能及用途可分为工程结构用合金钢、机械结构用合金钢、合金工具钢及特殊性能钢等。

图 6-1 简要归纳了 GB/T13304—1991 标准中钢分类的关系。

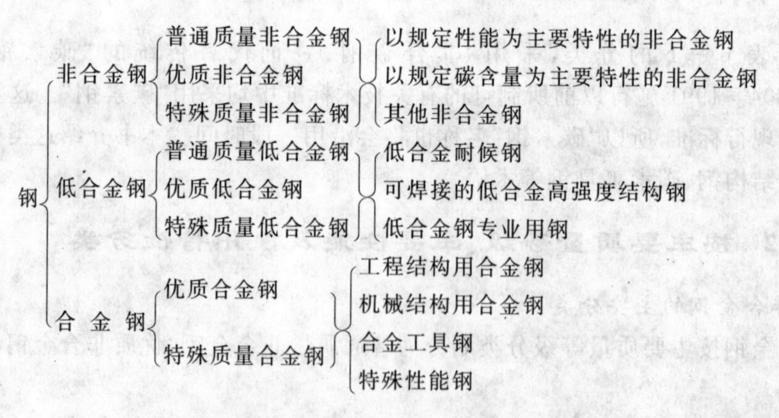

图 6-1　钢分类的关系图

6.2　杂质元素和合金元素在钢中的作用

钢在其冶炼生产过程中，由于所用原料以及冶炼工艺方法等的影响，总会有少量其他元素存在，如硅、锰、硫、磷以及氢、氮、氧等，这些并非有意加入或保留的元素一般作为杂质看待，称之为常存杂质元素。

为使金属具有某些特性，在基体金属中有意加入或保留的金属或非金属元素称为合金元素，钢中常用的合金元素有铬、锰、硅、镍、钼、钨、钒、钴、钛、铝、铜、硼、稀土等。在易切削钢中，硫、磷也可认为是合金元素。

各种元素在钢中的作用，主要表现为其与铁、碳之间的相互作用以及对铁碳相图和热处理相变过程的影响。

6.2.1　主要常存元素在钢中的作用

1. 锰的作用

锰作为常有元素存在时，其质量分数一般为 $w_{Mn}=0.25\%\sim0.8\%$。锰能溶于铁素体，使铁素体强化，也能溶于渗碳体，提高其硬度。锰还能增加并细化珠光体，从而提高钢的强度和硬度。锰可与硫形成 MnS，以消除硫的有害作用，通常锰在钢中是有益的元素。

2. 硅的作用

硅在镇静钢(用铝、硅铁和锰铁脱氧)中含量为 $w_{Si}=0.10\%\sim0.40\%$。沸腾钢(只用锰铁脱氧)中 $w_{Si}\leqslant0.07\%$。硅能溶于铁素体使之强化，从而使钢的强度、硬度、弹性都得到提高。因此硅在钢中也是有益的元素。

应该注意：用作冷冲压件的非合金钢，常因硅对铁素体的强化作用，致使钢的弹性极限升高，而冲压性能变差。因此冷冲压件常常采用含硅量低的沸腾钢制造。

3. 硫的影响

硫是钢中有害元素，在钢中以化合物 FeS(熔点1190℃)存在。FeS 与 Fe 形成低熔点(985℃左右)的共晶体分布在晶界上。钢加热到1000～1200℃进行锻压或轧制时，由于分布在晶界上的共晶体已经熔化，使钢在晶界开裂。这种现象称为热脆。

锰与硫的亲和力较铁强，在钢中可优先与 S 形成熔点为1620℃的 MnS，且 MnS 在高温时有塑性，可避免钢的热脆性。

4. 磷的影响

磷也是钢中的有害元素，在常温下能溶于铁素体，使钢的强度、硬度提高，但使塑性和韧性显著降低，在低温时表现尤为突出。这种在低温时由磷导致钢严重变脆的现象称为冷脆。

磷、硫虽是有害元素，但可提高钢的切削加工性能。因为磷、硫增加钢的脆性，使切屑容易断裂，从而能提高切削效率，延长刀具寿命，还能改善工件表面粗糙度。因此在受力不大的标准件中，有意将磷、硫含量提高为 $w_S = 0.08\% \sim 0.35\%$；$w_P = 0.05\% \sim 0.15\%$，这种钢称为易切削钢。

5. 气体元素的影响

钢在冶炼或加工时还会吸收或溶解一部分气体，这些气体元素如氢、氮、氧对钢性能的影响却往往被忽视，实际上它们有时会给钢材带来非常危险的作用。

氢对钢的危害极大。微量的氢即可引起"氢脆"，甚至在钢中产生大量的微裂纹（即"白点"或"发裂"缺陷），从而使零件在工作时出现灾难性的突然脆断。氢脆一般出现在合金钢的大型锻、轧件中，且钢的强度越高，氢脆倾向越大，如电站汽轮机主轴、钢轨、电镀刺刀等氢脆断裂。实际生产中，常通过锻后保温缓冷措施或预防白点退火工艺来降低钢件的氢脆倾向。

氮固溶于铁素体将引起"应变时效"，即冷塑性变形的低碳钢在室温放置或加热一定时间后强度增加而塑性、韧性降低的现象。应变时效对锅炉、化工容器及深冲压零件极为不利，会增加零件脆性断裂的可能性。若钢含有与 N 亲和力大的 Al，V，Ti，Nb 等元素而形成细小弥散分布的氮化物，可细化晶粒，提高钢的强韧性，并能降低 N 的应变时效作用，此时 N 又变成了有益元素。

氧少部分溶于铁素体中，大部分以各种氧化物夹杂的形式存在，将使钢的强度、塑性与韧性，尤其是疲劳性能降低，故应对钢液进行脱氧。依据浇注前钢液脱氧程度不同，可将钢分为镇静钢（充分脱氧钢）、沸腾钢（不完全脱氧钢）和介于这两者之间的半镇静钢。显然镇静钢的质量和性能较佳，一般用于制造重要零件；而沸腾钢的成材率较高，可用于对力学性能要求不高的零件。

6. 非金属夹杂物的影响

在炼钢过程中，少量炉渣、耐火材料及冶炼中反应产物可能进入钢液，形成非金属夹杂物。例如氧化物、硫化物、硅酸盐、氮化物等。它们都会降低钢的力学性能，特别是降低塑性、韧性及疲劳强度。严重时，还会使钢在热加工与热处理时产生裂纹，或使用时突然脆断。非金属夹杂物也促使钢形成热加工纤维组织与带状组织，使材料具有各向异性。严重时，横向塑性仅为纵向的一半，并使冲击韧度大为降低。因此，对重要用途的钢（如滚动轴承钢、弹簧钢等）要检查非金属夹杂物的数量、形状、大小与分布情况。并应按相应的等级标准进行评级检查。

6.2.2 合金元素在钢中的作用

1. 合金元素在钢中的存在形式

合金元素对钢的性能的影响，与其在钢中的存在形式有密切的关系。不同的元素由于在钢中的存在形式不同，故其对钢的性能的影响也将不同；而同一元素若其存在形式不同，对性能的影响也将不同。根据合金元素的种类、特征、含量和钢的冶炼方法、热处理工艺等的不同，合金元素在钢中的存在形式主要有三种：固溶态、化合态和游离态。

(1) 固溶体

当合金元素溶入钢中的铁素体、奥氏体和马氏体中，以固溶体的溶质形式存在。其直接的作用是固溶强化，即钢的强度、硬度升高，而塑性、韧性下降。如图6-2所示说明了钢中常见合金元素对铁素体硬度和韧性的影响。由图可见，P，Si，Mn的固溶强化效果最显著，但当其含量超过一定量后，铁素体的韧性将急剧下降，故应限制这些合金元素含量。值得提及的是，Ni元素在增加钢的强度、硬度的同时，不但不降低韧性，反而会提高韧性，是个重要的韧化元素。

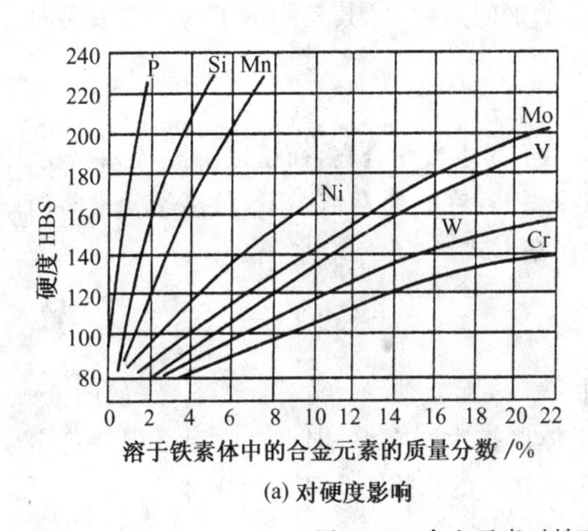

(a) 对硬度影响

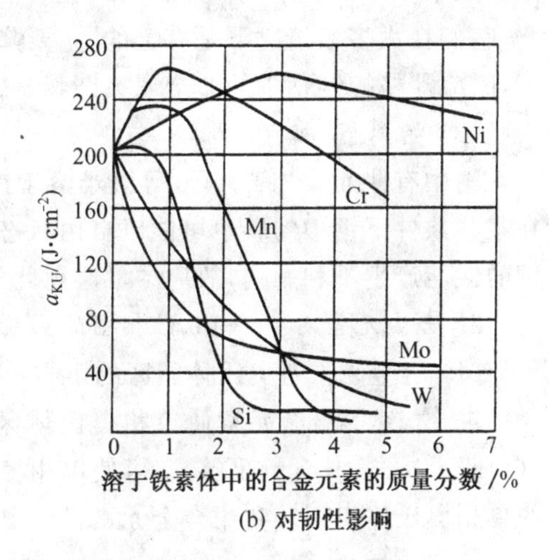

(b) 对韧性影响

图6-2 合金元素对铁素体硬度和韧性的影响

应该强调指出的是：合金元素溶入奥氏体中从而提高钢的淬透性、溶入马氏体中从而提高回火稳定性等间接作用对钢的性能影响程度，往往大于其固溶强化这种直接作用，理解此点对掌握合金钢的选用尤为重要。

(2) 化合物

合金元素与钢中的碳、其他合金元素及常存杂质元素之间可以形成各种化合物，其中以它们和碳之间形成的碳化物最为重要。碳化物的主要形式有合金渗碳体，如$(Fe,Mn)_3C$等；特殊碳化物，如VC，TiC，WC，M_OC，Cr_7C_3，$Cr_{23}C_6$等。由此可将合金元素分为两大类：① 碳化物形成元素，这类元素比Fe具有更强的亲碳能力，在钢中将优先形成碳化物，依其强弱顺序为Zr，Ti，Nb，V，W，Mo，Cr，Mn，Fe等；② 非碳化物形成元素，主要包括Ni，Si，Co，Al等，他们与碳一般不生成碳化物而固溶于固溶体中，或生成其他化合物如AlN。

碳化物一般具有硬而脆的特点，合金元素的亲碳能力越强，所形成的碳化物就越稳定，并具有高硬度、高熔点、高分解温度。碳化物稳定性由弱到强的顺序是：Fe_3C，$M_{23}C_6$，M_6C，MC（M代表碳化物形成元素）。合金元素形成碳化物的直接作用主要是弥散强化，即钢的强度、硬度与耐磨性提高，但塑性、韧性下降，并有可能获得某些特殊性能（如高温热强性）。这里同样需要强调的是碳化物的间接作用，即阻碍钢加热时的奥氏体晶粒长大、所获细小晶粒而产生的细晶强韧化作用，在不少场合下，碳化物形成元素的间接作用也比其直接作用更为重要，对强碳化物形成元素V，Ti，Nb等尤是如此。

在某些高合金钢中，金属元素之间还可能形成金属间化合物，如FeSi，FeCr，Fe_2W，Ni_3Al，Ni_3Ti等，它们在钢中的作用类似于碳化合物。而合金元素与钢中常存杂质元素（O，N，S，P等）所形成的化合物，如Al_2O_3，SiO_2，TiO_2等，属于非金属夹杂物，它们在大多数情况下是有害的，主要降低了钢的强度，尤其是降低了韧性与疲劳性能，故应严格控制钢中的非金属夹杂物。

（3）游离态

钢中有些元素如Pb，Cu等既难溶于铁，也不易生成化合物，而是以游离状态存在。在某些条件下钢中的碳也可能以自由状态（石墨）存在。通常情况下，游离态元素将对钢的性能产生不利影响，故应尽量避免此种存在形式。

2. 合金元素对$Fe-Fe_3C$相图的影响

（1）合金元素对奥氏体相区的影响

① 镍、锰等合金元素使单相奥氏体区扩大，该元素使A_1线、A_3线下降（如图6-3(a)所示）。若其含量足够高，可使单相奥氏体区扩大至常温，即可在常温下保持稳定的单相奥氏体组织。利用合金元素扩大奥氏体相区的作用可生产出奥氏体钢。

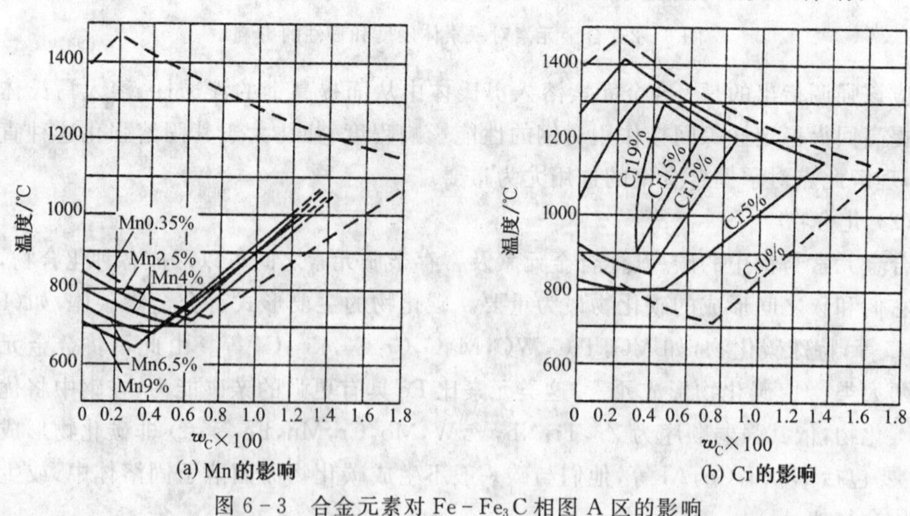

(a) Mn的影响　　(b) Cr的影响

图6-3　合金元素对$Fe-Fe_3C$相图A区的影响

② 铬、钼、钛、硅、铝等合金元素使单相奥氏体区缩小，该元素使 A_1 线、A_3 线升高（如图 6－3(b)所示）。当其含量足够高时，可使钢在高温与常温均保持铁素体组织，这类钢称为铁素体钢。

(2) 合金元素对 S,E 点的影响

几乎所有的合金元素均使 E 点左移，其中强碳化物形成元素如 W,Ti,V,Nb 的作用最强烈，E 点左移意味着 $w_C=1.0\%$ 的钢中也可能产生莱氏体，例如，在高速钢($w_C=0.7\%\sim0.8\%$)的铸态组织中就有莱氏体。

大多数合金元素也将使 $Fe-Fe_3C$ 相图的 S 点左移，故像 4Cr13,3Cr2W8V 等钢的。w_C 虽小于 0.77%，但都已是过共析钢。在退火或正火处理时，含碳量相同的合金钢组织中比碳钢具有较多的珠光体，故其硬度和强度较高。

3. 合金元素对钢热处理的影响

(1) 对奥氏体化及奥氏体晶粒长大的影响

合金钢的奥氏体形成过程基本上与非合金钢相同，但由于碳化物形成元素都阻碍碳原子的热迁移，因而都减缓奥氏体的形成。合金元素形成的碳化物比渗碳体难溶于奥氏体，溶解后也不易扩散均匀。因此合金钢的奥氏体化比非合金钢需要的温度更高，保温时间更长。

由于高熔点的合金碳化物、特殊碳化物的细小颗粒分散在奥氏体组织中，能机械地阻碍晶粒长大，所以热处理时合金钢(锰钢除外)不易过热。

(2) 对过冷奥氏体转变的影响

除钴外，大多数合金元素都使钢的 C 曲线右移，降低了钢的临界冷却速度，从而使钢的淬透性提高。因此，一方面有利于大截面零件的淬透，另一方面可采用较缓和的冷却介质淬水，有利于降低淬火应力，减少变形、开裂。

C 曲线右移会使钢的退火变得困难，故合金钢往往采用等温退火使之软化。另外，钢中提高淬透性元素的含量大，则其过冷奥氏体非常稳定，甚至在空气中冷却也能形成马氏体组织。

合金元素只有溶于奥氏体中才能使 C 曲线右移，如果奥氏体中存在未溶化合物(稳定的碳化物、氮化物、氧化物等)，那么反而会为奥氏体分解时产生新相形核的准备质点，使分解速度加快，降低淬透性。

除钴、铝以外，固溶于奥氏体中的合金元素均可使 Ms 点下降，增加钢淬火后的残余奥氏体量，这显然会对钢的性能产生影响。

(3) 对回火转变的影响

① 提高钢的耐回火性　由于淬火时溶入马氏体的合金元素阻碍原子热迁移，阻碍马氏体的分解，所以合金钢回火到相同的硬度，需要比非合金钢更高的加热温度，这说明合金元素提高了钢的耐回火性(回火稳定性)。所谓耐回火性，是指淬火钢在回火时抵抗强度、硬度下降的能力。

② 产生二次硬化作用　在高合金钢中，W，Mo，V 等强碳化物形成元素在 500～600℃回火时，会形成细小弥散的特殊碳化物，使钢回火后硬度有所升高；同时淬火后残余的奥氏体在回火冷却过程中部分转变为马氏体，使钢回火后硬度显著提高。这两种现象称为“二次硬化”。

高的耐回火性和二次硬化使合金钢在高温下（500～600℃）仍能保持高硬度（≥60HRC），这种性能称为热硬性。热硬性对高速切削刀具及热变形加工模具等非常重要。

③ 回火时产生第二类回火脆性　合金元素对淬火钢回火后力学性能的不利方面主要是第二类回火脆性，所谓回火脆性是指淬火钢回火后出现韧性下降的现象。在 250～400℃出现的冲击韧性下降现象称为“第一类回火脆性”。这类回火脆性与钢的成分及回火后的冷却速度无关，无论在碳钢还是在合金钢中都会出现，但是合金元素可以使发生这种回火脆性的温度范围向高温推移。一般认为这类回火脆性与马氏体和残余奥氏体分解时沿马氏体针条边界析出薄片状渗碳体有关，目前尚无有效的方法消除它，通常只有避免在此温度范围内回火。在 500～650℃回火后缓慢冷却出现的冲击韧性下降现象称为“第二类回火脆性”，它不仅使钢的室温冲击韧性降低，而且显著降低钢的低温韧性。这种脆性主要在含铬、镍、锰、硅的调质钢中出现。产生第二类回火脆性的原因，一般认为与杂质及某些合金元素向晶界偏聚有关。实践证明，各类合金结构钢都有第二类回火脆性的倾向，只是程度不同而已。目前减轻或消除第二类回火脆性的方法有：提高钢的纯洁度，减少杂质元素的含量；小截面工件在脆化温度回火后采用快冷（油冷或水冷）；大截面工件则采用含有钨（$w_W \approx 1.0\%$）或钼（$w_{Mo} \approx 0.5\%$）的合金钢，以消除或降低第二类回火脆性。

6.3 结 构 钢

结构钢按其主要用途一般分为工程构件（结构）用钢和机械零件（结构）用钢两大类。

6.3.1 工程构件用钢

工程构件用钢，是指用于制作各种大型金属结构（如桥梁、船舶、车辆、锅炉和压力容器）所用的钢材。

通常工程构件的主要生产过程有冷变形与焊接两大方面。所以对构件用钢必须相应要求有良好的冷变形性和焊接性，在构件用钢的设计与选择上通常必须首先满足这两方面要求。另外为使构件在大气或海水中能长期稳定可靠工作，应要求构件用钢具有一定的耐大气及耐海水腐蚀的能力。

目前绝大多数工程构件用钢都采用低碳钢，w_C 一般在 0.2%以下，加入微量的 V，Ti，Nb，Zr，Cu，Re 等元素，通常是在热轧空冷（正火）状态下供货，或者有时在正火回火状态下使用，用户一般不再进行热处理。

1. 碳素工程构件用钢

碳素工程构件用钢又称碳素结构钢，通常分为普通质量碳素结构钢和优质碳素结构钢，其产量约占钢总产量的70%～80%。

(1) 普通质量碳素工程构件用钢

由于普通质量碳素工程构件用钢易于冶炼，价格低廉，性能也基本满足了一般构件的要求，所以工程上用量很大。表6-2列出了这类钢的牌号、化学成分、力学性能及应用举例。

表6-2 普通质量碳素工程构件用钢牌号、化学成分、力学性能与应用

牌号	等级	化学成分/%			脱氧方法	力学性能			应用举例
		w_C	w_S	w_P		σ_s/MPa	σ_b/MPa	δ_5/%	
Q195	—	0.06～0.12	≤0.050	≤0.045	F,b,Z	195	315～390	≥33	承受载荷不大的金属结构件、铆钉、垫圈、地脚螺栓、冲压件及焊接件
Q215	A	0.09～0.15	≤0.050	≤0.045	F,b,Z	215	335～410	≥31	
	B		≤0.045						
Q235	A	0.14～0.22	≤0.050	≤0.045	F,b,Z	235	375～460	≥26	金属结构件、钢板、钢筋、型钢、螺栓、螺母、短轴、心轴 Q235C、D可用做重要焊接结构件
	B	0.12～0.20	≤0.045						
	C	≤0.18	≤0.040	≤0.040	Z				
	D	≤0.17	≤0.035	≤0.035	TZ				
Q255	A	0.18～0.28	≤0.050	≤0.045	Z	255	410～510	≥24	强度较高，用于制造承受中等载荷的零件如键、销、转轴、拉杆、链轮、链环片等
	B		≤0.045						
Q275	—	0.28～0.38	≤0.050	≤0.045	Z	275	490～610	≥20	

其中，Q195，Q215钢通常轧制成薄板、钢筋等供应，可用于制作铆钉、螺钉、地脚螺栓及轻负荷的冲压零件和焊接结构件等；Q235，Q255钢可用作螺栓、螺母、拉杆、销子、吊钩和不太重要的机构零件以及建筑结构中的螺纹钢、工字钢、槽钢、钢筋等；Q235C，D级作为重要焊接结构用；Q275钢可部分代替优质碳素结构钢25～35钢使用。按GB/T13304—1991《钢分类》标准，该类钢A，B级，Q195，Q275一般无特殊要求是属普通质量非合金钢，其余是优质非合金钢。

另外，根据一些专业的特殊要求，对普通质量碳素结构钢的成分和工艺作些微小的调整，使其分别适合于各专业的应用，从而派生出一系列的专业用钢。如桥梁用钢和船用钢等。

(2) 优质碳素工程构件用钢

与普通质量碳素工程构件用钢相比，这类钢必须同时保证化学成分和力学性能，其牌号体现化学成分。它的硫、磷含量较低，夹杂物也较少，综合力学性能优于普通质量碳素工程构件用钢，通常以热轧材、冷轧(拉)材或锻材供应，为了充分发挥其性能潜力，一般都须经热处理后使用。

2. 低合金工程构件用钢

低合金工程构件用钢又称低合金结构钢，低合金结构钢是在碳素结构钢的基础上添加少量合金元素(合金元素总量不超过 5%，一般在 3%以下)，具有较高强度的构件用钢。由于强度高，用此钢可提高工程构件使用的可靠性及减轻构件重量节约钢材。

几种低合金结构钢牌号、成分、性能与用途见表 6-3(摘自 GB/T1591—1994)。

表 6-3 几种低合金结构钢牌号、成分、性能与用途

牌号	质量等级	化学成分 w_C	化学成分 w_{Si}	化学成分 w_{Mn}	化学成分 其他	钢材厚度/mm	力学性能 σ_b/MPa	力学性能 σ_s/MPa	力学性能 δ/%	180°冷弯试验 a——试件厚度 d——心棒直径	用途
		不大于									
Q295	A B	0.16	0.55	0.80～1.50	V：0.02～0.15 Nb：0.015～0.060 Ti：0.02～0.20	≤16	390～570	295	23	$d=2a$	油槽、油罐、机车、车辆、梁柱等
Q345	A B C	0.20	0.55	1.00～1.60			470～630	345	21 21 22		桥梁、船舶、车辆、压力容器、建筑结构等
	D E	0.18							22 22		
Q390	A B C D E	0.20	0.55	1.00～1.60	V：0.20～0.20 Nb：0.015～0.060 Ti：0.02～0.20		490～650	390	19 19 20 20 20		船舶、压力容器、电站设备等

(1) 成分特点

从表 6-3 中可以看出，这类钢：① 含碳量 $w_C \leqslant 0.2\%$，以此满足塑性和韧性、焊接性和冷塑性加工性能的要求；② 合金元素含量也较低，主加合金元素为锰，Mn 具有明显的固溶强化作用，细化了铁素体和珠光体尺寸，增加了珠光体的相对量并抑制了硫的有害作用，故 Mn 既是强化元素，又是韧化元素；辅加合金元素为 V，Ti，Nb，Al 等强碳(氮)化合物形成元素，所产生的细小化合物质点既可通过弥散强化进一步提高强度，又可细化钢基体晶粒而起到细晶强韧化(尤其是韧化)作用；其他特殊元素如 Cu，P 提高了耐大气腐蚀能力，微量稀土元素[Re]可起到脱硫、去气、改善夹杂物形态与分布的作用，从而进一步提高钢的力学性能和工艺性能。

(2) 性能要求

低合金结构钢的屈服强度(σ_s)一般在 300MPa 以上，高于普通碳素结构钢；且要求有足够的塑性、韧性及低温韧性；良好的焊接性和冷、热塑性加工性能。

(3) 典型钢号与热处理特点

Q345(16Mn)和Q420(15MnVN)，与普通碳素结构钢Q235相比屈服强度分别提高到345MPa和420MPa。如武汉长江大桥采用Q235制造，其主跨跨度为128m；南京长江大桥采用Q345(16Mn)制造，其主跨跨度增加到160m；而九江长江大桥采用Q420(15MnVN)制造，其主跨跨度提高到216m。这类钢大多在热轧空冷状态使用，考虑到零件加工特点，有时也可在正火、正火＋高温回火或冷塑性变形状态使用。

3. 工程构件用钢的发展趋势

低合金结构钢由于其强度高，韧性和加工性能优异，合金元素耗量少，并且不需进行复杂的热处理，与碳素结构钢相比已越来越受到重视。目前，这类钢发展趋势是：

a. 通过微合金化与合理的轧制工艺结合起来，实行控制轧制，以达到更高的强度。在钢中加入少量的微合金化元素，如V，Ti，Nb等，通过控制轧制时的再结晶过程，使钢的晶粒细化，达到既提高强度又改善塑性、韧性的最佳效果。

b. 通过合金化改变基体组织，提高强度。在钢中加入较多的其他元素，如Cr，Mn，Mo，Si，B等，使钢在热轧空冷的条件下即可得到贝氏体组织，甚至马氏体组织。这种马氏体在冷却过程中可发生自回火过程，甚至不需要专门进行回火。

c. 超低碳化。为了保证韧性和焊接性能，含碳量进一步降低，甚至降到10^{-6}数量级，此时必须采用真空冶炼，或真空去气的先进冶炼工艺。

我国由于微合金化元素资源十分丰富，所以低合金结构钢在我国具有极其广阔的发展前景。

6.3.2 机器零件用钢

机器零件用钢是用来制各种机器零件，如轴类零件、齿轮、弹簧和轴承等所用的钢种，是机械制造行业中广泛使用且用量最大的钢种。

根据机器零件用钢热处理工艺特点和用途，一般可将其分为渗碳钢、调质钢、弹簧钢和滚动轴承钢四大主要类别，其他还有超高强度钢和易切削钢等。

1. 渗碳钢

渗碳钢通常是指经渗碳淬火，低温回火后使用的钢。它一般为低碳的优质碳素结构钢与合金结构钢，主要用于制造要求高耐磨性、承受高接触应力和冲击载荷的重要零件。

(1) 渗碳钢性能特点

① 表层高硬度(≥58HRC)和高耐磨性；② 心部良好强韧性；③ 优良的热处理工艺性能，如较好的淬透性以保证渗碳件的心部性能，在高的渗碳温度(一般为930℃)和长的渗碳时间下奥氏体晶粒长大倾向小以便于渗碳后直接淬火。

(2) 渗碳钢的成分特点

① 低碳，一般w_C＝0.1%～0.25%，以保证零件心部足够的塑性和韧性，抵抗冲击载荷；② 合金元素，主加合金元素为Cr，Mn，Ni，B等，以提高渗碳钢的淬透性，保证零件的心部为

低碳马氏体，从而具有足够的心部强度；辅加合金元素为微量的Mo，W，V，Ti等强碳化物形成元素，以形成稳定的特殊合金碳化物阻止渗碳时奥氏体晶粒长大。

(3) 常用渗碳钢及热处理

常用主要渗碳钢的牌号、推荐热处理工艺、力学性能和用途见表6-4(其成分详见GB/T699—1988，GB/T3077—1988)，按其淬透性(或强度等级)不同，渗碳钢可分为三大类。

表6-4 常用主要渗碳钢牌号、热处理、性能与用途

种类	钢号	热处理工艺				力学性能(不小于)					用途举例
		渗碳	第一次淬火温度/℃	第二次淬火温度/℃	回火温度/℃	σ_s/MPa	σ_b/MPa	δ_5/%	ψ/%	$A_K(a_K)$/J(J·cm^{-2})	
低淬透性渗碳钢	15	900～950℃	～920空气	—		225	375	27	55	—	形状简单、受力小的小型渗碳件
	20		～900空气	—		245	410	25	55	—	
	20Mn2		850 水、油	—	200 水、空气	590	785	10	40	47(60)	代替20Cr
	15Cr		880 水、油	780水～820油	200 水、空气	490	735	11	45	55(70)	船舶主机螺钉、活塞销、凸轮、机车小零件及心部韧性高的渗碳零件
	20Cr		880 水、油	780水～820油	200 水、空气	540	835	10	40	47(60)	截面小于30mm的载荷不大的零件，如机床齿轮、齿轮轴、蜗杆、活塞销及汽门顶杆等
中淬透性渗碳钢	20MnV		880 水、油	—	200 水、空气	590	785	10	40	55(70)	代替20Cr
	20CrMnTi		880油	870油	200 水、空气	853	1080	10	45	55(70)	工艺性优良广泛用于截面小于30mm承受高速、中等或重载及受冲击和摩擦的重要渗碳件，如汽车、拖拉机的齿轮、凸轮，是Cr-Ni钢代用品
	20Mn2B		880油	—	200 水、空气	785	980	10	45	55(70)	代替20Cr，20CrMnTi
	12CrNi3		860油	780油	200 水、空气	685	930	11	50	71(90)	大齿轮、轴
	20CrMnMo		850油	—	200 水、空气	885	1175	10	45	55(70)	代替含镍较高的渗碳钢作大型拖拉机齿轮、活塞销等大截面渗碳件
	20MnVB		860油	—	200 水、空气	885	1080	10	45	55(70)	代替20CrMnTi，20CrNi

续　表

种类	钢　号	热处理工艺				力学性能(不小于)					用途举例
		渗碳	第一次淬火温度/℃	第二次淬火温度/℃	回火温度/℃	σ_s/MPa	σ_b/MPa	δ_5/%	ψ/%	$A_K(a_K)$/J(J·cm^{-2})	
高淬透性渗碳钢	12Cr2Ni4	900～950℃	860油	780油	200 水、空气	835	1080	10	50	71(90)	大截面、重载，要求良好强韧性重要零件，如重型载重车齿轮
	20Cr2Ni4		880油	780油	200 水、空气	1080	1175	10	45	63(80)	截面更大，载荷更重、性能要求更高的重要零件，如坦克齿轮、高速柴油机、飞机发动机曲轴、齿轮
	18Cr2Ni4WA		950 空气	850 空气	200 水、空气	835	1175	10	45	78(100)	截面更大，载荷更重、性能要求更高的重要零件，如坦克齿轮、高速柴油机、飞机发动机曲轴、齿轮

注：力学性试验用试样尺寸：碳钢直径25mm，合金钢直径15mm。

① 低淬透性渗碳钢　即低强度渗碳钢(强度级别 σ_b＜800MPa)，这类钢水淬临界直径一般不超过20～35mm，典型钢种有20，20Cr、20Mn2，20MnV等，只适合于制造对心部性能要求不高的、承受轻载的小尺寸耐磨件，如小齿轮、活塞销、链条等。

② 中淬透性渗碳钢　即中强度渗碳钢(强度级别 σ_b＝800～1200MPa)，这类钢油淬临界直径约为25～60mm，典型钢种为20CrMnTi，20CrMnMo等。由于淬透性较高、力学性能和工艺性能良好，故而大量用于制造在高速中载、冲击和剧烈摩擦条件下工作的零件，如汽车与拖拉机变速齿轮、离合器轴等。

③ 高淬透性渗碳钢　即高强度渗碳钢(强度级别 σ_b＞1200MPa)，这类钢的油淬临界直径在100mm以上，典型钢种18Cr2Ni4WA，主要用于制造大截面的、承受高载及要求高耐磨性与良好韧性的重要零件，如飞机、坦克的曲轴与齿轮。

渗碳钢的热处理规范一般是渗碳后进行直接淬火(一次淬火或二次淬火)，而后低温回火。碳素渗碳钢和低合金渗碳钢，经常采用直接淬火或一次淬火，而后低温回火；高合金渗碳钢则采用二次淬火和低温回火处理。

下面以应用广泛的20CrMnTi钢为例，分析其热处理工艺规范。20CrMnTi钢齿轮的加工工艺路线为：下料→锻造→正火→加工齿形→渗碳，预冷淬火→低温回火→磨齿。正火作为预备热处理其目的是改善锻造组织、调整硬度(170～210HBS)便于机加工，正火后的组织为索氏体＋铁素体。最终热处理为渗碳后预冷到875℃直接淬火＋低温回火，预冷的目的在于减少淬火变形，同时在预冷过程中，渗层中可以析出二次渗碳体，在淬火后减少了残留奥氏体量。最终热处理后其组织由表面往心部依次为回火马氏体＋颗粒状碳化物＋残留奥氏体→回火马氏体＋残留奥氏体→……而心部的组织分为两种情况：在淬透时为低碳马氏体＋铁素体；未淬透时为索氏体＋铁素体。20CrMnTi钢经上述处理后可获得高耐磨性渗层，心部有较高的强度和良好的韧性，适宜制造承受高速中载并且抗冲击和耐磨损的零件，如汽车、拖拉机的后桥和变速箱齿轮、离合器轴、锥齿轮和一些重要的轴类零件。

2. 调质钢

调质钢通常是指经调质处理后使用的钢。一般为中碳优质碳素结构钢与合金结构钢，主要用于承受较大循环载荷与冲击载荷或各种复合应力的零件。

(1) 调质钢性能特点

所谓调质处理即淬火＋高温回火处理，经调质处理得到回火索氏体组织。此类钢要求强度、硬度、塑性、韧性有良好的配合，即要求钢材具有较高的综合力学性能。

(2) 调质钢成分特点

① 中碳调质钢的 w_C 一般在0.25%～0.5%，多为0.4%左右，以保证调质处理后优良的强度和韧性的配合。含碳量过低，钢的强度下降；含碳量过高，又损害钢的塑性和韧性。② 合金元素，主加元素为Mn，Si，Cr，Ni，B等，其主要作用是提高调质钢的淬透性，如40钢的水淬临界直径仅为10～15mm，而40CrNiMo钢的油淬临界直径便已超过了70mm；次要作用是溶入固溶体(铁素体)起固溶强化作用。辅加元素为Mo，W，V等强碳化物形成元素，其中Mo，W的主要作用是抑制含Cr，Ni，Mn，Si等合金调质钢的高温回火脆性，次要作用是进一步改善了淬透性；V的主要作用是形成碳化物阻碍奥氏体晶粒长大，起细晶强韧化和弥散强化作用。几乎所有的合金元素均提高了调质钢的回火稳定性。

(3) 常用调质钢及热处理特点

GB/T699—1988，GB/T3077—1988和GB/T5216—1985中所列的中碳钢均可作为调质钢使用，表6-5为部分常用调质钢的牌号、推荐热处理工艺、性能和用途。

调质钢的热处理

① 预先热处理　调质钢预先热处理的主要目的是保证零件的切削加工性能，依据其碳含量和合金元素的种类、数量不同，可进行正火处理(碳及合金元素含量较低，如

40 钢)、退火处理(碳及合金元素含量较高,如 42CrMo)甚至正火+高温回火处理(淬透性高的调质钢,如 40CrNiMo)。

表 6-5 常用调质钢的牌号、热处理、性能和用途

种类	钢号	热处理		力学性能(不小于)					用途举例
		淬火温度/℃	回火温度/℃	σ_s/MPa	σ_b/MPa	δ_5/%	ψ/%	A_K/J	
低淬透性调质钢	45	840 水	600 空	335	600	16	40	39	形状简单、尺寸较小、中等韧性零件,如普通机床的主轴、曲轴、齿轮
	40Mn	840 水	600 水、油	335	590	15	45	47	比 45 钢强韧性要求稍高的调质件
	40Cr	850 油	520 水、油	785	980	9	45	47	重要调质件,如轴类、连杆螺栓、齿轮
	45Mn2	840 油	550 水、油	735	885	10	45	47	代替 ϕ<50mm 的 40Cr 作重要调质件
	40MnB	850 油	500 水、油	785	980	10	45	47	
	40MnVB	850 油	520 水、油	785	980	10	45	47	可代替 40Cr 及部分代替 40CrNi
	35SiMn	900 水	570 水、油	735	885	15	45	47	除低温韧性稍差外,可全面代替 40Cr 和部分代替 40CrNi
中淬透性调质钢	40CrNi	820 油	520 水、油	785	980	10	45	55	作较大截面和重要的曲轴、主轴、连杆
	40CrMn	840 油	550 水、油	835	980	9	45	47	代 40CrNi 作受冲击载荷不大零件
	35CrMo	850 油	550 水、油	835	980	12	45	63	代 40CrNi 作大截面重要零件
	30CrMnSi	880 油	520 水、油	885	1080	10	45	39	高强度钢,作高速重载荷轴、齿轮
	38CrMoAlA	940 水、油	640 水、油	835	980	14	50	71	高级氮化钢,作精密磨床主轴重要丝杠、镗杆、蜗杆、高压阀门
高淬透性调质钢	37CrNi3	820 油	500 水、油	980	1130	10	50	47	高强韧性的大型重要零件
	25Cr2Ni4WA	850 油	350 水	930	1090	11	45	71	受冲击载荷的高强度大型重要零件,也可作高级渗碳钢
	40CrNiMoA	850 油	600 水、油	835	980	12	55	78	高强韧性大型重要零件,如飞机起落架、航空发动机轴
	40CrMnMo	850 油	600 水、油	785	980	10	45	63	部分代替 40CrNiMoA

注:力学性能试验用毛坯试样直径尺寸,除 38CrMoAlA(30mm)外均为 25mm。

② **最终热处理** 即淬火+高温回火,淬火介质和淬火方法根据钢的淬透性和零件的形状尺寸选择确定。回火温度的选择取决于调质零件的硬度要求,由于零件硬度可间接反映强度与韧性,故技术文件上一般仅规定硬度数值,只有很重要的零件才规定其他力学性能指标。

现以 40Cr 钢为例分析其热处理工艺规范。40Cr 作为拖拉机上的连杆、螺栓材料,其工艺路线为:下料→锻造→退火→粗机加工→调质→精机加工→装配。在工艺路线中,预先热处理采用退火(或正火),其目的是:改善锻造组织,消除缺陷,细化晶粒;调整硬度、便于切削加工;为淬火做好组织准备。调质工艺采用 830℃加热、油淬,得到马氏体组织，然后在525℃回火。为防止第二类回火脆性，在回火的冷却过程中采用水冷，最终使用状态下的组织为回火索氏体。

(4) 调质钢的新发展

① 低碳马氏体钢　低碳马氏体钢是利用低碳马氏体具有高强度的同时兼有良好的塑性和韧性的特点而开发的，低碳马氏体是具有高密度位错的板条马氏体，其内部有自回火或低温回火析出的细小弥散的碳化物，并有少量的残余奥氏体薄膜，因而具有高的强韧性。低碳马氏体钢即是指低碳钢或低碳合金结构钢经淬火低温回火后使用的钢材，此时不仅具有高强度和良好塑性、韧性相结合的特点，而且具有低的缺口敏感性、低的冷脆转变温度和优良的冷成形性、焊接性。其综合力学性能可以达到中碳合金钢调质处理后的水平。例如我国研制生产的石油钻机用的吊环、吊卡采用低碳马氏体钢20SiMn2MoVA，由于强度高，使其重量降为35钢吊环的42.3%，大大减轻石油钻井工人的劳动强度。用铆螺钢ML15MnVB制造汽车用高强度连杆螺栓、汽缸螺栓、半轴螺栓，淬火、低温回火处理后使用性能优于ML40Cr钢(GB/T6478—1986)调质的螺栓。

② 中碳微合金化非调质钢　为了节约能源，简化工艺，近年来，开发了不进行调质处理，而是通过锻造时控制终锻温度及锻后的冷却速度来获得具有很高强韧性能的钢材，这种钢材称为非调质机械结构钢(GB/T15712—1995)，与传统调质钢的生产工艺比较，非调质钢的生产工艺大为简化。

非调质钢是在中碳钢(w_C=0.30%～0.50%)中添加微量合金元素(V，Ti，Nb和N等)，钢材加热时，这些元素固溶在奥氏体中，通过控制轧制(锻制)、控温冷却，在铁素体和珠光体中弥散析出碳、氮化物为强化相，使钢在轧制(锻制)后不经调质处理即可获得碳素结构钢或合金结构钢经调质处理后所达到的力学性能的钢种。该类钢按使用加工方法不同分为二类：① 切削加工用非调质机械结构钢，牌号以YF为首；② 热锻用非调质机械结构钢，牌号以F为首。例如YF35MnV钢汽车发动机连杆性能已达到或超过55钢连杆，而可加工性远远优于55钢。非调质钢大多属于低合金钢。表6-6列举了两种典型非调质机械结构钢的化学成分和力学性能。

表6-6　两种非调质机械结构钢的化学成分和力学性能

牌号	化学成分 w_{Me}(%)						力学性能					
	C	Mn	Si	P	S	V	σ_b/MPa	σ_s/MPa	δ_5(%)	ψ(%)	A_k/J	HBS
YF35MnV	0.32～0.39	1.00～1.50	0.30～0.60	≤0.035	0.035～0.075	0.06～0.13	≥735	≥460	≥17	≥35	≥37	≤257
F40MnV	0.37～0.44	1.00～1.50	0.20～0.40	≤0.035	≤0.035	0.06～0.13	≥785	≥490	≥15	≥40	≥36	≤257

3. 弹簧钢

弹簧钢是指用来制造各种弹簧和弹性元件的钢。

在各种机械设备中，弹簧的主要作用是通过弹性变形储存能量(即弹性变形功)，从而传递力(或能)和机械运动或缓和机械的振动与冲击，如汽车、火车上的各种板弹簧和螺旋弹簧、仪表弹簧等，通常是在长期的交变应力下承受拉压、扭转、弯曲和冲击条件下工作。

(1) 性能要求

① 高的弹性极限 σ_e 和屈强比 σ_s/σ_b 以保证优良的弹性性能，即吸收大量的弹性而不产生塑性变形；② 高的疲劳极限，疲劳是弹簧的最主要破坏形式之一，疲劳性能除与钢的成分结构有关以外，还主要地受钢的冶金质量(如非金属夹杂物)和弹簧表面质量(如脱碳)的影响；③ 足够的塑性和韧性以防止冲击断裂；④ 其他性能，如良好的热处理和塑性加工性能，特殊条件下工作的耐热性或耐蚀性要求等。

(2) 成分特点

① 中、高碳　一般地，碳素弹簧钢 $w_C=0.60\%\sim0.9\%$，合金弹簧钢 $w_C=0.45\%\sim0.70\%$，经淬火加中温回火后得到回火屈氏体组织，能较好地保证弹簧的性能要求。近年来，又开发应用了综合性能优良的低碳马氏体弹簧钢。在淬火低温回火的板条马氏体组织下使用。

② 合金元素　普通用途的合金弹簧钢一般是低合金钢，主加元素为 Si，Mn，Cr 等，其主要作用是提高淬透性、固溶强化基体并提高回火稳定性；辅加元素为 Mo，W，V 等强碳化物形成元素，主要作用有防止 Si 引起的脱碳缺陷、Mn 引起的过热缺陷并提高回火稳定性及耐热性等。特殊用途的弹簧因耐高低温、耐蚀、抗磁等方面的特殊性能要求，必须选用特殊弹性材料，包括高合金钢和弹性合金。高合金弹簧钢包括不锈钢、耐热钢、高速钢等，其中不锈钢应用最多、最广。

(3) 常用弹簧钢及热处理

我国常用弹簧钢的牌号、性能特点和主要用途如表6－7所示，其化学成分、热处理工艺和力学性能可参照国家标准 GB/T1222—1984。

表6－7　常用主要弹簧钢的牌号性能特点与用途

种类		钢号	性能特点	主要用途
碳素弹簧钢	普通Mn量	65	硬度、强度、屈强比高，但淬透性差，耐热性不好，承受动载和疲劳载荷的能力低	价格低廉，多应用于工作温度不高的小型弹簧(<12mm)或不重要的较大弹簧
		70		
		85		
	较高Mn量	65Mn	淬透性、综合力学性能优于碳钢，但对过热比较敏感	价格较低，用量很大，制造各种小截面(<15mm)的扁簧、发条、减震器与离合器簧片，刹车轴等

续表

种类		钢号	性能特点	主要用途
合金弹簧钢	Si－Mn系	55Si2Mn	强度高、弹性好，抗回火稳定性佳；但易脱碳和石墨化。含B钢淬透性明显提高	主要的弹簧钢类，用途很广，可制造各种中等截面(＜25mm)的重要弹簧，如汽车、拖拉机板簧，螺旋弹簧等
		60Si2Mn		
		55Si2MnB		
		55SiMnVB		
	Cr系	50CrVA	淬透性优良，回火稳定性高，脱碳与石墨化倾向低；综合力学性能佳，有一定的耐蚀性，含V，Mo，W等元素的弹簧具有一定的耐高温性；由于均为高级优质钢，故疲劳性能进一步改善	用于制造载荷大的重型、大型尺寸(50～60mm)的重要弹簧，如发动机阀门弹簧、常规武器取弹钩弹簧、破碎机弹簧；耐热弹簧，如锅炉安全阀弹簧、喷油嘴弹簧、气缸胀圈等
		60CrMnA		
		60CrMnBA		
		60CrMnMoA		
		60Si2CrA		
		60Si2CrVA		

弹簧钢的热处理取决于弹簧的加工成形方法，一般可分为热成形弹簧和冷成形弹簧两大类。

① 碳素弹簧钢(即非合金弹簧钢)　其价格便宜但淬透性较差，适用于截面尺寸较小的非重要弹簧，其中以65，65Mn最常用。

② 合金弹簧钢　根据主加合金元素种类不同可分为两大类：Si－Mn系(即非Cr系)弹簧钢和Cr系弹簧钢。前者淬透性较碳钢高，价格不很昂贵，故应用最广，主要用于截面尺寸不大于25mm的各类弹簧，60Si2Mn是其典型代表；后者的淬透性较好，综合力学性能高，弹簧表面不易脱碳，但价格相对较高，一般用于截面尺寸较大的重要弹簧，50CrVA是其典型代表。

③ 热成形弹簧　对截面尺寸＞10mm的各种大型和形状复杂的弹簧均采用热成形(如热轧、热卷)，如汽车、拖拉机、火车的板簧和螺旋弹簧。其简明加工路线为：扁钢或圆钢下料→加热压弯或卷绕→淬火中温回火→表面喷丸处理，使用状态组织为回火托氏体。喷丸可强化表面并提高弹簧表面质量，显著改善疲劳性能。近年来，热成形弹簧也可采用等温淬火获得下贝氏体或形变热处理，对提高弹簧的性能和寿命也有较明显的作用。

④ 冷成形弹簧　截面尺寸＜10mm的各种小型弹簧可采用冷成形(如冷卷、冷轧)，如仪表中的螺旋弹簧、发条及弹簧片等。这类弹簧在成形前先进行冷拉(冷轧)、淬火中温回火或铅浴等温淬火后冷拉(轧)强化；然后再进行冷成形加工，此过程中将进一

步强化金属,但也产生了较大的内应力和脆性,故在其后应进行低温去应力退火(一般200～400℃)。

4. 滚动轴承钢

滚动轴承钢是用于制造各种滚动轴承的滚动体(滚珠、滚柱)和内外套圈的专用钢种,也可用于制作精密量具、冷冲模、机床丝杆及油泵油嘴的精密偶件如针阀体、柱塞等耐磨件。

(1) 性能要求

由于滚动轴承要承受高达3000～5000MPa的交变接触应力和极大的摩擦力,还将受到大气、水及润滑剂的浸蚀,其主要损坏形式有接触疲劳(麻点剥落)、磨损和腐蚀等。故对滚动轴承钢提出的主要性能要求有① 高的接触疲劳极限和弹性极限;② 高的硬度和耐磨性;③ 适当的韧性和耐蚀性及尺寸稳定性。

(2) 成分特点

传统的滚动轴承是一种高碳低铬钢,它是轴承钢的主要材料,其成分特点① 高碳,一般 $w_C=0.95\%\sim1.15\%$,用以保证轴承钢的高硬度和高耐磨性;② 合金元素,一般是低合金钢,其基本元素是铬,且 $w_{Cr}=0.40\%\sim1.65\%$,它的主要作用是增加钢的淬透性,并形成合金渗碳体$(Fe,Cr)_3C$提高接触疲劳极限和耐磨性。为了制造大型轴承,还需加入 Si,Mn,Mo 等元素以进一步提高淬透性和强度;对无铬轴承钢还应加入 V 元素,形成 VC 以保证耐磨性并细化晶粒;③ 钢的纯净度及组织均匀性高,轴承的失效统计表明,由原材料质量问题而引起的失效约占 65%,故轴承钢的杂质含量规定很低($w_S<0.020\%$,$w_P<0.027\%$),夹杂物级别应低,成分和组织均匀性(尤其是碳化物均匀性)应高,这样才能保证轴承钢的高接触疲劳极限和足够的韧性。

除了传统的铬轴承钢外,生产中还发展了一些特殊目的和用途的滚动轴承钢,如为节省铬资源的无铬轴承钢、抗冲击载荷的渗碳轴承钢、耐蚀用途的不锈钢轴承钢、耐高温用途的高温轴承钢,其成分特点见相应钢种的国家标准。

(3) 常用轴承钢与热处理特点

国际标准 ISO 683/Part 将已纳标的滚动轴承钢分为四大类:高碳铬轴承钢(即全淬透性轴承钢)、渗碳轴承钢、不锈轴承钢和高温轴承钢。我国常用主要轴承钢的类别、牌号、主要特点和性能如表 6-8 所示,其具体成分与热处理工艺详见相应的国家标准。

高碳铬轴承钢(如 GCr15)是最常用的轴承钢,其主要热处理是① 预先热处理——球化退火,其目的是改善切削加工性并为淬火作组织准备;② 最终热处理——淬火低温回火,它是决定轴承钢性能的关键,目的是得到高硬度(62～66HRC)和高耐磨性。为了较彻底地消除残余奥氏体与内应力、稳定组织、提高轴承的尺寸精度,还可在淬火后进行一次冷处理(－60～－80℃),在磨削加工后进行低温时效处理等。

表6-8 常用主要轴承钢的牌号、特点及用途

类别	钢号	主要特点	用途举例
高碳铬轴承钢	GCr6	淬透性差,合金元素少而钢价格低,工艺简单	一般工作条件下的小尺寸(<20mm)的各类滚动体
	GCr9		
	GCr9SiMn	淬透性有所提高,耐磨性和回火稳定性有所改善	一般工作条件下的中等尺寸的各类滚动体和套圈
	GCr15		
	GCr15SiMn	淬透性高,耐磨性好,接触疲劳性能优良	一般工作条件下的大型或特大型轴承套圈和滚动体
渗碳轴承钢	20CrNiMoA	钢的纯洁度和组织均匀性高,渗碳后表面硬度58～62HRC,心部硬度25～40HRC,工艺性能好	承受冲击载荷的中小型滚子轴承,如发动机主轴承
	16Cr2Ni4MoA		
	12Cr2Ni3Mo5A		承受高冲击的和高温下的轴承,如发动机的高温轴承
	20Cr2Ni4A		
	20CrMn2MoA		承受大冲击的特大型轴承,也用于承受大冲击、安全性高的中小型轴承
	20Cr2Ni3MoA		
不锈轴承钢	9Cr18	高的耐蚀性,高的硬度、耐磨性、弹性和接触疲劳性能	制造耐水、水蒸气和硝酸腐蚀的轴承及微型轴承
	9Cr18Mo		
	0Cr18Ni9	极优良的耐蚀性,耐低温性,冷塑性成形性和切削加工性好	车制保持架,高耐蚀性要求的防锈轴承,经渗氮处理后可制作高温、高速、高耐蚀、耐磨的低负荷轴承
	1Cr18Ni9Ti		
	0Cr17Ni7Al		
高温轴承钢	Cr14Mo4V	高温强度、硬度、耐磨性和疲劳性能好,抗氧化性较好,但抗冲击性较差	制造耐高温轴承,如发动机主轴轴承,对结构复杂、冲击负荷大的高温轴承,应采用12Cr2Ni3Mo5渗碳钢制造
	W18Cr4V		
	W6Mo5Cr4V2		
	GCrSiWV		
其它轴承钢	50CrVA	中碳合金钢具有较好的综合力学性能(强韧性配合),调质处理后若进行表面强化,则疲劳性能和耐磨性改善	用于制造转速不高,较大载荷的特大型轴承(主要是内外套圈),如掘进机、起重机、大型机床上的轴承
	37CrA		
	5CrMnMo		
	30CrMo		

5. 其他结构钢

(1) 超高强度钢

超高强度钢一般是指σ_b>1500MPa或σ_s>1380MPa的合金结构钢,是一种较新发展的结构材料。随着航天航空技术的飞速发展,对结构轻量化的要求愈加突出,这意味

着材料应有高的比强度和比刚度。超高强度钢就是在合金结构钢的基础上，通过严格控制材料冶金质量、化学成分和热处理工艺而发展起来的，以强度为首要要求辅以适当韧性的钢种。其主要用于制造飞机起落架、机翼大梁、火箭及发动机壳体与武器的炮筒、枪筒、防弹板等。

超高强度钢通常按化学成分和强韧化机制分为低合金超高强度钢、二次硬化型超高强度钢、马氏体时效钢和超高强度不锈钢等四类。

低合金超高强度钢是在合金调质钢基础上加入一定量的某些合金元素而成，其含碳量 $w_C<0.45\%$，以保证足够的塑性和韧性。合金元素总量 w_{Me} 在5%左右，其主要作用是提高淬透性、耐回火性及韧性。热处理工艺是淬火和低温回火。例如30CrMnSiNi2A 钢，热处理后 $\sigma_b=1700\sim1800$MPa，是航空工业中应用最广的一种低合金超高强度钢。

二次硬化型钢大多含有强碳化物形成元素，其总量 $w_{Me}=5\%\sim10\%$。其典型钢种是 Cr－Mo－V 型中合金超高强度钢，这类钢经过高温淬火和三次高温回火(580～600℃)获得高强度、高抗氧化性和抗热疲劳性，其牌号有 4Cr5MoSiV(平均含碳量为千分数)等。二次硬化型超高强度钢还包括高合金 Ni－Co 类型钢。

马氏体时效钢含碳量极低($w_C<0.03\%$)，含镍量高($w_{Ni}=18\%\sim25\%$)，并含有钼、钛、铌、铝等时效强化元素。这类钢淬火后经 450～500℃时效处理，其金相组织为在低碳马氏体基体上弥散分布极细微的金属间化合物 Ni_2Mo，Fe_2Mo 等粒子。因此，马氏体时效钢有极高的强度、良好的塑性、韧性及较高的断裂韧度，可以冷、热压力加工，冷加工硬化率低，焊接性良好，是制造超音速飞机及火箭壳体的重要材料，在模具和机械零件制造方面也有应用。典型的马氏体时效钢有 Ni25Ti2AlNb(Ni25)和 Ni18Co9Mo5TiAl(Ni18)等，时效处理后 σ_b 在2000MPa左右。

(2) 易切削钢

易切削钢是具有优良切削加工性能的专用钢种，它是在钢中加入了某一种或几种元素，利用其本身或与其他元素形成一种对切削加工有利的夹杂物的作用，从而使切削抗力下降、切屑易断易排、零件表面粗糙度改善且刀具寿命提高。目前使用最广泛的元素是 S,P,Pb,Ca 等，这些元素一方面改善了钢的切削加工性能；但另一方面又不同程度地损害了钢的力学性能(主要是强度，尤其是韧性)和压力加工与焊接性能，这就意味着易切削钢一般不用作重要零件，如在冲击载荷或疲劳交变应力下工作的零件。

易切削钢主要适用于在高效自动机床上进行大批量生产的非重要零件，如标准件和紧固件(螺栓、螺母)、自行车与照相机零件。国家标准 GB/T8731—1988 中共列有 9 个钢号的碳素易切削钢，如 Y15，Y15Pb，Y20，Y45Ca，Y40Mn 等。随着合金易切削钢的研制与应用，汽车工业上的齿轮和轴类零件也开始使用这类钢材；如用加 Pb 的 20CrMo 钢制造齿轮，可节省加工时间和加工费用达 30%以上，显示了采用合金易切削钢的优越性。

(3) 铸钢

铸钢是冶炼后直接铸造成形而不需锻轧成形的钢种。一些形状复杂、综合力学性能要求较高的大型零件，在加工时难于用锻轧方法成形，在性能上又不允许用力学性能较差的铸铁制造，即可采用铸钢。目前铸钢在重型机械制造、运输机械、国防工业等部门应用广泛。理论上，凡用于锻件和轧材的钢号均可用于铸钢件，但考虑到铸钢对铸造性能、焊接性能和切削加工性能的良好要求，铸钢的碳含量一般为 $w_C=0.15\%\sim0.60\%$。为了提高铸钢的性能，也可进行热处理(主要是退火、正火，小型铸钢件还可进行淬火、回火处理)。生产上的铸钢主要有碳素钢和低合金铸钢两大类。

① 碳素铸钢

按用途分为一般工程用碳素钢和焊接结构用碳素铸钢，前者在国家标准 GB/T11352—1989 列有 5 个钢号；后者的焊接性良好，在国家标准 GB/T7659—1987 中列有 3 个钢号。表 6-9 列举了碳素铸钢的牌号(同时给出了对应的旧钢号)、力学性能和用途举例。

表 6-9 碳素铸钢的牌号、性能与用途

种类与钢号		对应旧钢号	力学性能(≥)					用途举例
			σ_s/MPa	σ_b/MPa	δ_5/%	ψ/%	A_K/J	
一般工程用碳素铸钢	ZG200-400	ZG15	200	400	25	40	30	良好的塑性、韧性、焊接性能，用于受力不大、要求高韧性的零件
	ZG230-450	ZG25	230	450	22	32	25	一定的强度和较好的韧性、焊接性能，用于受力不大、要求高韧性的零件
	ZG270-500	ZG35	270	500	18	25	22	较高的强韧性，用于受力较大且有一定韧性要求的零件，如连杆、曲轴
	ZG310-570	ZG45	310	570	15	21	15	较高的强度和较低的韧性，用于载荷较高的零件，如大齿轮、制动轮
	ZG340-640	ZG55	340	640	10	18	10	高的强度、硬度和耐磨性，用于齿轮、棘轮、联轴器、叉头等
焊接结构用碳素铸钢	ZG200-400H	ZG15	200	400	25	40	30	由于含碳量偏下限，故焊接性能优良，其用途基本同时 ZG200-400、ZG230-450 和 ZG270-500
	ZG230-450H	ZG20	230	450	22	35	25	
	ZG275-485H	ZG25	275	485	20	35	22	

注：表中力学性能是在正火(或退火)+回火状态下测定的。

② 低合金铸钢 低合金铸钢是在碳素铸钢的基础上，适当提高 Mn，Si 含量，以发挥其合金化的作用，另外还可添加低含量的 Cr，Mo 等合金元素，常用牌号有 ZG40Cr，ZG40Mn，ZG35SiMn，ZG35CrMo 和 ZG35CrMnSi 等。低合金铸钢的综合力学性能明显优于碳素铸钢，大多用于承受较重载荷、冲击和摩擦的机械零部件，如各种高强度齿轮、水压机工作缸、高速列车车钩等。为充分发挥合金元素的作用以提高低合金铸钢的性能，通常应对其进行热处理，如退火、正火、调质和各种表面热处理。

6.4 工 具 钢

工具钢是用来制造各类工具的钢种。按工具的使用性质和主要用途可分为刃具用钢、模具用钢和量具用钢。但这种分类的界限并不严格，因为某些工具钢既可做刃具、又可做模具和量具。故在实际应用中，通过分析只要某种钢能满足某种工具的使用要求，即可用于制造这种工具。

6.4.1 刃具钢

刃具是用来进行切削加工的工具，包括各种手用和机用的车刀、铣刀、刨刀、钻头、丝锥和板牙等。刃具在切削过程中，刀刃与工件及切屑之间强烈摩擦将导致严重的磨损和切削热(这可使刀具刃部温度升至很高)；刃口局部区域极大的切削力及刀具使用过程中的过大的冲击与振动，将可能导致刀具崩刃或折断。

1. 刃具钢的性能要求

① 高的硬度(60～66HRC)和高的耐磨性；② 高的热硬性，即钢在高温下(如500～600℃)保持高硬度(60HRC 左右)的能力，这是高速切削加工刀具必备的性能；③ 高的弯曲强度和足够的韧性。

2. 刃具钢的成分与组织特点

为了满足上述性能要求，刃具用钢其含碳量均较高(不论碳素钢或合金钢)，因为高的含碳量是刃具获取高硬度、高耐磨性的基本保证。在合金刃具钢中，加入的合金元素或可提高淬透性和回火稳定性；或进一步改善钢的硬度和耐磨性(主要是耐磨性)，细化晶粒；或改善韧性并使某些刃具钢产生热硬性。刃具钢使用状态的组织通常是回火马氏体基体上分布着细小均匀的粒状碳化物。

3. 常用刃具钢与热处理特点

(1) 碳素工具钢

根据 GB/T1298—1986，表 6-10 列出了碳素工具钢的牌号、成分与用途。碳素工具钢的 w_C 一般为 0.65%～1.35%，随着碳含量的增加(从 T7 到 T13)，钢的硬度无明显变化，但耐磨性增加，韧性下降。

表6-10 碳素工具钢的牌号、成分、性能和用途

牌号	化学成分 w_{Me}(%)			硬度			用途举例
	C	Mn	Si	退火状态 HBS 不大于	试样淬火 淬火温度/℃ 和冷却剂	试样淬火 HRC 不小于	
T7 T7A	0.65~0.74	≤0.40	≤0.35	187	800~820 水	62	淬火、回火后，常用于制造能承受振动、冲击，并且在硬度适中情况下有较好韧性的工具，如凿子、冲头、木工工具、大锤等
T8 T8A	0.75~0.84	≤0.40	≤0.35	187	780~800 水	62	淬火、回火后，常用于制造要求有较高硬度和耐磨性的工具，如冲头、木工工具、剪切金属用剪刀等
T8Mn T8MnA	0.80~0.90	0.40~0.60	≤0.35	187	780~800 水	62	性能和用途与T8相似，但由于加入锰，提高淬透性，故可用于制造截面较大的工具
T9 T9A	0.85~0.94	≤0.40	≤0.35	192	760~780 水	62	用于制造一定硬度和韧性的工具，如冲模、冲头、凿岩石用凿子等
T10 T10A	0.95~1.04	≤0.40	≤0.35	197	760~780 水	62	用于制造耐磨性要求较高，不受剧烈振动，具有一定韧性及具有锋利刃口的各种工具，如刨刀、车刀、钻头、丝锥、手锯锯条、拉丝模、冷冲模等
T11 T11A	1.05~1.14	≤0.40	≤0.35	207	760~780 水	62	用途与T10钢基本相同，一般习惯上采用T10钢
T12 T12A	1.15~1.24	≤0.40	≤0.35	207	760~780 水	62	用于制造不受冲击、要求高硬度的各种工具，如丝锥、锉刀、刮刀、铰刀、板牙、量具等
T13 T13A	1.25~1.35	≤0.40	≤0.35	217	760~800 水	62	适用于制造不受振动、要求极高硬度的各种工具，如剃刀、刮刀、刻字刀具等

碳素工具钢的预先热处理一般为球化退火,其目的是降低硬度(<217HBS)以便于切削加工、并为淬火作组织准备。但若锻造组织不良(如出现网状碳化物缺陷),则应在球化退火之前先进行正火处理,以消除网状碳化物。其最终热处理为淬火+低温回火(回火温度一般180～200℃),正常组织为隐晶回火马氏体+细粒状渗碳体及少量残余奥氏体。

碳素工具钢的优点是:成本低、冷热加工工艺性能好,在手用工具和机用低速切削工具上有较广泛的应用。但碳素工具钢的淬透性低、组织稳定性差且无热硬性、综合力学性能也欠佳,故一般只用于尺寸不大、形状简单、要求不高的低速切削工具。

(2) 低合金工具钢

为了弥补碳素工具钢的性能不足,在其基础上添加各种合金元素Si,Mn,Cr,W,Mo,V等,就形成了低合金工具钢。低合金工具钢的合金元素总量一般在5%(质量分数)以下,其主要作用是提高钢的淬透性和回火稳定性、进一步改善刀具的硬度和耐磨性。强碳化物形成元素(如W,V等)所形成的碳化物除对耐磨性有提高作用外,还可细化基体晶粒、改善刀具的强韧性。适用于刃具的高碳低合金工具钢种类很多,根据国家标准GB/T1299—1985,表6-11列出了部分常用的低合金工具钢的牌号、热处理工艺、性能和用途。其中最典型的钢号有9SiCr,CrWMn等。

表6-11　部分常用的低合金工具钢的牌号、热处理工艺、性能和用途

钢号	化学成分×100					热处理				用途
	w_C	w_{Mn}	w_{Si}	w_{Cr}	$w_{其他}$	淬火温度/℃	淬火后硬度HRC	回火温度/℃	回火后硬度HRC	
9SiCr	0.85～0.95	0.30～0.60	1.20～1.60	0.95～1.25		830～860油	62～64	150～200	61～63	板牙、丝锥、钻头、冷冲模
CrWMn	0.90～1.05	0.80～1.10	≤0.40	0.90～1.20	(w_W) 1.20～1.60	800～830油	62～63	160～200	61～62	板牙、拉刀、量规、形状复杂的高精度冲模
9Mn2V	0.85～0.95	1.70～2.00	≤0.40		(w_V) 0.10～0.25	760～780水	>62	130～170	60～62	小冲模、汽压模、样板、丝锥
CrW5	1.25～1.50	≤0.40	≤0.40	0.40～0.70	(w_W) 4.5～5.50	800～850水	65～66	160～180	64～65	铣刀、刨刀
Cr06	1.30～1.45	≤0.40	≤0.40	0.50～0.70		800～810水	63～65	160～180	62～64	锉刀、刮刀、刻刀刀片
Cr	0.95～1.10	≤0.40		0.75～1.05		830～860油	62～64	150～170	61～63	铰刀、样板、测量工具、插刀
Cr2	0.95～1.10	≤0.40	≤0.40	1.30～1.65		830～850油	62～65	150～170	60～62	车刀、铰刀、插刀

低合金工具钢的热处理特点基本上同于碳素工具钢，只是由于合金元素的影响，其工艺参数（如加热温度、保温时间、冷却方式等）有所变化。

低合金工具钢的淬透性和综合力学性能优于碳素工具钢，故可用于制造尺寸较大、形状较复杂、受力要求较高的各种刀具。但由于其内的合金元素主要是淬透性元素，而不是含量较多的强碳化物形成元素（W，Mo，V等），故仍不具备热硬性特点，刀具刃部的工作温度一般不超过250℃，否则硬度和耐磨性迅速下降，甚至丧失切削能力，因此这类钢仍然属于低速切削刃具钢。

（3）高速工具钢

为了适应高速切削而发展起来的具有优良热硬性的工具钢就是高速工具钢，它是金属切削刀具的主要材料，也可用作模具材料。

1）性能特点　高速钢与其他工具钢相比，其最突出的主要性能特点是高的热硬性，它可使刀具在高速切削时，刃部温度上升到600℃，其硬度仍然维持在55～60HRC以上，高速钢还具有高硬度和高耐磨性，从而使切削时刀刃保持锋利（故也称“锋钢”）；高速钢的淬透性优良，甚至在空气中冷却也可得到马氏体（故又称“风钢”）。因此高速钢广泛应用于制造尺寸大、形状复杂、负荷重、工作温度高的各种高速切削刀具。

2）高速钢的分类　习惯上将高速钢分为两大类：一类是通用型高速钢，它以钨系W18Cr4V（也称T1，常以18-4-1表示）和钨—钼系W6Mo5Cr4V2（也称M2，常以6-5-4-2表示）为代表，还包括其成分稍做调整的高钒型W6Mo5Cr4V3（6-5-4-3）和尚未纳入标准的新型高速钢W9Mo3Cr4V。目前W6Mo5Cr4V2应用最广泛，而W18Cr4V将逐步淘汰；另一类是高性能高速钢，其中包括高碳高钒型（CW6Mo5Cr4V3）、超硬型（如含Co的W6Mo5Cr4V2Co5，含Al的W6Mo5Cr4V2Al）。在国家标准GB/T9943—1988中列出的高速钢共有14个钢号。按其成分特点不同，可简单将高速钢分为钨系、钨钼系和超硬系三类。钨系高速钢（W18Cr4V）发展最早，但脆性较大，将逐步被韧性较好的钨钼系高速钢（W6Mo5Cr4V2为主）淘汰，但后者过热和脱碳倾向较大，热加工时应予注意；超硬高速钢的硬度、耐磨性、热硬性最好，适用于加工难切削材料，但其脆性最大，不宜制作薄刃刀具。表6-12所列为我国部分常用高速钢的牌号、成分、热处理和主要性能。

3）成分特点与合金元素的作用　高速钢中w_C为0.70%～1.5%，其主要作用是强化基体并形成各种碳化物来保证钢的硬度、耐磨性和热硬性；w_{Cr}在4.0%左右，其主要作用是提高淬透性和回火稳定性，增加钢的抗氧化、耐蚀性和耐磨性，并有微弱的二次硬化作用；W，Mo的作用主要是产生二次硬化而保证钢的热硬性（故称热硬性元素），此外也有提高淬透性和热稳定性、进一步改善钢的硬度和耐磨性的作用，由于W量过多会使钢的脆性加大，故采用Mo来部分代替W（一般1% w_W≈1.6%～2.0% w_{Mo}）可改善钢的韧性，因此W，Mo系高速钢（W6Mo5Cr4V2）现已成为主要的常用高速钢；V 的作用是形成细小稳定的 VC 来细化晶粒(否则高速钢高温加热时晶粒极易长大，韧性急剧下降而产生脆性断裂，得到一种沿晶界断裂“萘状断口”)，同时也有加强热硬性、进一步提高硬度和耐磨性的作用；Co，Al 是超硬高速钢的非碳化物形成元素，对它们的作用及机理的研究还不太全面，但 Co，Al 能进一步提高钢的热硬性和耐磨性、降低韧性已是肯定的。

表 6-12　我国部分常用高速钢的牌号、成分、热处理和主要性能

种类	牌号	化学成分 w/%						热处理		硬度		热硬性①HRC
		C	Cr	W	Mo	V	其他	淬火温度/℃	回火温度/℃	退火HBS	淬火回火HRC不小于	
钨系	W18Cr4V (18-4-1)	0.70～0.80	3.80～4.40	1.750～19.00	≤0.30	1.00～1.40	—	1270～1285	550～570	≤255	63	61.5～62
钨钼系	CW6Mo5Cr4V2	0.95～1.05	3.80～4.40	5.50～6.75	4.50～5.50	1.75～2.20	—	1190～1210	540～560	≤255	65	—
	W6Mo5Cr4V2 (6-5-4-2)	0.80～0.90	3.80～4.40	5.50～6.75	4.50～5.50	1.75～2.20	—	1210～1230	540～560	≤255	645	60～61
	W6Mo5Cr4V3 (6-5-4-3)	1.10～1.20	3.80～4.40	6.00～7.00	4.50～5.50	2.80～3.30	—	1200～1240	560	≤255	64	64
超硬系	W18Cr4V2Co8	0.75～0.85	3.80～4.40	17.50～19.00	0.50～1.25	1.80～2.40	Co7.00～9.50	1270～1290	540～560	≤258	65	64
	W6Mo5Cr4VA1	1.05～1.20	3.80～4.40	5.50～6.75	4.50～5.50	1.75～2.20	Al0.80～1.20	1220～1250	540～560	≤269	65	65

① 热硬性是将淬火回火试样在 600℃加热 4 次，在每次 1h 的条件下测定的。

4) 高速钢的加工处理　高速钢的成分复杂，因此其加工处理工艺也相当复杂，与碳素工具钢和低合金工具钢相比，有较明显的不同。高速钢的性能优势，只有在正确的热加工处理后才能发挥出来。

① 锻造　由于高速钢属于莱氏体钢，故铸态组织中有大量的不均匀分布的粗大共晶碳化物，其形状呈鱼骨状，难于通过热处理来改善，这将显著降低钢的强度和韧性，引起工具的崩刃和脆断，故要求进行严格的锻造以改善碳化物的形态与分布。其锻造要点有：“两轻一重”——即开始锻造和终止锻造时要轻锻，中间温度范围要重；“两均匀”——即锻造过程中温度和变形量的均匀性；“反复多向锻造”等。

② 普通热处理　锻造之后高速钢的预先热处理为球化退火，其目的是降低硬度(207～225HBS)便于切削加工并为淬火作组织准备，组织为索氏体＋细粒状碳化物，为节省工艺时间可采用等温退火工艺。高速钢的最终热处理为淬火＋高温回火，由于高速钢的导热性较差，故淬火加热时应预热。淬火加热温度应严格控制，过高则晶粒粗大，过低则奥氏体合金度不够而引起热硬性下降。冷却方式可采用直接冷却(油冷或空冷)、分级淬火等，其组织为隐晶马氏体＋未溶细粒状碳化物＋大量残留奥氏体(约

30%左右),硬度61～63HRC。淬火后可通过冷处理(－80℃左右)来减少残留奥氏体,也可直接进行回火处理。为充分减少残留奥氏体,降低淬火钢的脆性和内应力,更重要的是通过产生二次硬化来保证高速钢的热硬性,通常采用550～570℃高温回火2～4次、每次1h。

③ 表面强化处理　表面强化处理可有效地提高高速钢刀具(包括模具)的切削效率和寿命,因而受到了普遍重视和广泛的应用。可进行的表面强化处理方法很多,常见的主要有:表面化学热处理(如渗氮)、表面气相沉积(如物理气相沉积TiN涂层)和激光表面处理等,刀具寿命少则提高百分之几十、多则提高几倍甚至十倍以上。

(4) 超硬刀具材料简介

为了适应高硬度难切削材料的加工,可采用硬度、耐磨性、热硬性更好的刃具材料。主要有:硬质合金刀具材料(如钢结硬质合金GW50,TMW50等,普通硬质合金YG8,YG20等)和超硬涂层刀具(如TiN涂层、金刚石涂层等),其中硬质合金刀具(尤其是钢结硬质合金)的应用最重要。与刃具钢相比,超硬刃具材料具有更高的切削效率和耐用率(寿命),但存在脆性大、工艺性能差、价格较高的缺点,限制了其应用程度。这说明刃具钢占据了刃具材料的主导地位,其中最主要的是高速钢。

6.4.2 模具钢

通常将模具钢分为冷作模具钢、热作模具钢和塑料模具钢。近年来,由于对模具需求的大量增加及对模具加工和寿命要求的不断提高,有关新型模具用钢的开发受到广泛重视,各种模具用钢种发展迅速。

1. 冷作模具钢

a. 工作条件与性能要求　冷作模具工作温度不高,工作部分受到很大的压力、摩擦力、拉力、冲击力。尤其是模具刃口部位受到强烈的摩擦和挤压。故要求所用材料应具备:高硬度、高耐磨性、高强度和足够的韧性、热处理变形小。

b. 常用冷作模具钢　常用冷作模具钢如表6-13所示。其中Cr12,Cr12MoV具有很好的耐磨性和淬透性,而且淬火变形微小,常用于制造受载重,耐磨性要求高,热处理变形小的形状复杂模具。

表6-13　常用冷作模具钢

类　别	钢　号
低淬透性冷作模具钢	T7A,T8A,T10A,T12A,8MnSi,GCr15
低变形冷作模具钢	CrWMn, 9Mn2V, 9CrWMn, 9Mn2, MnCrWV, SiMnMo
高耐磨微变形冷作模具钢	Cr12,Cr12MoV,Cr12Mo1V1,Cr5Mo1V,Cr4W2MoV, Cr12Mn2SiWMoV,Cr6WV,Cr6W3Mo2.5V2.5

续表

类　别	钢　　号
高强度、高耐磨冷作模具钢	W18Cr4V,W6Mo5Cr4V2,W12Mo3Cr4V3N
高强韧性冷作模具钢	6W6Mo5Cr4V, 6Cr4W3Mo2VNb（65Nb）, 7Cr7Mo2V2Si（LD）, 7CrSiMnMoV(CH-1),6CrNiSiMnMoV(GD),8Cr2MnWMoVS
高耐磨、高韧性冷作模具钢	9Cr6W3Mo2V2(GM),Cr8MoWV3Si(ER5)
特殊性能冷作模具钢	9Cr18,Cr18MoV,1Cr18Ni9Ti,5Cr21Mn9Ni4W,7Mn15Cr2Al3V2WMo

Cr12 钢 $w_{C}=2.0\sim2.3$，$w_{Cr}=11.50\sim13.0$ 铸态组织中含有莱氏体，易造成碳化物不均匀，所制模具脆性大易产生崩刃和脆断。冲击负荷大的冷作模具不适用。新型高耐磨、高韧性冷作模具钢如 ER5，GM 钢克服了它的缺点。

2. 热作模具钢

a. 工作条件与性能要求　热作模具长时间在反复急冷急热的条件下服役，工作温度在 200～700℃之间。强烈的摩擦、很大的压应力和冲击载荷，主要失效形式是变形、磨损、开裂和热疲劳。要求具有高的高温强度和热稳定性，良好的韧性，高的热疲劳抗力和耐磨性，良好的抗氧化性和耐钝性。

b. 常用热作模具钢　常用热作模具钢如表 6-14 所示。代表钢号为 5CrNiMo。成分特点是中碳、多元素，$w_{C}=0.50\sim0.60$，$w_{Cr}=0.50\sim0.80$，$w_{Ni}=1.40\sim1.80$，$w_{Mo}=0.15\sim0.30$。具有良好的综合力学性能和高淬透性。

表 6-14　常用热作模具钢

按用途分类	按性能分类	按工作温度分类	牌　号
锤锻模及大截面机锻模用钢	高韧性热作模具钢	低耐热模具钢（≤350～370℃）	5CrMnMo,5CrNiMo,4CrMnSiMoV, 5Cr2NiMoVSi,5SiMnMoV
中小机锻模及热挤压模用钢	高热强热作模具钢	中耐热模具钢（550～600℃）	4Cr5MoSiV,4Cr5MoSiV1,4Cr5W2SiV
		高耐热模具钢（580～650℃）	3Cr2W8V,3Cr3Mo3W2V,4Cr3Mo3SiV, 5Cr4W5Mo2V,5Cr4Mo3SiMnVA1
压铸模用钢	高热强热作模具钢	中耐热模具钢	4Cr5MoSiV1,4Cr5W2VSi
		高耐热模具钢	3Cr2W8V,3Cr3Mo3W2V
热冲裁模用钢	高耐磨热作模具钢	低耐热模具钢	8Cr3,7Cr3

3. 塑料模具用钢

a. 工作条件与性能要求　热固性塑料模具工作温度一般在 160～250℃，工作时型腔面与流动粉料间发生摩擦，使型腔易磨损，并承受一定的冲击负荷和腐蚀作用。

热塑性塑料模具的工作温度一般在150℃以下，承受的工作压力和摩擦较热固性塑料模小。当成型PVC，ABS及含氟聚合物等塑料制品时，会分解出HCl，SO_2，HF等腐蚀性气体，对模具型腔面产生较大的腐蚀。

相对冷热模具钢，塑料模对力学性能要求不高。一般要求有足够的强韧度、较好的耐蚀耐热性能。塑料模具用钢对工艺性能要求非常突出，一般要求有良好的切削加工性、良好的抛光性和光刻蚀性能及良好的热处理性能。

b. 常用塑料模具钢　常用塑料模具钢见表6-15。如Y55CrNiMnMoV(SM1)钢，该钢具有高的强韧性、优良的切削加工性和镜面抛光性能及较好的耐蚀性。广泛用于制造高精度塑料成型模具，如录音机、洗衣机外壳模和继电器组合件注射模。不同种类塑料制品的模具用钢可参考表6-16选用。

表6-15　常用塑料模具用钢

类别	钢种	类别	钢种
渗碳型	20，20Cr，20Mn，12CrNi3A，20CrNiMo，DT1，DT2，0Cr4NiMoV	预硬型	3Cr2Mo，Y20CrNi3AlMnMo(SM2)，5NiSCa，Y55CrNiMnMoV(SM1)，4Cr5MoSiV，8Cr2MnWMoV5(8Cr2S)
调质型	45，50，55，40Cr，40Mn，50Mn，S48C，4Cr5MoSiV，38CrMoAlA	耐蚀型	3Cr13，2Cr13，Cr16Ni4Cu3Nb(PCR)，1Cr18Ni9，3Cr17Mo，0Cr17Ni4Cu4Nb(74PH)
淬硬型	T7A，T8A，T10A，5CrNiMo，9SiCr，9CrWMn，GCr15，3Cr2W8V，Cr12MoV，45Cr2NiMoVSi，6CrNiSiMnMoV(GD)	时效硬化型	18Ni140级，18Ni70级，18Ni210级，10Ni3MnCuAl(PMS)，18Ni9Co，06Ni16MoViAl，25CrNi3MoAl

表6-16　塑料模具用钢的选用

塑料种类	工作条件及对模具材料的要求	推荐用材料
通用塑料	批量小，精度无特殊要求，模具截面不大	45，40Cr，10，20
	批量较大、模具尺寸较大或形状复杂	12CrNi3，12CrNi4，20Cr，20CrMnMo，20Cr2Ni4，LJ等，3Cr2Mo，SM1，4Cr3Mo3SiV，5CrNiMo，5CrMnMo，FT，4Cr5MoSiV，4Cr5MoSiV1，4Cr5W2SiV1
	精度和表面粗糙度要求高	3Cr2Mo，4Cr5MoSiV1，8Cr2MnSiWMoVS，Cr12Mo1V1，5NiSCa，25CrNi3MoAl，或18Ni(250)，18Ni(300)，06Ni6MoTiAlV，PMS，Y82
增强塑料	高强度、高耐磨性	7CrMn2WMo，7CrMnNiMo，Cr2Mn2SiWMoV，Cr6WV，Cr12，Cr12MoV，Cr12MolV1，9Mn2V，CrWMn，MnCrWV，GCr15

续 表

塑料种类	工作条件及对模具材料的要求	推 荐 用 材 料
腐蚀性塑料	耐蚀性好	4Cr13,9Cr18,Cr18MoV,Cr14Mo4V,1Cr17Ni2,PCR,18Ni,AFC-77
磁性塑料	无磁性	Mn13 型,70Mn15Cr4Al3V2WMo,1Cr18Ni9Ti
透明塑料制品	镜面抛光性能和高的耐磨性	06Ni,18Ni,PMS,PCR,SM2,SM1,Y82,空冷 12

6.4.3 量具用钢

1. 工作条件与性能要求

量具是度量工件尺寸形状的工具,是计量的基准,如卡尺、块规、塞规及千分尺等。由于量具使用过程中常受到工件的摩擦与碰撞,且本身须具备极高的尺寸精度和稳定性,故量具钢应具备以下性能:

① 高硬度(一般 58~64HRC)和高耐磨性。

② 高的尺寸稳定性(这就要求组织稳定性高)。

③ 一定的韧性(防撞击与折断)和特殊环境下的耐蚀性。

2. 常用量具钢

量具并无专用钢种,根据量具的种类及精度要求,可选不同的钢种来制造。

a. 低合金工具钢 低合金工具钢是量具最常用的钢种,典型钢号有 CrWMn 和 GCr15。CrWMn 是一种微变形钢,而 GCr15 的尺寸稳定性及抛光性能优良。此类钢常用于制造精度要求高、形状较复杂的量具。

b. 其他钢种选择 主要有以下三类:

① 碳素工具钢(T10A,T12A 等) 碳素工具钢的淬透性小、淬火变形大,故只适合于制造精度低、形状简单、尺寸较小的量具。

② 表面硬化钢 表面硬化钢经处理后可获得表面高硬度和高耐磨性,心部高韧性,适合于制造使用过程中易受冲击、折断的量具。包括渗碳钢(如 20Cr)渗碳、调质钢(如 55 钢)表面淬火及专用氮化钢(38CrMoAlA)渗氮等,其中 38CrMoAlA 钢渗氮后具有极高的表面硬度和耐磨性、尺寸稳定性和一定的耐蚀性,适合于制造高质量的量具。

③ 不锈钢 不锈钢 4Cr13 或 9Cr18 具有极佳的耐蚀性和较高的耐磨性,适合于制造在腐蚀条件下工作的量具。

3. 热处理特点

量具钢的热处理基本上可依照其相应钢种的热处理规范进行。但由于量具对尺寸稳定性要求很高，这就要求量具在处理过程中应尽量减小变形，在使用过程中组织稳定（组织稳定方可保证尺寸稳定），因此热处理应采取一些附加措施。

① 淬火加热时进行预热，以减小变形，这对形状复杂的量具更为重要。

② 在保证力学性能的前提条件下降低淬火温度，尽量不采用等温淬火或分级淬火工艺，减少残余奥氏体的生成。

③ 淬火后立即进行冷处理减小残余奥氏体量，延长回火时间，回火或磨削之后进行长时间的低温时效处理等。

6.5 特殊性能钢

特殊性能钢指具有某些特殊的物理、化学、力学性能，因而能在特殊的环境、工作条件下使用的钢。工程中常用的特殊性能钢有不锈钢、耐热钢、耐磨钢等。

6.5.1 不锈钢

不锈钢是指在自然环境或一定介质中具有耐蚀性的一类钢种的统称。通常把能抵抗大气或弱腐蚀介质腐蚀的钢叫不锈钢，把能够抵抗强腐蚀介质腐蚀的钢称之为耐酸钢。因此不锈钢按耐腐蚀性又可细分为不锈钢和耐酸钢。耐腐蚀是不锈钢的最主要性能指标。

1. 金属腐蚀的一般概念

腐蚀通常可分为化学腐蚀和电化学腐蚀两种类型。化学腐蚀有两种，一种是金属在常温干燥气体以及在高温下受蒸汽及气体的作用而发生破坏的气体腐蚀；另一种是金属在非电解质溶液（如含硫石油、苯等）中的腐蚀，腐蚀过程不产生电流，并且腐蚀直接在金属表面发生。钢在高温下的氧化属于典型的化学腐蚀。电化学腐蚀是金属与电解质溶液接触时所发生的腐蚀，腐蚀过程中有电流产生，钢在室温下的锈蚀主要属于电化学腐蚀。

大部分金属的腐蚀都属于电化学腐蚀，电化学作用是金属被腐蚀的主要原因。为此，要提高金属的耐电化学腐蚀能力，通常采取以下措施：

a. 尽量使金属在获得均匀的单相组织条件下使用，这样金属在电解质溶液中只有一个极，使微电池难以形成。如在钢中加入大于24%（质量分数）的Ni，会使钢在常温下获得单相的奥氏体组织。

b. 加入合金元素提高金属基体的电极电位，例如在钢中加入大于13%（质量分数）的Cr，则铁素体的电极电位由－0.56V提高到＋0.2V，从而使金属的耐腐蚀性能提高。

c. 加入合金元素，在金属表面形成一层致密的氧化膜，又称钝化膜，把金属与介质分隔开，从而防止进一步的腐蚀。

铬是不锈钢合金化的主要元素。钢中加入铬，提高电极电位，从而提高钢的耐腐蚀性能。当含铬量达 $n/8$ 原子分数值（$n=1,2,3,\cdots$），即达到 1/8，2/8，3/8，…（也即 12.5%，25%，37.5%，…）原子分数时，电极电位呈台阶式跃增，即腐蚀速度呈台阶式下降，这种现象称为 $n/8$ 规律。所以铬钢中的含铬量只有超过台阶值（如 $n=1$，换成质量分数则为 $12.5\%\times52/55.8=11.7\%$）时，钢的耐蚀性才明显提高。

由于 $w_{Cr}>11.7\%$，而且绝大部分都溶于固溶体中，使电极电位跃增，使基体的电化学腐蚀过程变缓。同时，在金属表面被腐蚀时，形成一层与基体金属结合牢固的钝化膜，使腐蚀过程受阻，从而提高钢的耐蚀性。

2. 不锈钢的分类与常用不锈钢

不锈钢按其正火组织不同可分为马氏体型、铁素体型、奥氏体型、双相型及沉淀硬化型等五类，其中以奥氏体型不锈钢应用最广泛，它约占不锈钢总产量的 70%左右。表 6-17 为常用主要不锈钢的类型、牌号、主要化学成分、力学性能及应用举例，详见 GB/T1220—1992。

(1) 马氏体不锈钢

这类钢的碳含量范围较宽，碳的质量分数为 0.1%～1.0%，铬的质量分数为12%～18%。由于合金元素单一，故此类钢只在氧化性介质中（如大气、海水、氧化性酸）耐蚀，而在非氧化性介质中（如盐酸、碱溶液等）耐蚀性很低。钢的耐蚀性随铬含量的降低和碳含量的增加而受到损害，但钢的强度、硬度和耐磨性则随碳的增加而改善。实际应用时，应根据具体零件对耐蚀性和力学性能的不同要求，来选择不同 Cr，C 含量的不锈钢。

常见的马氏体不锈钢有低、中碳的 Cr13 钢（如 1Cr13，2Cr13，3Cr13，4Cr13）和高碳的 Cr18 型（如 9Cr18，9Cr18MoV 等）。此类钢的淬透性良好，即空冷或油冷便可得到马氏体，锻造后须经退火处理来改善其切削加工性。工程上，一般将 1Cr13，2Cr13 进行调质处理，得到回火索氏体组织，作为结构钢使用（如汽轮机叶片、水压机阀等）；对 3Cr13，4Cr13 及 9Cr18 进行淬火＋低温回火处理，获得回火马氏体，用以制造高硬度、高耐磨性和高耐蚀性结合的零件或工具（如医疗器械、量具、塑料模及滚动轴承等）。

马氏体不锈钢与其他类型不锈钢相比，具有价格最低、可热处理强化（即力学性能较好）的优点，但其耐蚀性较低，塑性加工与焊接性能较差。

(2) 铁素体不锈钢

这类钢的碳含量较低（$w_C\leqslant0.15\%$铬含量较高（$w_{Cr}=12\%\sim30\%$），因而耐蚀性优于马氏体不锈钢。此外 Cr 是铁素体形成元素，致使此类钢从室温到高温（1000℃左右）均为单相铁素体，这一方面可进一步改善耐蚀性，另一方面说明它不可进行热处理强化，故强度与硬度低于马氏体不锈钢，而塑性加工、切削加工和焊接性较优。因此铁素体不锈钢主要用于力学性能要求不高、而对耐蚀性和抗氧化性有较高要求的零件，如耐硝酸、磷酸结构和抗氧化结构。

表 6-17 常用主要不锈钢的类型、牌号、成分、性能及应用举例

类别	钢号	主要化学成分 w/%			热处理	力学性能					应用举例
		C	Cr	Ni		σ_b /MPa	σ_s /MPa	δ_5 /%	ψ /%	HRC	
马氏体型	1Cr13	0.08～0.15	12～14		1000～1050℃ 油或水淬 700～790℃ 回火	≥600	≥420	≥20	≥60		制作能抗弱腐蚀性介质、能承受冲击载荷的零件，如汽轮机叶片、水压机阀、结构架、螺栓、螺母等
	2Cr13	0.16～0.24	12～14		1000～1050℃ 油或水淬 700～790℃ 回火	≥660	≥450	≥16	≥55		
马氏体型	3Cr13	0.25～0.34	12～14		1000～1050℃ 油淬 200～300℃ 回火					48	制作具有较高硬度和耐磨性的医疗工具、量具、滚珠轴承等
	4Cr13	0.35～0.45	12～14		1000～1050℃ 油淬 200～300℃ 回火					50	
	9Cr18	0.90～1.00	17～19		950～1050℃ 油淬 200～300℃ 回火					55	不锈切片机械刃具，剪切刃具，剪切刃具，手术刀片，高耐磨、耐蚀件
铁素体型	1Cr17	≤0.12	16～18		750～800℃ 空冷	≥400	≥250	≥20	≥50		制作硝酸工厂设备，如吸收塔、热交换器、酸槽、输送管道，以及食品工厂设备等
奥氏体型	0Cr18Ni9	≤0.80	17～19	8～12	1050～1100℃ 水淬（固溶处理）	≥500	≥180	≥40	≥60		具有良好的耐蚀及耐晶间腐蚀性能，为化学工业用的良好耐蚀材料
	1Cr18Ni9	≤0.14	17～19	8～12	1100～1150℃ 水淬（固溶处理）	≥560	≥200	≥45	≥50		制作耐硝酸、冷磷酸、有机酸及盐、碱溶液腐蚀的设备零件
	1Cr18Ni9Ti	≤0.12	17～19	8～11	1100～1150℃ 水淬（固溶处理）	≥560	≥200	≥40	≥55		耐酸容器及设备衬里，抗磁仪表，医疗器械，具有较好的耐晶间腐蚀性

常见的铁素体不锈钢有 0Cr13，1Cr17，1Cr28 等。为了进一步提高其耐蚀性，也可加入 Mo，Ti，Cu 等其他合金元素（如 1Cr17Mo2Ti）。铁素体不锈钢一般是在退火或正火状态使用。

铁素体不锈钢的成本虽略高于马氏体不锈钢，但因其不含贵金属元素 Ni，故其价格远低于奥氏体不锈钢，经济性较佳，其应用仅次于奥氏体不锈钢。

(3) 奥氏体不锈钢

这类钢原是在 Cr18Ni8(简称 18－8)基础上发展起来的，具有低碳(绝大多数钢 $w_C < 0.12\%$)、高铬($w_{Cr} > 17\% \sim 25\%$)和较高镍($w_{Ni} = 8\% \sim 29\%$)的成分特点。Ni 的存在使得钢在室温下为单相奥氏体组织，这不仅可进一步改善钢的耐蚀性，而且还赋予了奥氏体不锈钢优良的低温韧性、高的加工硬化能力、耐热性和无磁性等特性，其冷塑性加工性和焊接性能较好，但切削加工性稍差。

奥氏体不锈钢的品种很多，其中以 Cr18Ni8 普通型奥氏体不锈钢用量最大。典型牌号 1Cr18Ni9，1Cr18Ni9Ti 及 0Cr18Ni9 等。加 Mo，Cu，Si 等合金元素，可显著改善不锈钢在某些特殊腐蚀条件下的耐蚀性，如 00Cr17Ni12Mo2。因 Mn，N 与 Ni 同为奥氏体形成元素，为了节约 Ni 资源，国内外研制了许多节镍型和无镍型奥氏体不锈钢，如无 Ni 型的 Cr－Mn 不锈钢 1Cr17Mn9，Cr－Mn－N 不锈钢 0Cr17Mn13Mo2N 和节 Ni 型的 Cr－Mn－Ni－N 不锈钢 1Cr18Mn10Ni5Mo3N 等。因奥氏体不锈钢的切削加工性较差，为此还发展了改善切削加工性的易切削不锈钢 Y1Cr18Ni9，Y1Cr18Ni9Se 等。

奥氏体不锈钢的主要缺点有① 强度低；② 晶间腐蚀倾向大。奥氏体不锈钢的晶间腐蚀是指在 450～850℃范围内加热时，因晶界上析出了 $Cr_{23}C_6$ 碳化物，造成了晶界附近区域贫铬($w_{Cr} \leqslant 12\%$，使该处电极电位降低，当受到腐蚀介质作用时，便沿晶界贫铬区产生腐蚀的现象。此时若稍许受力，就会导致突然的脆性断裂，危害极大。

防止晶间腐蚀的主要措施有二：其一是降低钢中的碳含量(如 $w_C < 0.06\%$)，使之不形成铬的碳化物；其二是加入适量的强碳化物形成元素 Ti 和 Nb，在稳定化处理时优先生成 TiC 和 NbC，而不形成 $Cr_{23}C_6$ 等铬的碳化物，即不产生贫铬区(此举对防止铁素体不锈钢的晶间腐蚀同样有效)。此外，在焊接、热处理等热加工冷却过程中，应注意以较快的速度通过 850～450℃温度区间，以抑制 $Cr_{23}C_6$ 的析出。

6.5.2 耐热钢

耐热钢是指在高温条件下有一定强度和抗氧化、耐腐蚀能力即热化学稳定性和热强性的特殊钢。它广泛用于制造工业加热炉、热工动力机械(如内燃机)、石油及化工机械与设备等高温条件工作的零件。

1. 耐热钢的性能要求

a. 高的热化学稳定性　指钢在高温下对各类介质的化学腐蚀抗力，其中最基本且最重要的是抗氧化性。所谓抗氧化性则是指材料表面在高温下迅速氧化后能形成连续而致密的牢固的氧化膜，以保护其内部金属不再继续被氧化。

b. 高的热强性(高温强度)　指钢在高温下抵抗塑性变形和断裂的能力。高温零件长时间承受载荷时，一般而言强度将大大下降。与室温力学性能相比，高温力学性能还要受温度和时间的影响。常用的高温力学性能指标有① 蠕变极限，指材料在高温长期载荷下对缓慢塑性变形(即蠕变)的抗力；② 持久强度，即材料在高温长期载荷下对断裂的抗力。

2. 耐热钢的成分与组织特点

成分合金化和组织稳定性是保证耐热钢上述两个主要性能的关键。

a. 提高抗氧化性　① Cr，Al，Si 是常用的抗氧化性元素，因其在钢表面生成致密、稳定、连续而牢固的 Cr_2O_3，Al_2O_3，SiO_2 氧化膜。其中 Al，Si 会明显增加钢的脆性，故而很少单独加入，而常与 Cr 一起加入。Cr 是最主要的元素，试验证明：当 $w_{Cr}=5\%$时，耐热钢工作温度达 600～650℃；当 $w_{Cr}=28\%$时，工作温度可达1100℃。② 微量稀土(Re)元素如钇 Y，镧 La 等，因其能防止高温晶界的优先氧化现象，可明显改善耐热钢的抗氧化性。③ 渗金属表面处理(如渗 Cr，Al，Si)是提高钢抗氧化性的有效途径。

b. 提高热强性　① 基体固溶强化元素 Cr，Ni，W，Mo 等，其主要作用是固溶强化、形成单相组织并提高再结晶温度(增加基体组织稳定性)。② 第二相沉淀强化元素 V，Ti，Nb，Al 等，其作用是形成细小弥散分布稳定碳化物(如 VC，TiC，NbC 等)或稳定性更高的金属间化合物(如 Ni_3Ti，Ni_3Nb，Ni_3Al 等)，获得第二相沉淀强化效果并提高组织稳定性。③ 微量晶界强化元素硼 B 与稀土(Re)元素，起净化晶界或填充晶界空位的作用。

3. 耐热钢的分类与常用钢号

按使用特性不同，耐热钢分为抗氧化钢和热强钢；按组织不同，耐热钢又可分为铁素体型(包括珠光体型、马氏体型)和奥氏体型等多种类型钢。根据 GB/T1221—1984，表 6-18 列举了几种常用耐热钢的热处理、室温力学性能及用途。

表 6-18　常用耐热钢的热处理、室温力学性能及用途

类别	牌号	热处理			室温力学性能(不小于)				用途举例
		退火/℃	淬火/℃	回火/℃	$\sigma_{0.2}$/MPa	σ_b/MPa	δ_5/%	A_K/J	
奥氏体型	1Cr18Ni9		1050(固溶)		205	515	35		870℃以下反复加热，锅炉过热器、再热器等
奥氏体型	4Cr14Ni14W2Mo		820～850(固溶)		314	706	20		内燃机重载荷排气阀等
奥氏体型	3Cr18Mn12Si2N		1100～1150(固溶)		392	686	35		锅炉吊架，耐1000℃高温，加热炉传送带、料盘、炉爪等

续 表

类别	牌 号	热处理			室温力学性能(不小于)				用途举例
		退火/℃	淬火/℃	回火/℃	$\sigma_{0.2}$ /MPa	σ_b /MPa	δ_5 /%	A_K/J	
铁素体型	0Cr13A1	780～830 空,缓			177	412	20		燃气透平压缩机叶片、退火箱、淬火台架等
	1Cr17	780～850 空,缓			206	451	22		900℃以下耐氧化部件,散热器、炉用部件、油喷嘴等
	1Cr5Mo		900～950 油	600～700空	392	588	18		锅炉吊架、燃气轮机衬套、泵的零件、阀、活塞杆、高压加氢设备部件
马氏体型	4Cr10Si2Mo		1010～1040 油	720～760 油	690	885	10		650℃中高载荷汽车发动机进、排气阀等
	1Cr12Mo		950～1000空	650～710 空	550	685	18	≥62	汽轮机叶片、喷嘴块、密封环等
	1Cr13	800～900 缓或750快	950～1000油	700～750 快冷	343	539	25	≥78	耐氧化、耐腐蚀部件(800℃以下)

(1) 抗氧化钢

又称不起皮钢,指高温下有较好抗氧化性并有适当强度的耐热钢,主要用于制作在高温下长期工作且承受载荷不大的零件,如热交换器和炉用构件等。包括两类:

① 铁素体型抗氧化钢　这类钢是在铁素体不锈钢的基础上加入了适量的 Si,Al 而发展起来的。其特点是抗氧化性强,但高温强度低、焊接性能差、脆性大。如 1Cr3Si, 1Cr6Si2Ti,工作温度 800℃以下;Cr13 型,如 1Cr13SiAl,工作温度 800～1000℃; Cr18 型,如 1Cr18Si2,工作温度1000℃左右;Cr25 型,如 1Cr25Si2,工作温度1050～1100℃。

② 奥氏体型抗氧化钢　这类钢是在奥氏体不锈钢的基础上加入适量的 Si,Al 等元素而发展起来的。其特点是比铁素体钢的热强性高,工艺性能改善,因而可在高温下承受一定的载荷。典型钢号有 Cr－Ni 型(如 3Cr18Ni25Si2,工作温度过1100℃),节 Ni 型(如 2Cr20Mn9Ni2Si2N,工作温度 850～1050℃)及无 Cr－Ni 型(如 6Mn18Al5Si2Ti,工作温度低于 950℃)。奥氏体抗氧化钢多在铸态下使用(此时为铸钢,如 ZG3Cr18Ni25Si2),但也可制作锻件。

(2) 热强钢

指高温下不仅具有较好的抗氧化性(包括其他耐蚀性),还应有较高的强度(即热强性)的耐热钢。一般情况下,耐热钢多是指热强钢,主要用于制造热工动力机械的转子、叶片、气缸、进气与排气阀等既要求抗氧化性又要求高温强度的零件。

① 珠光体热强钢　此类钢在正火状态下的组织为细片珠光体＋铁素体,广泛用于在 600℃以下工作的热工动力机械和石油化工设备。其碳含量为低、中碳 w_C = 0.10%～0.40%;常加入耐热性合金元素 Cr,Mo,W,V,Ti,Nb 等,其主要作用是强化铁素体并防止碳化物的球化、聚集长大乃至石墨化现象,以保证热强性。典型钢种一是

低碳珠光体钢，如12CrMo，15CrMoV，具有优先的冷热加工性能，主要用于锅炉管线等(故又称锅炉管子用钢)，常在正火状态下使用；二是中碳珠光体钢，如35CrMo，35CrMoV等，在调质状态下使用，具有优良的高温综合力学性能，主要用于耐热的紧固件和汽轮机转子(主轴、叶轮等)，故又称紧固件及汽轮机转子用钢。

② 马氏体热强钢　此类钢淬透性良好，空冷即可形成马氏体，常在淬火＋高温回火状态下使用。其中一类为低碳高铬型，它是在Cr13型马氏体不锈钢基础上加入Mo，W，V，Ti，Nb等合金元素而形成，常用牌号有1Cr11MoV，1Cr12WMoV等，因这种钢还有优良的消振性，最适宜制造工作温度在600℃以下的汽轮叶片，故又称叶片钢；另一类为中碳铬硅钢，常用牌号有4Cr9Si2，4Cr10Si2Mo等，这种钢既有良好的高温抗氧化性和热强性，还有较高的硬度和耐磨性，最适合于制造工作温度在750℃以下的发动机排气阀，故又称气阀钢。

③ 奥氏体热强钢　此类钢是在奥氏体不锈钢的基础上加入了热强元素W，Mo，V，Ti，Nb，Al等，它们强化了奥氏体并能形成稳定的特殊碳化物或金属间化合物。具有比珠光体热强钢和马氏体热强钢更高的热强性和抗氧化性，此外还有高的塑性、韧性及良好可焊性、冷塑性成形性。常用牌号有1Cr19Ni19，4Cr14Ni14W2Mo等，主要用于工作温度高达800℃的各类紧固件与汽轮机叶片、发动机气阀，使用状态为固溶处理状态或时效处理状态。

6.5.3 耐磨钢

耐磨钢是指用于制造高耐磨性零件的特殊钢种，目前尚未形成独立的钢类。广义上，高碳工具钢、一部分结构钢(主要是硅、锰结构钢)及合金铸钢均可用于制造耐磨零件，其中最重要的是高锰耐磨钢。

1. 高锰钢

高锰钢的化学成分特点是高碳(w_C＝0.90%～1.50%)、高锰(w_{Mn}＝11%～14%)。其铸态组织为粗大的奥氏体＋晶界析出碳化物，此时脆性很大，耐磨性也不高，不能直接使用。经固溶处理(1060～1100℃高温加热、快速水冷)后可得到单相奥氏体组织，此时韧性很高(故又称“水韧处理”)。高锰钢固溶状态硬度虽然不高(～200HBS)，但当其受到高的冲击载荷和高应力摩擦时，表面发生塑性变形而迅速产生强烈的加工硬化并诱发产生马氏体(A→M)，从而形成硬(＞500HBW)而耐磨的表面层(深度10～20mm)，心部仍为高韧性的奥氏体。随着硬化层的逐步磨损，新的硬化层不断向内产生、发展，故能维持良好的耐磨性。而在低冲击载荷和低应力摩擦下，高锰钢的耐磨性并不比相同硬度的其他钢种高。因此高锰钢主要用于耐磨性要求特别好并在高冲击与高压力条件下工作的零件，如坦克、拖拉机、挖掘机的履带板、破碎机牙板、铁路道岔等。

高锰钢的加工硬化能力极强，故冷塑性加工性能和切削加工性能较差；且又因其热裂纹倾向较大、导热性差，故焊接性能也不佳。一般而言，大多数高锰钢零件都是铸造成形的。

根据国家标准GB/T5680—1985，常用高锰钢牌号为ZGMn13，共有四种钢号，见表6-19。其Mn/C比不同，力学性能有些差异，一般Mn/C=9～11。对耐磨性较高、冲击韧度较低、形状不复杂的零件，Mn/C比取上限。为适应不同工况的要求，可通过调整基本成分和加入其他合金元素以提高耐磨性，国内外发展了一些改进型高锰钢，如75Mn13，45Mn17Al3等。

表6-19　高锰钢牌号、成分与用途举例

钢号	化学成分 w(%)					用途举例
	C	Mn	Si	S	P	
ZGMn13—1*	1.00～1.50	11.00～14.00	0.30～1.00	≤0.050	≤0.090	用于以耐磨性为主的、低冲击的结构简单铸件，如衬板、齿板、辊套、铲齿等
ZGMn13—2	1.00～1.40					
ZGMn13—3	0.90～1.30		0.30～0.80		≤0.080	用于以韧性为主的、高冲击的结构复杂铸件，如履带板
ZGMn13—4	0.90～1.20				≤0.070	

* "—"后阿拉伯数字表示品种代号

2. 低合金耐磨钢

低合金耐磨钢包括某些合金结构钢（如40SiMn2，65SiMnRe等）和一些工具钢（如Cr13，Cr06等），其合金元素含量少，成本低廉，加工成形性能改善，具有耐磨性和韧性相结合的综合性能，适宜于农业机械和矿山机械推广使用。

3. 石墨钢

石墨钢是一种高碳低合金铸钢，兼有铸钢和铸铁的综合性能，其组织是由钢基体+二次渗碳体+游离点状石墨组成。其特点是耐磨性好，成本低且易于切削加工，在低应力磨损条件下，耐磨性优于高锰钢。主要用于小型热轧辊、球磨机衬板等。典型牌号为ZGSiMnMo钢。

思考练习题

1. 名词解释

(1) 非合金钢、低合金钢与合金钢

(2) 强碳化物形成元素、弱碳化物形成元素与非碳化物形成元素

(3) 普通质量低合金钢、优质低合金钢与特殊质量低合金钢

(4) 渗碳钢与调质钢

(5) 热成形弹簧和冷成形弹簧

(6) 冷作模具钢、热作模具钢与塑料模具用钢

(7) 奥氏体不锈钢、铁素体不锈钢与马氏体不锈钢

2. 以低合金钢为例,说明如何按主要质量等级分类。特殊质量低合金钢有何质量要求?

3. 硫、磷对钢的性能有哪些有害的影响?工业用钢中是否S,P含量越低越好?为什么?

4. 指出下列元素哪些是强碳化物形成元素,哪些是弱碳化物形成元素?哪些是非碳化物形成元素?它们对奥氏体的形成及晶粒长大起何作用?

Ni Si Al Co Mn Cr Mo W V Ti

5. 上题各合金元素对钢的C曲线和Ms点有何影响?

6. 说明下列钢中锰的作用:

Q215 Q345 20CrMnTi CrWMn ZGMn13

7. 说明下列钢中铬的作用:

20Cr GCr15 1Cr13 4Cr9Si2

8. 说明下列钢中硅的作用:

60Si2Mn 9SiCr 4Cr9Siw

9. 说明下列钢中镍的作用:

8Cr2Ni4W 1Cr18Ni9Ti

10. 说明下列钢中钨的作用:

W18Cr4V 18Cr2Ni4W

11. 指出下列每个牌号钢的类别、含碳量、热处理工艺、主要用途:

T8 Q345 20Cr 40Cr 20CrMnTi 2Cr13 GCr15 60Si2Mn 9SiCr Cr12 CrWMn 0Cr19Ni9Ti 4Cr9Si2 W18Cr4V ZGMn13

12. 试为下列机械零件或用品选择适用的钢种及牌号:

地脚螺栓 仪表箱壳 小柴油机曲轴 木工锯条 油气储罐 汽车齿轮 机床主轴 汽车发动机连杆 汽车发动机螺栓 汽车板簧 拖拉机轴承 板牙 高精度塞规 麻花钻头 大型冷冲模 胎模锻模 镜面塑料模具 硝酸槽 手术刀 内燃机气阀 大型粉碎机鄂板

13. 请为下列工作条件下的塑料模选用材料:

(1) 形状简单、精度要求低、型腔复杂的塑料模;

(2) 高耐磨、高精度、型腔复杂的塑料模;

(3) 大型复杂、产品批量大的塑料注射模;

(4) 耐蚀、高精度塑料模。

第7章

非铁合金与粉末冶金材料

近些年来，除钢铁材料以外的其他金属材料得到了愈来愈广泛的应用。粉末冶金材料也以其独有的加工、性能特点，在现代制造技术中发挥了巨大的作用。我们把除钢铁以外的其他金属材料统称为非铁合金，也称为有色金属。有色金属及其合金因其具有钢铁材料所没有的许多机械、物理和化学性能，而成为现代工业不可缺少的材料。非铁合金种类繁多，应用较广泛的是铝、铜、钛及其合金以及滑动轴承合金等。

7.1 铝及铝合金

铝及铝合金是工业上用量最大的有色金属。纯铝的导电性好，耐腐蚀性强，其合金经热处理可获得400～700MN/m^2 的高强度，与低合金钢的强度相当，比强度（强度与密度之比）却高得多，因此在航空、电器和机械制造领域得到了广泛的应用。

7.1.1 工业纯铝

在工业中应用的纯铝是银白色的轻金属，具有面心立方晶格，无同素异晶转变，其熔点为660℃，密度为2.7g/cm^3。纯铝的电导性、热导性好，仅次于银和铜，室温下，纯铝的电导率约为铜的64%。纯铝与氧的亲和力很大，在空气中其表面能生成一层致密的 Al_2O_3 薄膜，隔绝空气，故在大气中有良好的耐蚀性。铝的磁化率低，接近于非磁材料。

纯铝的强度、硬度很低（$\sigma_b=80\sim100$MPa，20HBS），但塑性很高（$\delta=50\%$，$\psi=80\%$）。通过冷变形强化可提高纯铝的强度（$\sigma_b=150\sim250$MPa）。但塑性有所降低（$\psi=50\%\sim60\%$）。

工业纯铝的旧牌号有L1,L2,L3,…等(对应的新牌号为1070,1060,1050,……),"L"是"铝"的汉语拼音字首,其后数字表示序号,序号越大,纯度越低,工业纯铝主要用于制作电线、电缆、器皿及配制合金等。工业高纯铝的旧牌以LG1,LG2,…,LG5(对应的新牌号为1A85,1A90,…,1A99)表示,"LG"是"铝高"的汉语拼音字首,LG后面数字越大,纯度越高。

7.1.2 铝合金

由于纯铝的强度低,不能作为结构材料使用。但向铝中加入适量的硅、铜、镁、锰等合金元素,可制成较高强度的铝合金,若再经冷变形强化或热处理,可进一步提高强度。能用来制造承受一定载荷的机器零件。铝合金的比强度(强度与密度之比)高,耐蚀性和切削加工性好,是其在国民经济中得到广泛应用的性能优势。

1. 铝合金的分类

铝合金一般具有图7-1所示的共晶相图。相图中D点是合金元素在铝中的最大溶解度,DF线是溶解度变化曲线。由图可知,凡成分在D'点左边的合金,加热时能形成单相固溶体组织,合金塑性较高,适于压力加工,故称形变铝合金。形变铝合金又分为两类:成分在F点左边的形变铝合金,其α固溶体成分不随温度变化,故不能用热处理强化,称为不能热处理强化的铝合金;成分在F点与D'点之间的形变铝合金,其α固溶体成分随温度变化,故可用热处理来强化,称为能热处理强化的铝合金。成分在D'点右边的铝合金,具有共晶组织,熔点低,流动性好,适于铸造,故称铸造合金。

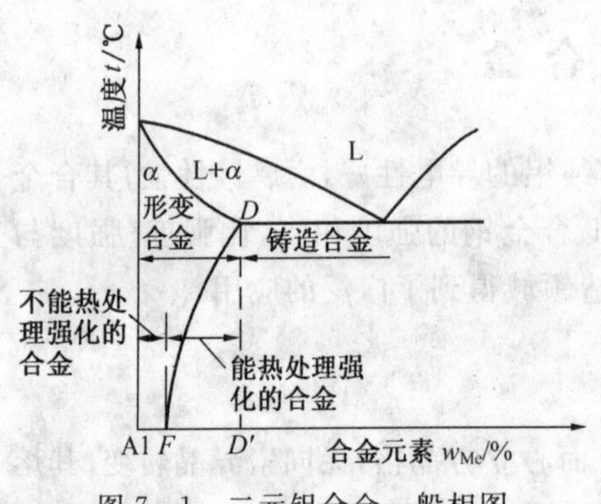

图7-1 二元铝合金一般相图

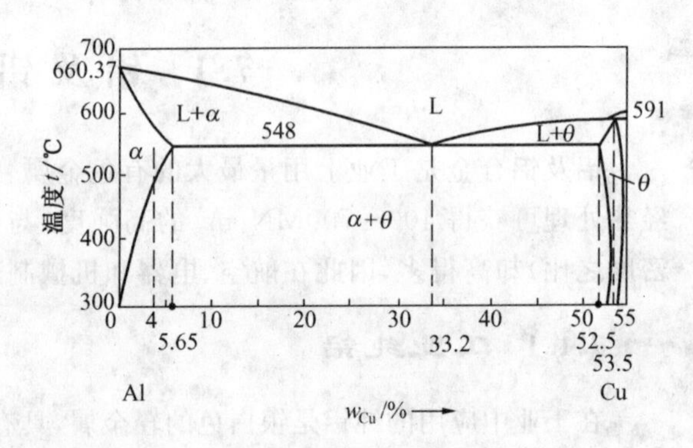

图7-2 铝-铜合金相图

2. 铝合金的热处理

如上所述,在铝铜合金相图(图7-2)中可以看出,铜含量在5.65%以下的铝铜合金是可以进行热处理的。例如将$w_{Cu}=4\%$的铝铜合金加热到α单相区,经保温形成单相α固溶体,随后迅速水冷,使第二相$\theta(CuAl_2)$来不及从α固溶体中析出,在室温下得到过饱和的α固溶体,这种处理方法称为固溶处理。经固溶处理后的铝合金强度略有提高，但组织不稳定，有分解出强化相过渡到稳定状态的倾向。因此，在室温下放置一定时间后或低温加热时，强度和硬度会明显提高。这种固溶处理后的铝合金，随时间延长而发生硬化的现象，称为时效(即时效硬化)。时效在室温下进行，称为自然时效；在加热条件下进行，称为人工时效。

由图 7－3 可以看出，自然时效过程是逐渐进行的，固溶热处理后在时效初始阶段(2h)，强度、硬度变化不大，这段时间称为"孕育期"。铝合金在孕育期内有很好的塑性，可进行各种冷变形加工(如铆接、弯曲等)。超过孕育期后，强度、硬度迅速增高，在 5～15h 内强化速度最快，经 4～5 昼夜后，强度达到最高值。例如，w_{Cu}＝4％的铝合金退火状态 σ_b＝200MPa。固溶热处理后 σ_b＝250MPa，若放置 4～5 天后，σ_b 可达 400MPa。

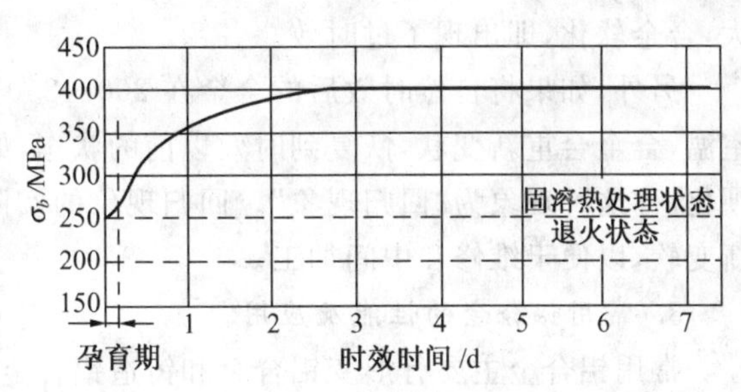

图 7－3　w_{Cu}＝4％的铝合金自然时效曲线

图 7－4 为在不同温度下的时效曲线，从图中可以看出：

(1) 时效温度越高，强度峰值越低，强化效果越小；

(2) 时效温度越高，时效速度越快，强度峰值出现所需时间越短；

(3) 低温使固溶处理获得的过饱和固溶体保持相对的稳定性，抑制时效的进行。

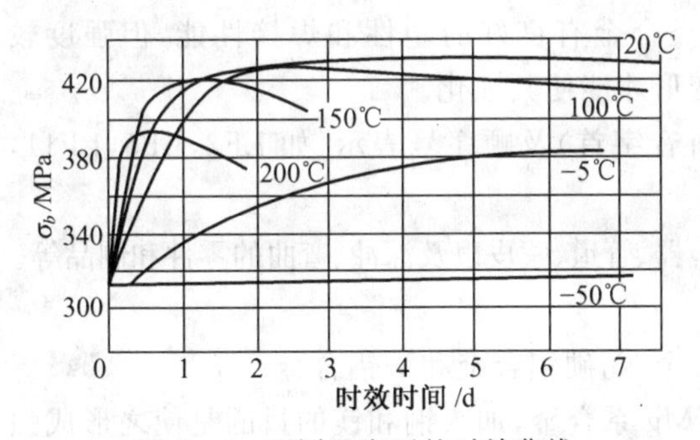

图 7－4　不同温度下的时效曲线

为加速时效进行，可用人工时效。人工时效温度越高，时效进行得越快，但其强度越低。温度过高或时间过长，合金反而变软，这种现象称为"过时效"。若固溶热处理的铝合金在低于室温下(如－50℃)长期放置，其力学性能基本无变化。当时效温度超过150℃，保温一定时间后，合金即开始软化，温度越高，软化速度越快。

铝铜合金时效硬化和过时效的机理是：在自然时效过程中，铜原子(溶质原子)在 α 固溶体晶格的某些部位进行了一定程度的富集，固溶体内形成了许多微小区域的"富铜区"，通常称为 GP 区。在此区内，溶质铜原子的浓度比原来 α 固溶体中的平均浓度高得多，但晶格形式并未改变(仍为面心立方)，只是由于铜原子富集在一起，并且又与 α 固溶体共格，故引起 GP 区附近晶格严重畸变，阻碍了位错运动，从而提高了合金强度。

当进行人工时效时，由于温度较高，原子活动能力增强，铜原子在 GP 区内的富集速度加快，并随着时间的延长，逐渐形成与θ相成分相同、晶格不同的过渡相（即θ'相），θ'相与母相α固溶体晶格仅有局部共格联系，此时α固溶体的晶格畸变减轻，对位错的阻碍减小，于是合金趋向软化。当温度过高或时间再延长，则过渡相θ'逐渐变为稳定的θ相，并与α固溶体的晶格完全脱离，此时晶格畸变消失，而且θ相的质点开始聚集长大，合金软化，即出现了过时效。

另外，如果将自然时效后的合金在200～250℃短时间加热（2～3min），然后快冷至室温，合金会重新变软，恢复到时效以前的状态，如再将其在室温中放置，仍能进行时效硬化，称这种现象为“回归现象”。回归现象的实际意义在于时效硬化的铝合金可以重新变软，以便于维修和中间加工。

3. 常用铝合金的性能及应用

常用铝合金主要有形变铝合金和铸造铝合金两大类。

（1）形变铝合金

形变铝合金按其能否进行热处理分为不可热处理强化的铝合金和能热处理强化的铝合金。

1）不可热处理强化的铝合金其特点是有很好的耐蚀性，故常称为防锈铝合金。主要是指Al－Mn系、Al－Mg系合金。这类合金有良好的塑性和焊接性能，但强度较低，切削加工性能较差，只有通过冷加工变形才能使其强化。

防锈铝合金代号用LF（“铝防”汉语拼音字首）及顺序号表示，如LF2，LF5，LF11，LF21等。

防锈铝合金主要用于焊接零件、构件、容器、管道、蒙皮以及深冲、弯曲的零件和制品等。

2）可热处理强化的铝合金

可热处理强化的铝合金主要有硬铝合金、超硬铝合金和锻铝合金。

① 硬铝合金　硬铝合金是Al－Cu－Mg系合金，加入铜和镁的目的是使之形成强化相。合金通过固溶热处理、时效可显著提高强度，σ_b可达420MPa，故称硬铝。硬铝的耐蚀性差，尤其不耐海水腐蚀。为此，常采用包纯铝方法提高板材的耐蚀性，但在热处理后强度较低。

硬铝合金的代号用LY（“铝硬”汉语拼音字首）及顺序号表示，如LY1，LY10，LY12等。

LY1，LY10称铆钉硬铝，有较高剪切强度，塑性好，主要用于制作铆钉。LY11称标准硬铝，强度较高、塑性较好，退火后冲压性能好，应用较广。主要用于形状较复杂、载荷较轻的结构件。LY12是高强度硬铝，强度、硬度高，塑性、焊接性较差，主要用于高强度结构件，例如飞机翼肋、翼梁等。

② 超硬铝合金　超硬铝合金是Al－Cu－Mg－Zn系合金。超硬铝合金时效硬化效果最好，强度、硬度高于硬铝，故称超硬铝。但耐蚀性较差，且温度＞120℃时就会

软化。

超硬铝合金的代号用 LC(“铝超”汉语拼音字首)及顺序号表示,如 LC4,LC6 等。

超硬铝合金主要用作大的重要构件及高载荷零件,如飞机大梁、加强框、桁条、起落架等。

③ 锻铝合金　锻铝合金大多是 Al－Cu－Mg－Si 系合金,其力学性能与硬铝相近,但热塑性好及耐蚀较高,适于锻造,故称锻铝。锻铝合金常采用固溶时效和人工时效来强化。

锻铝合金代号用 LD(“铝锻”汉语拼音字首)及顺序号表示,如 LD5,LD7 等。

锻铝合金主要用作航空及仪表工业中形状复杂、比强度较高的锻件和模锻件,以及在 300～200℃以下工件的结构件。例如,叶轮、框架、支架、活塞、气缸头等。

根据 GB/T 16474—1996 规定,形变铝合金及铝合金采用四位数字体系牌号和四位字符体系牌号,两种牌号的区别仅在牌号的第二位。牌号第一位数字表示铝及铝合金的组别,用 1,2,3,4,5,6,7,8,9 分别代表纯铝以及铜、锰、镁、硅、锌和其他元素为主要合金元素的铝合金及备用合金组;第二位数字或字母表示纯铝合金的改型情况,数字 0 或字母 A 表示原始纯铝和原始合金,1～9 或 B～Y 表示改型情况;牌号最后两位数字用以标识同一组中不同的铝合金,纯铝则表示最低铝百分含量中小数点后面的两位。

常用形变铝合金的代号、牌号、成分、力学性能及用途见表 7－1。

表 7－1　常用形变铝合金的代号、牌号、化学成分、力学性能及用途

(摘自 GB3190—1982,GB10569—1989,GB/T16474—1996)

类别		代号	牌号	化学成分 w/%					材料状态	力学性能			用途举例
				Cu	Mg	Mn	Zn	其他		σ_b/MPa	δ/%	HBS	
不能热处理强化的铝合金	防锈铝合金	LF5	5A05	0.10	4.8～5.5	0.3～0.6	0.20		O	280	20	70	焊接油箱、油管、焊条、铆钉以及中载零件及制品
		LF11	5A11	0.10	4.8～5.5	0.3～0.6	0.20	Ti 或 V 0.02～0.15	O	280	20	70	油箱、油管、焊条、铆钉以及中载零件及制品
		LF11	3A21	0.20	0.05	1.0～1.6	0.10	Ti0.15	O	130	20	30	焊接油箱、油管、焊条、铆钉以及轻载零件及制品

续　表

类别		代号	牌号	化学成分 $w/\%$					材料状态	力学性能			用途举例
				Cu	Mg	Mn	Zn	其他		σ_b/MPa	$\delta/\%$	HBS	
能热处理强化的铝合金	硬铝合金	LY1	2A01	2.2～3.0	0.2～0.5	0.20	0.10	Ti0.15	T4	300	24	70	工作温度不超过100℃的结构用中等强度铆钉
		LY11	2A11	3.8～4.8	0.4～0.8	0.4～0.8	0.30	Ni0.10 Ti0.15	T4	420	15	100	中等强度的结构零件，如骨架、模锻的固定接头、支柱、螺旋桨叶片、局部镦粗零件、螺栓和铆钉
		LY12	2A12	3.8～4.9	1.2～1.8	0.3～0.9	0.30	Ti0.15	T4	470	12	105	高强度结构件及<150℃工作的零件，如骨架、铆钉、梁
	超硬铝合金	LG4	7A04	1.4～2.0	1.8～2.8	0.2～0.6	5.0～7.0	Cr0.1～0.25	T6	600	12	150	结构中主要受力件，如飞机大梁、桁架、加强框、蒙皮接头及起落架
	锻铝合金	LD5	2A50	1.8～2.6	0.4～0.8	0.4～0.8	0.30	Si0.70～1.2	T6	420	13	105	形状复杂、中等强度的锻件
		LD7	2A70	1.9～2.5	1.4～1.8	0.20～	0.30	Ni1.0～1.5 Ti0.02～1.0 Fe1.0～1.5	T6	440	12	120	内燃机活塞和在高温下工作的复杂锻件、板材，可作高温下工作的结构件
		LD10	2A14	3.9～4.8	0.4～0.8	0.4～1.0		Si0.5～1.2	T6	480	10	135	承受重载荷的锻件

注：O—退火；T4—固溶热处理＋自然实效；T6—固溶热处理＋人工实效。

(2) 铸造铝合金

铸造铝合金有良好的铸造性能，可浇注成各种形状复杂的铸件。铸造铝合金种类很多，主要有 Al－Si 系、Al－Cu 系、Al－Mg 系、Al－Zn 系四类。

铸造铝合金的代号用 ZL(“铸铝”汉语拼音字首)及三位数字表示。第一位数字表示主要合金类别：“1”表示铝-硅系，“2”表示铝-铜系，“3”表示铝-镁系，“4”表示铝-锌系；第二、三位数字表示顺序号，如 ZL102，ZL401 等。

铸造铝合金的牌号由 Z 和基体元素化学符号、主要元素化学符号以及表示合金元素平均含量的百分数组成。优质合金在牌号后面标注 A，压铸合金在牌号前面冠以字母“YZ”。

部分铸造铝合金的牌号、代号、成分、热处理、力学性能及用途见表 7－2。

1) 铝硅铸造铝合金　铝硅铸造铝合金有优良的铸造性能(如流动性好，收缩及热裂倾向小)，一定的强度和良好的耐蚀性，应用广泛。Al－Si 系铸造铝合金通常称硅铝明。

ZL102($w_{Si}=10\%\sim13\%$)是一种典型的铝硅合金，属于共晶成分，通常称为简单硅铝明。经铸造后的组织是硅溶于铝中形成的 α 固溶体和硅晶体组成的共晶体($\alpha+$Si)，由于硅本身脆性大，又呈粗大针状分布在组织中(如图 7－5a，暗色针状为硅晶体，亮色为 α 固溶体)，故使合金力学性能大为降低。为提高力学性能，常采用变质处理，即在浇注前向合金液中加入占合金液重量 2%～3%的变质剂(常用 2/3NaF＋1/3NaCl 的混合盐)，停留十多分钟后浇入铸型。因变质剂使共晶点移向右下方，故变质后为亚共晶合金，硅晶体变为细小粒状，均匀分布在铝基体上，并生成塑性好的初晶 α 固溶体(图 7－5b，暗色基体为细粒状共晶体，亮色为初晶 α 固溶体)。变质后，合金力学性能显著提高，由原来的 $\sigma_b=140\text{MPa}$，$\delta=3\%$，提高到 $\sigma_b=180\text{MPa}$，$\delta=8\%$。但 ZL102 的致密性较差，且不能热处理强化。

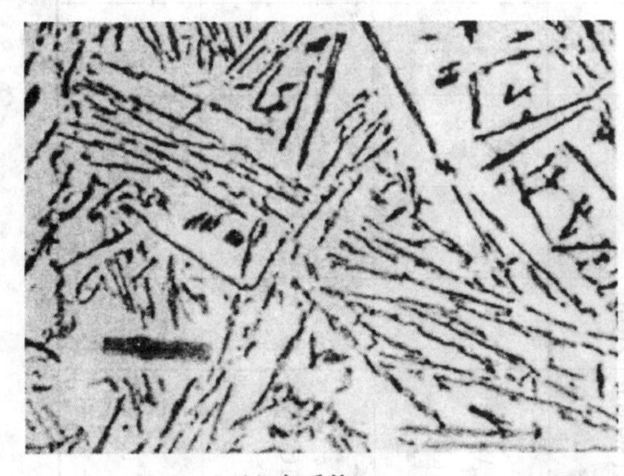
(a) 变质前

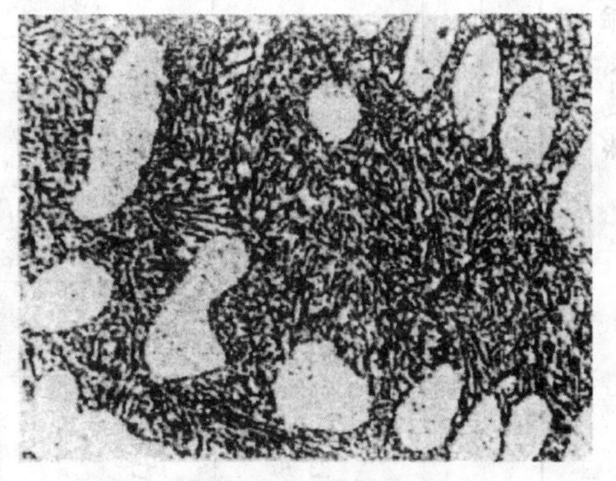
(b) 变质后

图 7－5　ZL102 的铸态组织

表 7-2 部分铸造铝合金的牌号、代号、成分、热处理、力学性能及用途

（摘自 GB/T1173—1995）

类别	牌号	代号	化学成分 w/%						铸造方法	热处理方法	力学性能			用途举例
			Si	Cu	Mg	Mn	其他	Al			σ_b/MPa	δ_5/%	HBS	
铝硅合金	ZAlSi7Mg	ZL101	6.5～7.5		2.5～0.45			余量	金属型	固溶热处理+不完全时效	205	2	60	形状复杂的零件，如飞机仪器零件、抽水机壳体等
									砂型	固溶热处理+不完全时效	195	2	60	
									砂型变质处理	固溶热处理+完全时效	225	1	70	
	ZAlSi12	ZL102	10.0～13.0					余量	金属型	退火	145	3	50	仪表、水泵壳体，工作温度在200℃以下的高气密性和低载零件
									砂型、金属型变质处理	退火	135	4	50	
	ZAlSi9Mg	ZL104	8.0～10.5		0.17～0.30	0.2～0.5		余量	金属型	固溶热处理+完全时效	235	2	70	在200℃以下工作的零件，如气缸体、机体等
									砂型变质处理	固溶热处理+完全时效	225	2	70	
	ZAlSi5Cu1Mg	ZL105	4.5～5.5	1.0～1.5	0.4～0.6			余量	砂型	固溶热处理+不完全时效	225	0.5	70	形状复杂、工作温度为250℃以下的零件，如风冷发动机的气缸头，机匣，油泵壳体
									金属型	固溶热处理+不完全时效	235	0.5	70	
铝铜合金	ZAlCu5Mn	ZL201		4.5～5.3		0.6～1.0	Ti0.15～0.35	余量	砂型	固溶热处理+自然时效	295	8	70	内燃机气缸头、活塞等零件
									砂型	固溶热处理+不完全时效	335	4	90	
	ZAlCu10	ZL202		9.0～11.0				余量	砂型	固溶热处理+完全时效	165		100	高温下工作不受冲击的零件和要求硬度较高的零件
									金属型	固溶热处理+完全时效	165		100	

续 表

类别	牌号	代号	化学成分 w/%						铸造方法	热处理方法	力学性能			用途举例
			Si	Cu	Mg	Mn	其他	Al			σ_b/MPa	δ_5/%	HBS	
铝铜合金	ZAlCu4	ZL203		4.0～5.0				余量	砂型	固溶热处理+不完全时效	215		70	中等载荷、形状较简单的零件，如托架和工作温度不超过200℃并要求切削加工性能好的小零件
铝镁合金	ZAlMg10	ZL301			9.5～11.0			余量	砂型	固溶热处理+自然时效	280	10	60	在大气或海水中工作的零件，承受大振动载荷，工作温度不超过150℃的零件，如氨用泵体、船舰配件等
铝镁合金	ZAlMg5Si1	ZL303	0.8～1.3		4.5～5.5	0.1～0.4		余量	砂型 金属型		145	1	55	腐蚀介质作用下的中等载荷零件，在严寒大气中以及工作温度不超过200℃的零件，如海轮配件和各种壳体
铝锌合金	ZAlZn11Si7	ZL401	6.0～8.0		0.1～0.3		Zn9.0～13.0	余量	金属型	人工时效	245	1.5	90	结构形状复杂的复杂的汽车、飞机仪器零件，工作温度不超过200℃，也可制作日用品

注：不完全时效指时效温度低，或时间短；完全时效指时效温度约180℃，时间较长；ZL401的性能是指经过自然时效20天或人工时效后的性能。

为提高铝硅铸造铝合金的强度，常加入能产生时效硬化（或时效强化）的铜、镁等合金元素，称此合金为特殊硅铝明。这种合金在变质处理后还可通过固溶热处理和时效进一步强化合金。

铝硅铸造铝合金广泛用于制造重量轻、形状复杂、耐蚀，但强度要求不高的铸件。常用代号有 ZL102，ZL104，ZL105 等。用来制造电动机壳体、气缸体等。

2）铝铜铸造铝合金　铝铜铸造铝合金的 $w_{Cu}=4\%\sim14\%$。由于铜在铝中有较大溶解度，且随温度发生变化，因此可进行时效硬化。铝铜铸造铝合金耐热性好，但铸造性能和耐蚀性差。常用代号有 ZL201，ZL202，ZL203 等。主要用来制造要求较高强度或高温下不受冲击的零件，如内燃机缸头、活塞等。

3）铝镁铸造铝合金　铝镁铸造铝合金密度小（$<2.55\mathrm{g/cm^3}$）、耐蚀性好、强度高、铸造性能差、耐热性低、时效硬化效果甚微。常用代号有 ZL301，ZL302 等。主要用于制造在腐蚀性介质中工作的零件，如舰船配件、氨用泵等。

4）铝锌铸造铝合金　铝锌铸造铝合金铸造性能好，经变质处理和时效处理后，强度较高，价格便宜，但耐蚀性、耐热性差。常用代号有 ZL401，ZL402 等。主要用于制造结构形状复杂的汽车、仪表、飞机零件等。

7.2 铜及铜合金

铜及铜合金是人类历史上应用最早的具有划时代意义的有色金属。目前，工业上使用的铜及铜合金主要有工业纯铜、黄铜和青铜。主要用作具有导电、导热、耐磨、抗磁、防爆（受冲无火花）等性能要求并兼有耐腐蚀性的器件。

7.2.1 工业纯铜

工业纯铜呈紫红色，常称紫铜，密度为 $8.9\mathrm{g/cm^3}$，熔点为1083℃，具有面心立方晶格，无同素异晶转变。纯铜电导性、热导性优良，耐蚀性和塑性很好（$\delta=40\%\sim50\%$），但强度较低（$\sigma_b=230\sim250\mathrm{MPa}$），硬度很低（30～40HBS），不能热处理强化，只能通过冷变形强化，但塑性降低。例如，当变形度为 50%时，强度为 $\sigma_b=400\sim430\mathrm{MPa}$，硬度为 100～200HBS，塑性下降至 $\delta=1\%\sim2\%$。

工业纯铜的纯度为 $w_{Cu}=99.95\%\sim99.5\%$，主要有铅、铋、氧、硫、磷等，杂质含量越多，其电导性越差，并易产生热脆和冷脆。

工业纯铜的代号用 T（“铜”的汉语拼音字首）及顺序号（数字）表示，共有三个代号：T1，T2，T3，其后数字越大，纯度越低。

工业纯铜广泛用于制造电线、电缆、电刷、铜管及配制合金，因其强度较低，不宜制造受力大的结构件。

工业纯铜的牌号、成分及用途见表 7-3。

表 7-3　工业纯铜的牌号、成分及用途

牌号	含铜量 w_{Cu}/%	杂质含量 w(杂质)/%		杂质总含量 w 杂质/%	用途
		Bi	Pb		
T1	99.95	0.002	0.005	0.05	导电材料和配高纯度合金
T2	99.90	0.002	0.005	0.1	电力输送导电材料，制作电线、电缆等
T3	99.70	0.002	0.01	0.3	电机、电工材料、电器开关，垫圈、铆钉、油管等
T4	99.50	0.003	0.05	0.5	同上

7.2.2　铜合金

铜中加入合金元素后，可获得较高的强度和硬度，韧性好，同时保持纯铜的某些优良性能。铜合金比工业纯铜的强度高，且具有许多优良的物理化学性能，常用作工程结构材料。

根据铜合金化学成分的不同，铜合金分为黄铜、青铜和白铜；根据生产方法的不同，可分为压力加工铜合金和铸造铜合金。常用铜合金是黄铜和青铜。

1. 黄铜

以锌为主要添加元素的铜合金称为黄铜，按其化学成分不同，分为普通黄铜和特殊黄铜；按生产方法不同分为压力加工黄铜和铸造黄铜。

(1) 普通黄铜

铜和锌组成的二元合金称为普通黄铜。加入锌可提高合金的强度、硬度和塑性，还可改善铸造性能。黄铜的组织和力学性能与含锌量的关系如图 7-6。在平衡状态下，当 $w_{Zn}<32\%$ 时，锌全部溶于铜中，室温下形成单相 α 固溶体，随着含锌量增加，其强度增加，塑性有所改善，适于冷变形加工；当 $w_{Zn}=32\%\sim45\%$ 时，其室温组织为 α 固溶体与少量硬而脆的 β' 相（以 CuZn 为基的固溶体），少量 β' 相对强度无影响，随含锌量增加强度继续增加，塑性开始下降，不宜冷变形加工，但高温下塑性好，可进行热变形加工；当 $w_{Zn}>45\%$ 时，其组织全部为 β' 相，甚至

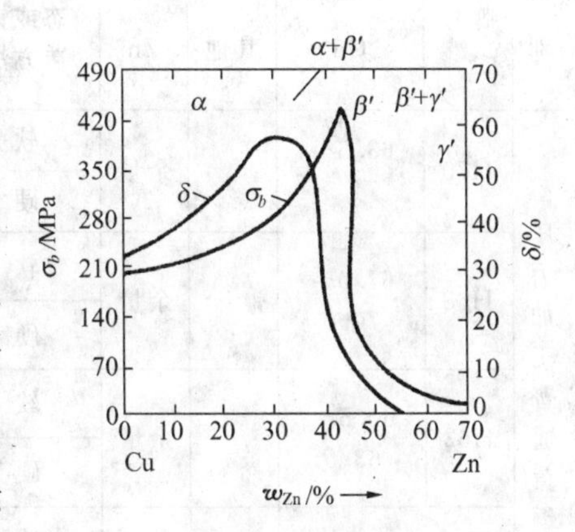

图 7-6　黄铜的组织和力学性能与含锌量的关系

出现极脆的r'相(以Cu_5Zn_8为基的固溶体),强度、塑性急剧下降,脆性很大,无实用意义。

当黄铜$w_{Zn}<7\%$时,耐海水和大气腐蚀性好,但当$w_{Zn}>7\%$时,经冷变形加工后有残余应力存在,在海水和潮湿的大气中,尤其是在含有氨的环境,易产生应力腐蚀开裂(亦称季裂)。为消除应力,应在冷变形加工后进行去应力退火。

黄铜不仅有良好的变形加工性能,而且有优良的铸造性。由于结晶温度间隔很小,它的流动性很好,易形成集中缩孔,铸件组织致密,偏析倾向小。黄铜的耐腐蚀性比较好,与纯铜接近,超过铁、碳钢及许多合金钢。

压力加工普通黄铜的牌号用H("黄"的汉语拼音字首)及数字表示,其数字表示铜平均含量的百分数。例如,H68表示平均$w_{Cu}=68\%$,其余为锌含量的普通黄铜。

常用单相黄铜H70,H68,其组织为α固溶体,强度较高,冷、热变形能力好,适于用冲压法制造形状复杂、要求耐蚀的零件,如弹壳、冷凝器等;H62,H59为双相黄铜($\alpha+\beta'$),强度较高,有一定耐蚀性,不适宜冷变形加工,可进行热变形加工,广泛用于制造热轧、热压零件,如散热器、垫圈、弹簧等。

铸造黄铜的牌号依次由Z("铸"字汉语拼音字首)、铜、合金元素符号及该元素平均含量的百分数组成。如ZCuZn38为$w_{Zn}=38\%$,其余为铜含量的铸造黄铜。铸造黄铜的熔点低于纯铜,铸造性能好,且组织致密。主要用于制作一般结构件和耐蚀件。

常用普通黄铜的牌号、成分、性能及用途见表7-4。

表7-4 普通黄铜的牌号、成分、力学性能及用途

(摘自GB5232—1985,GB1176—1987,GB2041—1989)

类别	牌号	主要成分 $w/\%$			加工状态或铸造方法	力学性能			用途举例
		Cu	其他	Zn		σ_b/MPa	$\delta/\%$	HBS	
						不小于			
压力加工普通黄铜	H70	68.5~71.5		余量	软	320	53		弹壳、热变换器、造纸用管,机器和电器用零件
					硬	660	3	150	
	H68	67.0~70.0		余量	软	320	55		复杂的冷冲件和深冲件、散热器外壳、导管及波纹管
					硬	660	3	150	
	H62	60.5~63.5		余量	软	330	49	56	销钉、铆钉、螺母、垫圈、导管、夹线板、环形件、散热器等
					硬	600	3	164	
	H59	57.0~60.0		余量	软	390	44		机械、电器用零件,焊接件及热冲压件
					硬	500	10	163	

续　表

类别	牌号	主要成分 w/%			加工状态或铸造方法	力学性能			用途举例
		Cu	其他	Zn		σ_b/MPa	δ/%	HBS	
						不小于			
铸造黄铜	ZCuZn38	60～63		余量	S	295	30	590	一般结构件和耐蚀零件,如端盖、阀座、支架、手柄和螺母等
					J	295	30	685	

注：软—600℃退火；硬—变形度 50%；S—砂型制造；J—金属制造。

(2) 特殊黄铜

为了获得更高的强度、抗腐蚀性和良好的铸造性能，在铜锌合金(普通黄铜)中加入锡、铅、铝、硅、锰、铁等合金元素所形成的合金称为特殊黄铜，相应的称这些特殊黄铜为锡黄铜、铝黄铜、铅黄铜、硅黄铜等。加入的合金元素均可提高黄铜的强度，锡、铝、锰、硅还可提高耐蚀性和减少应力腐蚀破裂的产生倾向；铅可改善黄铜的切削加工性能和提高耐磨性；硅可改善铸造性能；铁可细化晶粒。

特殊黄铜分为压力加工和铸造用两种。前者加入的合金元素较少。后者因不要有很高的塑性，为提高强度和铸造性能，可加入较多的合金元素。

压力加工特殊黄铜的牌号依次由 H(“黄”字汉语拼音字首)、主加合金元素符号、铜平均含量的百分数、合金元素平均含量的百分数组成。例如，HSn62－1 表示平均 $w_{Sn}=1\%$，$w_{Cu}=62\%$，其余为锌含量的锡黄铜。

铸造特殊黄铜的牌号依次由 Z(“铸”字汉语拼音字首)、铜和合金元素符号、合金元素平均含量的百分数组成。例如，ZCuZn31Al2 为平均 $w_{Zn}=31\%$，$w_{Al}=2\%$，其余为铜含量的铸造铝黄铜。

锡黄铜的耐腐蚀性得到显著提高。常用牌号有 HSn90－1，HSn62－1。主要用于船舶零件及汽车、拖拉机弹簧、套管等。

铅黄铜主要是改善耐磨性和切削加工性。常用牌号有 HPb63－3 等。主要用于要求有良好切削性及耐腐蚀性的零件，如钟表零件。

铝黄铜的强度、硬度、耐腐蚀性都有所提高，但韧性下降。常用牌号有 HAl77－2，HAl60－1－1。主要用于耐腐蚀零件，如海船冷凝器管、化工机械零件等。

硅黄铜除了提高机械性能外，还提高了铸造流动性和耐腐蚀性。镍黄铜、铁黄铜等均能改善机械性能，提高耐腐蚀性，应用于造船工业。

部分特殊黄铜的牌号、成分、性能及用途见表 7－5。

表7-5 部分特殊黄铜的牌号、成分、力学性能及用途

（摘自GB5232—1985，GB1176—1987，GB2041—1989）

类别	牌号	主要成分 w/%			加工状态或铸造方法	力学性能			用途举例
		Cu	其他	Zn		σ_b/MPa	δ/%	HBS	
						不小于			
压力加工特殊黄铜	HSn62-1	61.0～63.0	Sn0.7～1.1	余量	硬	700	4	HRB 95	汽车、拖拉机弹性套管、船舶零件
	HPb59-1	57～60	Pb0.8～1.9	余量	硬	650	16	HRB 140	销子、螺钉等冲压或加工件
	HAl59-3-2	57～60	Al2.5～3.5 Ni2.0～3.0	余量	硬	650	15	155	强度要求的耐蚀零件
	HMn58-2	57～60	Mn1.0～2.0	余量	硬	700	10	175	船舶零件及耐磨零件
铸造黄铜	ZCuZn16Si4	79～81	Si2.5～4.5	余量	S	345	15	88.5	接触海水工件的配件以及水泵、叶轮和在空气、淡水、油、燃料以及工作压力在4.5MPa和250℃以下蒸汽中工件的零件
					J	390	20	98.0	
	ZCuZn40Pb2	58～63	Pb0.5～2.5 Al0.2～0.8	余量	S	220	15	78.5	一般用途的耐磨、耐蚀零件，如轴套、齿轮等
					J	280	20	88.5	
	ZCuZn40Mn3Fe1	53～58	Mn3.0～4.0 Fe0.5～1.5	余量	S	440	18	98.0	耐海水腐蚀的零件，以及300℃以下工作的管配件，制造船舶螺旋桨等大型铸件
					J	490	15	108.0	
	ZCuZn40Mn2	57～60	Mn1.0～2.0	余量	硬	345	20	78.5	在空气、淡水、海水、蒸汽（小于300℃）和各种液体、燃料中工作的零件和阀体、阀杆、泵、管接头以及需要浇注巴氏合金和镀锡零件等
						390	25	88.5	

注：软—600℃退火；硬—变形度50%；S—砂型制造；J—金属制造。

2. 青铜

青铜原指铜锡合金,但工业上把含铝、硅、铅、铍、锰的铜基合金也称为青铜。常用的青铜有锡青铜、铝青铜、铍青铜、铅青铜等。按生产方式,可分为压力加工青铜和铸造青铜。

青铜的牌号依次由Q("青"字汉语拼音字首)、主加元素符号及其平均含量的百分数、其他元素平均含量百分数组成。例如,QSn4－3表示平均 $w_{Sn}=4\%$,$w_{Zn}=3\%$,其余为铜含量的锡青铜。

铸造用青铜,其牌号依次由Z("铸"字汉语拼音字首)、铜及合金元素符号、合金元素平均含量百分数组成。例如,ZCuSn10Zn2表示平均 $w_{Sn}=10\%$、$w_{Zn}=2\%$,其余为铜含量的铸造锡青铜。

(1) 锡青铜

以锡为主要添加元素的铜基合金称为锡青铜。锡在铜中形成固溶体,也可形成金属化合物。因此,根据锡的含量不同,锡青铜的组织和性能也不同。

由图7－7可知:当 $w_{Sn}<7\%$ 时,锡溶于铜中形成 α 固溶体,有良好的塑性。随含锡量增加,强度、塑性增加,适宜压力加工。

当 $w_{Sn}>7\%$ 以后,组织中出现硬而脆的 δ 相(以 $Cu_{31}Sn_8$ 为基的固溶体),强度继续升高,塑性急剧下降,故适宜铸造。

当 $w_{Sn}>20\%$ 时,由于 δ 相过多,合金变脆,强度显著降低,无实用价值。工业用锡青铜一般 $w_{Sn}=3\%\sim14\%$。

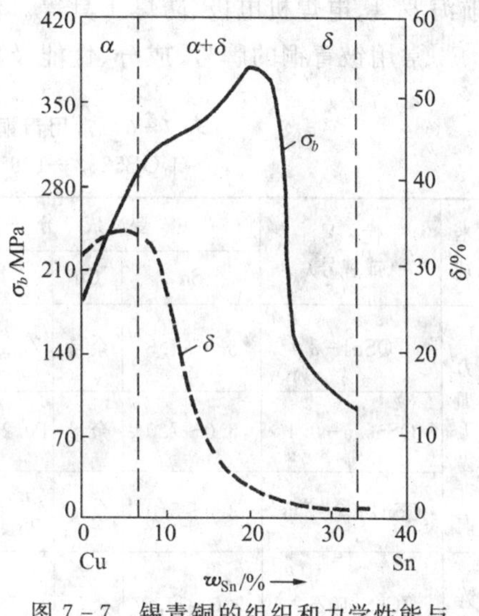

图7－7　锡青铜的组织和力学性能与含锡量关系

锡青铜的铸造收缩率很小,可铸造形状复杂的零件。但铸件易生成分散缩孔,使致密性降低,在高压下容易渗漏。锡青铜在大气、淡水、海水以及蒸汽中的抗腐蚀性比纯铜和黄铜好,但在盐酸、硫酸和氨水中的抗腐蚀性较差。在锡青铜中加入少量的铅,可提高耐腐蚀性和切削加工性能;加入磷可提高弹性极限、疲劳极限;加入锌可缩小结晶范围,改善铸造性能。

锡青铜在造船、化工、机械、仪表等工业中广泛应用,主要用于制造抗蚀零件、弹性零件以及抗磁零件和致密性要求不高的耐磨件,如轴瓦、轴套、齿轮、蜗轮、蒸汽管等。

(2) 铝青铜

以铝为主要添加元素合金称为铝青铜。一般当 $w_{Al}=8.5\%\sim11\%$。它具有高的耐蚀性,较高的耐热性、硬度、耐磨性、韧性和强度。铸造铝青铜由于结晶温度范围窄,流动性好,偏析和分散缩孔小,故能获得致密的铸件,但收缩率大。当 $w_{Al}=5\%\sim7\%$

时,塑性好,适于冷变形加工;当 w_{Al} 为10%左右时,强度最高,一般为铸造铝青铜。

为了进一步提高铝青铜的强度、耐磨性及抗腐蚀性,可添加合金元素锰、铁、镍等。铝青铜主要用于制造仪器中要求耐蚀的零件和弹性元件;铸造铝青铜常用于制造要求有较高强度和耐磨性的摩擦零件。

(3) 铍青铜

以铍为主要添加元素的铜合金称为铍青铜。一般 $w_{Be}=1.7\%\sim2.5\%$。铍青铜经固溶热处理和时效后具有高的强度、硬度和弹性极限。另外,还具有良好的耐蚀性、电导性、热导性和工艺性,无磁性、耐寒,受冲击不产生火花等优点。可进行冷、热加工和铸造成形。主要用于制造仪器、仪表中的重要弹性元件和耐蚀、耐磨零件,如钟表齿轮、航海罗盘、电焊机电极、防爆工具等。但铍青铜成本高,应用受限。

常用铍青铜的牌号、成分、性能及用途如表7-6。

表7-6 常用青铜的牌号、成分、力学性能及用途

(摘自GB5232—1985,GB1176—1987,GB2041—1989)

类别	代号(或牌号)	主要成分 w/%			制品种类或铸造方法	力学性能		用途举例
		Sn	Cu	其他		σ_b/MPa	δ_5/%	
压力加工锡青铜	QSn4-3	3.5~4.5	余量	Zn2.7~3.3	板,带,棒,线	350	40	弹簧、管配件和化工机械中的耐磨及抗磁零件
	QSn6.5-0.4	6.0~7.0	余量	P0.26~0.40	板,带,棒,线	750	9	耐磨及弹性零件
	QSn4-4-2.5	3.0~5.0	余量	Zn3.0~5.0 Pb1.5~3.5	板,带	650	3	轴承和轴套的衬垫等
铸造锡青铜	ZCuSn10Zn2	9.0~11.0	余量	Zn1.0~3.0	砂型	240	12	在中等及较高载荷下工作的重要管配件,阀、泵体、齿轮等
					金属型	245	6	
	ZCuSn10Pb1	9.0~11.5	余量	Pb0.5~1.0	砂型	220	3	重要的轴瓦、齿轮、连杆和轴套等
					金属型	310	2	
铝、铍青铜等	ZCuAl10Fe3Mn2	Al9.0~11.0	余量	Fe2.0~4.0 Mn1.0~2.0	砂型	490	13	重要用途的耐磨、耐蚀的重型铸件,如轴套、螺母、蜗轮
					金属型	540	15	
	QA17	Al6.0~8.0	余量	—	板,带,棒,线	637	5	重要的弹簧和弹性元件
	QBe2	Be1.8~2.1	余量	Ni0.2~0.5	板,带,棒,线	500	30	重要仪表的弹簧、齿轮等
	ZCuPb30	Pb27.0~33.0	余量		金属型			高速双金属轴瓦、减磨零件等

(4) 硅青铜

以硅为主要添加元素的铜合金称为硅青铜。硅青铜的机械性能比锡青铜好，它有很好的铸造性能和冷热加工性能。硅在铜中的最大溶解度4.6%，室温时降为3%。硅青铜中加入镍，因形成金属化合物 Ni_2Si，可进行时效处理，获得高的强度和硬度，广泛应用于航空工业。硅青铜可制作弹簧、齿轮、蜗轮、蜗杆等耐腐蚀、耐磨零件。

3. 白铜

以镍为主要添加元素的铜合金称为白铜。普通白铜仅含铜和镍，其牌号依此由B（“白”字汉语拼音字首）、镍的平均含量的百分数。例如B5，B19等。普通白铜中假如加入锌、锰、铁等合金元素后分别叫锌白铜、锰白铜、铁白铜。

白铜有较好的强度和优良的塑性，能进行冷、热变形。冷变形能提高强度和硬度。它的抗腐蚀性很好，电阻率较高。主要用于制造船舶仪器零件、化工机械零件及医疗器械等。锰含量高的锰白铜可制作热电偶丝。

7.3 钛 合 金

钛及钛合金具有重量轻、比强度高、耐高温、耐腐蚀以及良好低温韧性等优点，同时资源丰富，所以有着广泛的应用前景。钛及钛合金的加工条件复杂，成本较高，在很大程度上影响了它的应用。

7.3.1 工业纯钛

钛的密度小（$4.5g/cm^3$），熔点高（1668℃），热膨胀系数小，热导性差，塑性很好（$\delta=40\%$，$\psi=60\%$），强度、硬度低（$\sigma_b=290MPa$，100HBS）。钛与氧、氮形成致密的保护膜，因此在大气、高温气体及许多腐蚀性介质中有良好的耐蚀性。钛的成形性、焊接性和切削加工性良好，可制成细丝和薄片。钛具有同素异晶转变，在882.5℃以下为密排六方晶格的 α - Ti，882.5℃以上为体心立方晶格的 β - Ti。

工业纯钛中含有氧、氮、铁、氢、碳等杂质，少量杂质可使强度、硬度增加，而塑性、韧性下降。

工业纯钛的牌号用“TA”（“T”为“钛”的汉语拼音字首）及数字表示，数字越大，纯度越低。其牌号有TA1，TA2，TA3三种。工业纯钛只作“去应力退火”和“再结晶退火”处理，常用作350℃以下，强度要求不高的零件和冲压件。

7.3.2 钛合金

合金元素溶入 α - Ti 中形成 α 固溶体，合金元素溶入 β - Ti 中形成 β 固溶体。因此，可将钛合金分为 α 钛合金、β 钛合金、($\alpha+\beta$)钛合金三类，其牌号分别以下TA，TB，

TC 加数字(序号)表示。

1. α钛合金

钛中加入铝可使合金的同素异晶转变温度提高,在室温和工作温度下获得单相α组织,故称为α钛合金。α钛合金有良好的热稳定性、热强性和焊接性,但室温强度比其他钛合金低,塑性变形能力也较差,且不能热处理强化,主要是固溶强化,通常在退火状态下使用。

α钛合金的牌号有 TA4,TA5,TA6,TA7,TA8 等。TA7 是典型牌号,可制作在500℃以下工作的零件,如导弹燃料罐,超音速飞机的涡轮机匣,发动机压气机盘和叶片等。

2. β钛合金

钛中加入钼、铌、钒等稳定β相的合金元素,可获得稳定的β相组织,故称为β钛合金。β钛合金淬火后具有良好塑性、可进行冷变形加工。经淬火时效后,使合金强度提高,焊接性好,但热稳定差。

其牌号有 TB1,TB2,适于制作在 350℃以下使用的重载荷回转件(如压气机叶片、轮盘等)以及飞机构件等。

3. (α+β)钛合金

钛中主要加入铁、锰、钼、铬、钒等稳定β相的合金元素以及少量稳定α相的合金元素铝,在室温下获得(α+β)的两相组织,故称为(α+β)钛合金。这种合金塑性好,易于锻压,经淬火时效强化后,强度可提高 50%~100%,但热稳定性差,焊接性不如α钛合金。

其牌号有 TC1,TC2,…,TC10。TC4 是典型牌号,经淬火和时效处理后,强度高、塑性好,在 400℃时组织稳定,蠕变强度较高,低温时韧性好,并有良好的抗海水应力腐蚀及抗热盐应力腐蚀的能力,适于制造在 400℃以下长期工作的零件,要求有一定高温强度的发动机零件,以及在低温下使用的火箭、导弹的液氢燃料箱部件等。

除上述常用的钛合金外,还有钛镍合金(称作形状记忆金属),预先将钛镍合金加工成一定形状,以后无论如何改变其形状,只要在 300~1000℃温度中进行几分钟至半小时的加热,它仍然会恢复到加工时的形状。利用这些特性可制作温度控制装置、集成电路导线、汽车零件及卫星天线等。

7.4 轴承合金

轴承合金是制造滑动轴承轴瓦及轴衬的耐磨材料。滑动轴承具有承受压力面积大,工作平稳,无噪声以及修理、更换方便等优点,故应用广泛。滑动轴承在工作时,轴瓦表面承受一定的交变载荷,并与轴之间发生激烈的摩擦。因此,对制造滑动轴承轴瓦及轴衬等主要零件的轴承合金的性能提出很高的要求。

7.4.1　轴承合金的性能要求

轴承是支承轴颈的，轴在滑动轴承内旋转时，轴承受交变载荷，并伴有冲击力，轴颈和轴瓦之间产生强烈摩擦。因轴是机器中的重要零件，制造困难，成本高，不易更换，所以在磨损不可避免的情况下，应首先考虑使轴磨损最小，然后再尽量提高轴承的耐磨性，为减小轴承对轴颈的磨损，轴承合金应具有以下性能：

a. 足够的强度和硬度，以承受轴颈所施加的较大压力。

b. 高的耐磨性，良好的磨合性和较小的摩擦系数，并能储存润滑油。

c. 足够的塑性和韧性，以保证耐冲击和振动。

d. 良好的耐蚀性和热导性，较小的膨胀系数，防止咬合。

e. 良好的工艺性和经济性，容易制造，价格低廉。

7.4.2　轴承合金的组织特征

要获得上面所述的各项性能，轴承合金的组织应是既硬又软的组织。常用轴承合金的组织有两类。

1. 软基体上分布着硬质点

软的基体上均匀分布着硬的质点（一般为化合物，其体积占 15%～30%），如图 7-8。当机器运转时，软基体很快被磨凹，硬质突出于基体，支撑轴颈，减小轴颈与轴瓦的接触面，且凹下去的基体可以储存润滑油，降低摩擦系数，减小摩擦和磨损。软基体还能承受冲击和振动，并使轴颈和轴瓦很好的磨合。属于这类组织的有锡基和铅基轴承合金（称巴氏合金）。

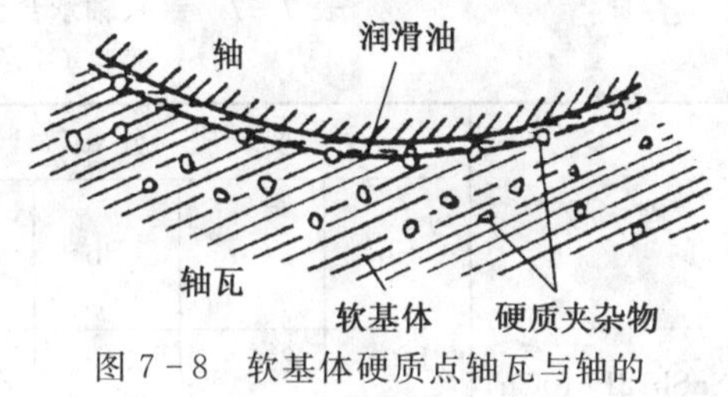

图 7-8　软基体硬质点轴瓦与轴的接触面示意图

2. 硬基体上分布着软质点

硬的基体上均匀分布着软的质点。这类组织的摩擦系数低，能承受较大的载荷，但磨合性差。属于这类组织的有铜基和铝基轴承合金。

7.4.3　常用轴承合金

轴承合金的牌号依次由 Z、基体合金元素符号、主要合金元素符号和各主要合金元素平均（名义）含量的百分数组成，其中“Z”“铸造”的意思。如 ZSnSb11Cu6 为平均 $w_{Sb}=11\%$，$w_{Cu}=6\%$的锡基轴承合金。

1. 锡基轴承合金

锡基轴承合金也称锡基巴氏合金。是一种软的基体上分布硬质点的轴承合金。它

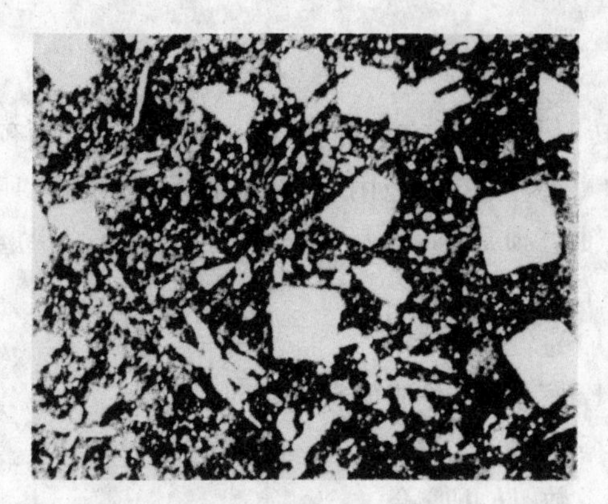

图 7-9 锡基轴承合金(ZSnSb11Cu6)的显微组织

是以锡为基础，加入少量锑和铜组成的合金。如图 7-9 所示，软基体组织是锑溶于锡中形成的 α 溶体(图中黑色部分)，硬度为 30HBS；硬质点是以金属化合物 SnSb 为基的 β 固溶体(图中白色方块，硬度为 110HBS)和化合物 Cu_3Sn 或 Cu_6Sn_5(图中白色针状或星状)，Cu_3Sn 还可在合金凝固时形成树枝状骨架，阻止密度小的 SnSb 上浮，减小重力偏析。

锡基轴承合金的膨胀系数和摩擦系数小，塑性、热导性、耐蚀性和工艺性良好，适于制作重要的轴承，如汽轮机、发动机和压气机等大型机器的高速轴瓦。但锡基轴承合金的疲劳强度较差，许用温度也较低(不高于 150℃)。

常用锡基轴承合金的牌号、成分、性能及用途见表 7-7。

表 7-7 锡基轴承合金牌号、成分、性能及用途

(摘自 GB/T1174—1992)

牌号	主要成分 w/%				力学性能			用途举例
	Sb	Cu	Pb	Sn	σ_b/MPa	δ/%	HBS	
					不小于			
ZSnSb12Pb10Cu4	11.0～13.0	2.5～5.0	9.0～11.0	余量			29	一般机械的主轴轴承，但不适于高温工作
ZSnSb12Cu6Cd1	10.0～13.0	4.5～6.8	0.15	余量			34	
ZSnSb11Cu6	10.0～12.0	5.5～6.5	0.35	余量	90	6.0	27	1500kW以上的高速蒸汽机，400kW的涡轮压缩机用的轴承
ZSnSb8Cu4	7.0～8.0	3.0～4.0	0.35	余量	80	10.6	24	一般在大机器轴承及轴衬，重载、高速汽车发动机，薄壁双金属轴承
ZSnSb4Cu4	4.0～5.0	4.0～5.0	0.35	余量	80	7.0	20	燃气轮机高速轴承及轴衬

2. 铅基轴承合金

铅基轴承合金也称铅基巴氏合金，也是一种软的基体上分布硬质点的轴承合金。它是以铅为基础，并加入锡、锑、铜等元素组成的合金。

如图7-10所示，软基体组织是($\alpha+\beta$)共晶体(图中黑色基体部分，硬度为7~8HBS)，α相是锑溶于铅形成的固溶体，β相是以化合物SnSb为基的含铅固溶体，硬质点是初生β相(图中白色方块状)和化合物Cu_2Sb(白色针状)。加入铜可防止重力偏析。

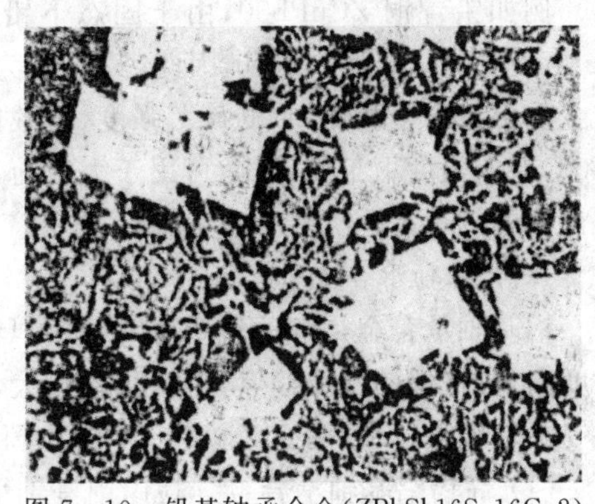

图7-10 铅基轴承合金(ZPbSb16Sn16Cu2)的显微组织

铅基轴承合金的性能与锡基轴承合金相比，在强度、硬度、韧性、热导性及耐蚀性等均比较低，且摩擦系数较大。但因其价格较便宜，铸造性能和耐磨性好，主要用于制造承受中、低载荷的中速轴承，如汽车、拖拉机的曲轴轴承及电动机、破碎机轴承等。

铅基轴承合金的牌号、成分、性能及用途见表7-8。

表7-8 铅基轴承合金牌号、成分、性能及用途

(摘自GB/T1174—1992)

牌号	主要成分 w/%				力学性能			用途举例
	Sb	Sn	Cu	Pb	σ_b/MPa	δ/%	HBS	
					不小于			
ZPbSb16Sn16Cu2	15.0~17.0	15.0~17.0	1.5~2.0	余量	78	0.2	30	工作温度小于120℃、无显著冲击载荷、重载高速轴承
ZPbSb15Sn5Cu3Cd2	14.0~16.0	5.0~6.0	2.5~3.0	余量	68	0.2	32	船舶机械，小于250kW的电动机轴承
ZPbSb15Sn10	14.0~16.0	9.0~11.0	0.7*	余量	60	1.8	24	中等压力的高温轴承
ZPbSb15Cu5	14.0~15.5	0.5~1.0	4.0~5.5	余量		0.2	20	低速、轻压力条件下工作的机械轴承
ZPbSb10Sn6	9.0~11.0	5.0~7.0	0.7*	余量	80	5.5	18	重载、耐蚀、耐磨用轴承

注：表中有“*”号的数值，不计入其他元素总和。

3. 铜基轴承合金

铜基轴承合金是以铜为基础，加入铅、锡、铝等元素组成的合金。它是一种硬的基体上分布软质点的轴承合金。常用的有铅青铜、锡青铜、铝青铜等。

例如铅青铜 ZCuPb30，由于固态下铅与铜互不溶解。室温显微组织为 Cu＋Pb。Cu 为硬基体，Pb 为软质点，因此，其组织为硬的铜基体上均匀分布着软的铅颗粒。该合金与巴氏合金相比，它的疲劳强度、承载能力高，热导性和塑性好，摩擦系数小，能在250℃左右温度下工作，因此可用于大载荷、高速度的重要轴承，例如航空发动机、高速柴油机的轴承等。

4. 铝基轴承合金

铝基轴承合金是一种新型减摩材料，具有密度小，热导性、耐热性、耐蚀性好，疲劳强度高，价格低的性能特点，但膨胀系数大，运转时容易与轴咬合。目前采用较多的有高锡铝基轴承合金（例如 ZAlSn6Cu1Ni1）和铝锑镁轴承合金。

（1）高锡铝基轴承合金　高锡铝基轴承合金是以铝为基本元素，加入锡、铜等合金元素构成的合金，其组织为硬的铝基体上均匀分布着软的粒状锡质点。这种合金常以08 钢为衬背，轧制成双合金带使用。它有较高的疲劳强度，好的耐磨、耐热和耐蚀性，可代替巴氏合金、铜基轴承合金、铝锑镁轴承合金，适于制造滑动速度在 13m/s 以下、重载（3200MPa）工作下的轴承，在汽车、拖拉机和内燃机车等部门应用广泛。

（2）铝锑镁轴承合金

铝锑镁轴承合金是以铝为基本元素，加入锑、镁等合金元素构成的合金。室温组织为 Al＋β。Al 为软基体，β 相是铝锑化合物（AlSb），为硬质点，分布均匀。加入镁可提高合金的屈服强度。

铝锑镁轴承合金有高的抗疲劳性能和耐磨性，但承载能力不大，适于制造在载荷不超过 20MPa、滑动速度不大于 10m/s 的条件下工作的轴承，例如受中等载荷的内燃机轴承等。

除上述轴承合金外，珠光体灰铸铁也可制作低速（$<$2m/s）不重要的轴承。

7.5 粉末冶金材料

将金属粉末与金属或非金属粉末（或纤维）混合，通过压制成形、烧结等工艺过程而制成的材料。而这种成型工艺方法称为粉末冶金法。

粉末冶金法不但是制取具有某些特殊性能材料的方法，也是一种无切屑少切削的加工方法。具有生产率和材料利用率高，节省机床和生产占地面积等优点，但金属粉末和模具费用高，制品大小和形状受到一定限制，制品的韧性较差。

常用粉末冶金法制作硬质合金、减摩材料、结构材料、摩擦材料、难熔金属材料（如钨丝、高温合金)、过滤材料(如水的净化,空气、液体燃料、润滑油的过滤材料等)、金属陶瓷(Al_2O_3 - Cu 等)、无偏析高速工具钢、磁性材料、耐热材料等。

7.5.1 硬质合金

硬质合金是将一种或几种难熔的金属化合物粉末、粘结剂粉末混合加压成型,再经烧结而成的一种粉末冶金产品。金属碳化物常用的有碳化钨、碳化钛、碳化铌和碳化钽等。粘结剂常用的是金属钴粉末。

1. 硬质合金的分类、成分和牌号

常用硬质合金按成分和性能特点可分为钨钴类、钨钛钴类和钨钛钽(铌)类。

a. 钨钴类硬质合金　钨钴类硬质合金主要化学成分是碳化钨(WC)及钴。牌号用 YG(“硬钴”两字的汉语拼音字首)和数字表示,其数字表示钴平均含量的百分数。例如,YG6 表示均 $w_{Co}=6\%$,余量为碳化钨的钨钴类硬质合金。

b. 钨钛钴类硬质合金　钨钛钴类硬质合金主要化学成分是碳化钨、碳化钛及钴。牌号用 YT(“硬钛”两字的汉语拼音字首)和数字表示,其数字表示碳化钛平均含量的百分数。例如,YT15 表示平均 $w_{TiC}=15\%$,余量为碳化钨和钴的钨钛钴类硬质合金。

c. 钨钛钽(铌)类硬质合金　钨钛钽(铌)类硬质合金又称为通用硬质合金或万能硬质合金。它是由碳化钨、碳化钛、碳化钽(或碳化铌)和钴组成。牌号用 YW(“硬万”两字的汉语拼音字首)和顺序号表示。例如,YW1 表示万能硬质合金。

常用硬质合金的牌号、成分和性能如表 7 - 9 所示。

表 7 - 9　常用硬质合金的牌号、成分和性能

(摘自 YS/T400—1994)

类别	牌号	化学成分 w/%				物理、力学性能		
		WC	TiC	TaC	Co	密度 ρ/($g.cm^{-3}$)	硬度 HRA	σ_b/MPa
							不小于	
钨钴类合金	YG3X	96.5	—	<0.5	3	15.0～15.3	91.5	1079
	YG6	94.0	—	—	6	14.6～15.0	89.5	1422
	YG6X	93.5	—	<0.5	6	14.6～15.0	91.0	1373
	TG8	92.0	—	—	8	14.5～14.9	89.0	1471
	YG8N	91.0	—	1	8	14.5～14.9	89.5	1471
	YG11C	89.0	—	—	11	14.0～14.4	86.5	2060
	YG15	85.0	—	—	15	13.0～14.2	87	2060
	YG4C	96.0	—	—	4	14.9～15.2	89.5	1422
	YG6A	92.0	—	2	6	14.6～15.0	91.5	1373
	YG8C	92.0	—	—	8	14.5～14.9	88.5	1716

续表

类别	牌号	化学成分 w/%				物理、力学性能		
		WC	TiC	TaC	Co	密度 ρ/(g.cm^{-3})	硬度 HRA	σ_b/MPa
							不小于	
钨钛钴类合金	YT5	85.0	5	—	10	12.5～13.5	89.5	1373
	YT15	7.0	15	—	6	11.0～11.7	91.5	1150
	YT30	66.0	30	—	4	9.3～9.7	92.5	883
通用合金	YW1	84～85	6	3～4	6	12.6～13.5	91.5	1177
	YW2	82～83	6	3～4	8	12.4～13.5	90.5	1324

注：牌号尾"X"代表该合金是细颗粒合金；"C"表示为粗颗粒合金；不加字的为一般颗粒合金；"N"表示含少量 NbC；"A"表示含少量 TaC。

2. 硬质合金的性能

a. 硬度高，常温下硬度可达 86～93HRA（相当于 69～81HRC）；热硬性高（可达 900～1000℃）；耐磨性好。其切削速度比高速工具钢高 4～7 倍，刀具寿命高 5～80 倍。可切削 50HRC 左右的硬质材料。

b. 抗压强度高（可达6000MPa），但抗弯强度较低（约为高速工具钢的 1/3～1/2），韧性差（约为淬火钢的 30%～50%）。

c. 耐蚀性（抗大气、酸、碱等）和抗氧化性良好。

d. 线膨胀系数小，但导热性差。

硬质合金材料不能用一般的切削方法加工，只能采用电加工（如电火花、线切割、电磨削等）或用砂轮磨削。因此，一般是将硬质合金制品钎焊、粘结或机械夹固在刀体或模具体上使用。

3. 切削加工用硬质合金的分类和分组代号

GB2075—1987 规定，切削加工用硬质合金按其切屑排出形式和加工对象范围不同，分为 P，M，K 三个类别（如表 7－10 所示）。同时又根据被加工材质及适应的加工条件不同，将各类硬质合金按用途进行分组，其代号由在主要类别代号后面加一组数字组成，如 P01，M10，K20……每一类别中，数字越大，韧性越好，耐磨性越低。

4. 硬质合金的应用

a. 刀具材料　硬质合金主要用于制造高速切削或加工高硬度材料的切削刀具，如车刀、铣刀等。硬质合金中碳化物含量越多，含钴量越少，则合金硬度、热硬性、耐磨性越高，但强度、韧性越低。当含钴量相同时，YT 类合金的硬度、耐磨性、热硬性高于 YG 类合金，但其强度和韧性比 YG 合金低。因此 YG 类合金适宜加工脆性材料，YT 类合金适宜加工塑性材料。同类合金中，含钴量最高的适于粗加工，含钴量低的适于精加工。

表7-10　切削加工用硬质合金分类及对照表(GB2075—1987)

应用范围分类			对照		性能提高方向	
代号	被加工材料类别	标志颜色	用途代号	硬质合金牌号	合金性能	切削性能
P	长切屑的钢材料,例如各种钢	蓝	P01 P10 P20 P30 P40 P50	YT30,YN10 YT15 YT14 YT5	↑高 耐磨性 韧性 ↓高	↑高 切削速度 进给量 ↓大
M	长切屑或短切屑的钢铁材料和有色金属	黄	M10 M20 M30 M40	YW1 YW2	↑高 耐磨性 韧性 ↓高	↑高 切削速度 进给量 ↓大
K	短切屑的钢铁材料、有色金属及非金属材料,例如铸铁、铸造黄铜、胶木等	红	K01 K10 K20 K30 K40	YG3X YG6X,YG6A YG6,YG8N YG8N,YG8	↑高 耐磨性 韧性 ↓高	↑高 切削速度 进给量 ↓大

b. 模具材料　硬质合金主要用于制造冷作模具,如冷拉模、冷冲模、冷挤模和冷镦模等。其中钨钴类适用于拉深模,YG6,YG8 适用于小拉深模,YG15 适用于大拉深模和冲压模具。

c. 量具和耐磨零件　各种专用量具的易磨损面镶以硬质合金,可提高使用寿命,并使测量更加精确。例如,千分尺的测量头,车床顶尖等。还可制作受冲击和振动小的耐磨件。例如,精轧辊、无心磨床的导板等。

钢结硬质合金是一种新型的工模具材料,其性能介于高速工具钢和硬质合金之间。它是以一种或几种碳化物(TiC,WC)为硬化相,以碳钢或合金钢(如高速工具钢、铬钼钢等)粉末为粘结剂,经配料、压制、烧结而制成的粉末冶金材料。钢结硬质合金经退火后,可进行切削加工,经淬火、回火后,有相当于硬质合金的高硬度和耐磨性,一定的耐热、耐蚀和抗氧化性,也可焊接和锻造。适于制造形状复杂的刀具(如麻花钻、铣刀等)、模具和耐磨件。

7.5.2　粉末冶金减摩材料

粉末冶金减摩材料具有多孔性,主要用来制造滑动轴承。这种材料压制成轴承后,放在润滑油中,因毛细现象可吸附润滑油(一般含油率为12%～30%),故称含油轴承。

轴承在工作时，由于发热、膨胀，使孔隙容积变小；轴旋转时带动轴承间隙中的空气层，降低了摩擦表面的静压力，在粉末孔隙内外形成压力差，使润滑油被抽到工作表面。停止工作时，润滑油又渗入孔隙中，故含油轴承可自动润滑。

根据基体主加组元不同，粉末冶金减摩材料分为铁基材料和铜基材料。粉末冶金减摩材料的牌号由粉末冶金滑动轴承的“粉”、“轴”两字汉语拼音字首“FZ”，加上基体主加组元序号（铁基为1，铜基为2）、辅加组元序号和含油密度组成。例如FZ1360，表示辅加组元为碳、铜，含油密度为5.7～6.2g/cm^3 的铁基粉末滑动轴承用减摩材料。

铁基减摩材料常用的铁-石墨（$w_{石墨}=0.5\%\sim3\%$）粉末合金和铁—硫（$w_S=0.5\%\sim1\%$）—石墨（$w_{石墨}=1\%\sim2\%$）粉末合金。前者的组织为珠光体（>40%）基体＋铁素体＋渗碳体（<5%）＋石墨＋孔隙，硬度为30～110HBS。后者的组织除与前者的组织相同以外，还有硫化物，可进一步改善减摩性能，硬度为35～70HBS。

铜基减摩材料常用的是青铜粉末与石墨粉末制成的合金，硬度为20～40HBS。它具有较好的热导性、耐蚀性和抗咬合性，但承压能力较铁基减摩材料小。

粉末冶金减摩材料一般用于制造中速、轻载荷的轴承，尤其适宜制造不能经常加油的轴承，如纺织机械、电影机械、食品机械、家用电器（如电风扇、电唱机）等的轴承，在汽车、拖拉机、机床、电机中也得到广泛应用。

7.5.3 粉末冶金结构材料

粉末冶金结构材料根据基体金属不同，分为铁基和铜基材料。铁基材料根据化合碳量的不同，分为烧结铁、烧结低碳钢、烧结中碳钢和烧结高碳钢。如果铁基材料中含有合金组元铜和钼，称为烧结铜钢和烧结钼钢。

粉末冶金铁基结构材料的牌号由“粉”、“铁”、“构”三字的汉语拼音字首“FTG”，加化合碳含量的万分数、主加合金元素的符号及其含量的百分数、辅加合金元素的符号及其含量的百分数和抗拉强度组成。例如FTG60－20表示，化合碳量$w_C=0.4\%\sim0.7\%$，$\sigma_b=200$MPa的粉末冶金铁基结构材料；FTG60Cu3Mo－40，表示化合含碳量$w_C=0.4\%\sim0.7\%$，合金元素含量$w_{Cu}=2\%\sim4\%$，$w_{Mo}=0.5\%\sim1.0\%$，$\sigma_b=400$MPa的粉末冶金铁基结构材料；FTG60Cu3Mo－40(55R)表示该烧结铜钼钢热处理后的抗拉强度$\sigma_b=550$MPa。

铁基结构材料制成的结构零件具有精度较高，表面粗糙度值小，不需或只需少量切削加工，节省材料，生产率高，制品多孔，可浸润滑油，减摩、减振、消声等优点。

除烧结铁外，其余铁基材料均可淬火或渗碳淬火。但铁基结构材料的热处理与一般钢铁材料不同，因为这类材料内部孔隙较多，过热敏感性差，淬透性差，易氧化和腐蚀，所以一般应在保护性气氛中热处理，并增加密度来提高热处理性能。

粉末冶金铁基结构材料广泛用于制造机械零件，如机床上的调整垫圈、调整环、端盖、滑块、底座、偏心轮，汽车中的油泵齿轮、差速器齿轮、止推环，拖拉机上的传动齿轮、活塞环，以及接头、隔套、螺母、油泵转子、挡套、滚子等。

铜基结构材料与铁基结构材料相比，前者抗拉强度较低，塑性、韧性较高，具有良好的导电、导热和耐腐蚀性能，可进行各种镀涂处理，常用于制造体积较小、形状复杂、尺寸精度高、受力较小的仪表仪器零件及电器、机械产品零件，如小模数齿轮、凸轮、紧固件、阀、套等结构件。

7.5.4　粉末冶金摩擦材料

粉末冶金摩擦材料根据基体金属不同，分为铁基材料和铜基材料。根据工作条件不同，分为干式和湿式材料，湿式材料宜在油中工作。

粉末冶金摩擦材料的牌号由“粉摩”两字汉语拼音字首“FM”，加上基体金属骨架组元序号(铜基为 1，铁基为 2)、顺序号和工作条件汉语拼音字母字首“S”或“G”组成。如 FM101S，表示顺序号为 01 的铜基、湿式粉末冶金摩擦材料；FM203G，表示顺序号为 03 的铁基、干式粉末冶金摩擦材料。

粉末冶金摩擦材料由基本组元(铁基、铜基)和辅助组元(润滑组元和摩擦组元)组成。摩擦材料的承载能力、热稳定性、耐磨性和耐热性由基本组元的成分、结构和性能来保证；辅助组元可进一步完善基体性能。铁基摩擦材料在高温载荷下摩擦性能优良，能承受较大压力。铜基摩擦材料工艺性较好，摩擦系数稳定，抗粘、抗卡性好，湿式工作条件下耐磨性优良，常用于油中工作。

铁基和铜基材料的润滑组元都是石墨和铅，占摩擦材料重量的 5%～25%。润滑组元用来改善摩擦材料的抗粘、抗卡性，提高耐磨性，使摩擦副工作更平稳。常用的摩擦组元是 SiO_2，SiC，Al_2O_3 等。摩擦组元可提高材料的摩擦系数，改善耐磨性，防止焊合。摩擦组元与润滑组元配合，在对摩表面生成一层薄膜，可提高摩擦副的耐磨性、稳定性和抗焊性。

粉末冶金摩擦材料主要用于制作机床、拖拉机、汽车、矿山车辆、工程机械和飞机上的离合器和制动器。

思考练习题

1. 名词解释

(1) 形变铝合金与铸造铝合金

(2) 紫铜、黄铜、青铜与白铜

(3) 铝合金的固溶热处理与钢的淬火

(4) 铝合金的时效与过时效

(5) α 钛合金与 β 钛合金

(6) 轴承合金与硬质合金

2. 铝合金的分类方法是什么,共分几类?

3. 何谓铸造铝硅合金的变质处理?试述经变质处理后合金力学性能得到提高的原因。

4. 下列零件采用何种铝合金来制造?

(1) 小电机壳体;(2) 发动机缸体及活塞;(3) 飞机大梁及起落架;(4) 飞机用铆钉;(5) 建筑用铝合金门窗;(6) 铝制饭盒。

5. 锡青铜的主要性能特点和应用是什么?

6. 为什么黄铜 H62 的强度高而塑性低?而黄铜 H68 的塑性却比 H62 好?

7. 试述 α 钛合金和($\alpha+\beta$)钛合金的性能特点和应用。

8. 轴承合金应具有哪些性能?其组织有何特点?常用滑动轴承合金有哪些?

9. 粉末冶金材料有何特点,举例说明粉末冶金材料的应用。

10. 与工具钢相比,硬质合金性能有何特点?

11. 粉末冶金减摩材料制成的滑动轴承为什么能长期工作而不必加润滑油?常用于哪些场合?

12. 指出下列牌号(或代号)的具体名称,说明数字和字母的意义,并各举一例说明其用途。

L2,LF21,LY11,LC4,ZL102,ZL301,T2,H68,HPb59-1,ZCuZn16Si4,QSn6.5-4,QBe2,TA7,TC4,ZCuAl10Fe_3Mn2,ZSnSb12Pb10Cu4,ZPbSb16Sn16Cu2,FZ1360,FTG60-20,FTG60Cu3Mo-40,FTG60Cu3Mo-40(55R),FM101S,FM203G。

第8章

非金属材料与复合材料

机械工程中常用的非金属材料有高分子材料、陶瓷材料等。按通常的材料分类方法，除金属材料和复合材料以外的材料都可称为非金属材料。由于非金属材料的原料来源广泛，成型工艺简单，并具有金属材料所不具备的某些特殊性能，所以非金属材料的发展势头越来越强劲，应用日益广泛。目前已成为机械工程材料中不可缺少的、独立的组成部分。

复合材料是由两种或更多种的物理和化学性质不同的物质，人工制成的一种多相固体材料，它能得到单一材料所不具备的性能和功能，或在同一时间里发挥不同的功能和作用。复合材料开拓了一条创造材料的新途径，具有广阔的发展前景。

8.1 高分子材料

8.1.1 高分子材料的性能

1. 力学性能

(1) 比强度高

高分子材料的抗拉强度平均为 100MPa 左右，远远低于金属，但由于其密度低，故其比强度并不比金属低。

(2) 高弹性和低弹性模量

其实质就是弹性变形量大而变形抗力小，这是高分子材料特有的性能。不管是线形还是体形的高分子材料都有一定的弹性。

(3) 高耐磨性和低硬度

高分子材料硬度远低于金属，但耐磨性高于金属。有些高分子材料摩擦系数小，且本身就具有润滑功能，例如聚四氟乙烯、尼龙等。

2. 物理、化学性能

(1) 电绝缘性优良

高分子材料中，原子一般是以共价键相结合，因而不易电离，导电能力低，绝缘性能好。

(2) 导热性低

高分子材料的线膨胀系数约为金属的3～4倍。在机械中会因膨胀变形过量而引起开裂、脱落、松动等。

(3) 耐热性差

耐热性指材料在高温下长期使用保持性能不变的能力。由于高分子材料链段间的分子间力较弱，在同时受力、受热时易发生链间滑脱和位移而导致材料软化、熔化，使其性能变化，所以耐热性差。耐热性最高的氟橡胶最高使用温度也仅为300℃。

(4) 稳定性高

在碱、酸、盐中耐腐蚀性较强，如聚四氟乙烯在沸腾的王水中仍很稳定。

(5) 高分子材料的老化

高分子材料在长期使用或存放过程中，由于外界物理、化学和生物等因素的影响（如热、光、辐射、氧和臭氧、酸碱、微生物的作用等），使得高分子材料内部结构发生变化，从而导致高分子材料的性能随时间延长逐渐恶化，直至丧失使用功能，这个过程叫老化。老化是不可逆的，是高分子材料致命的弱点。一般可通过表面防护、加入抗老化剂等手段来提高高分子材料的抗老化能力。

8.1.2 高分子材料概述

高分子化合物包括有机高分子化合物和无机高分子化合物两大类，有机高分子又分为天然的和合成的。工程上使用的有机高分子材料主要是人工合成的高分子聚合物，简称高聚物。

下面介绍一下高分子材料的一些基本概念。

1. 高分子化合物

高分子化合物是指分子量很大的化合物。高分子材料是以高分子化合物为主要组分的材料。高分子化合物的分子量一般均可达到几千、几万、几十万或几百万，甚至更大，大多数在5000到1000000之间，而低分子化合物的分子量一般小于1000。常常把分子量小于500的物质称为低分子化合物；大于5000的称为高分子化合物。高分子化合物具有较高的强度、塑性、弹性等力学性能，而低分子化合物不具备这些性能。所以工程上认为，只有分子量达到了使机械性能具有实际意义的化合物，才可认为是工业用高分子化合物。

机械工程上用的高分子材料大多是合成的有机高分子化合物，如塑料、合成橡胶、合成纤维、涂料和胶粘剂等。

2. 单体

高分子化合物的分子量虽然很高，但化学组成并不复杂。高分子化合物都是由一种或几种较简单的低分子化合物一个个连接而成，这种能组成高分子化合物的低分子化合物称为“单体”。例如，高分子化合物聚乙烯是由低分子化合物乙烯（即单体）聚合而成的，即

$$\underset{\text{乙烯(单体)}}{nCH_2=CH_2} \xrightarrow{\text{聚合}} \underset{\text{聚乙烯}}{\left[CH_2-CH_2\right]_n}$$

因此，单体是高分子化合物的合成原料。

3. 链节

高分子化合物分子很大，主要呈长链形，因此常称大分子链。大分子链极长，是由许多基本单元线性重复连接组成的。组成大分子链的这种特定结构单元称为“链节”。例如，聚乙烯大分子链是由重复结构单元$\left[CH_2-CH_2\right]$组成的，这个结构单元即为聚乙烯的链节。

4. 聚合度

高分子化合物的大分子链由大量链节连成，大分子链中链节的重复次数叫“聚合度”。高分子化合物的分子量M就是链节分子量m与聚合度n的乘积，即$M=nm$。聚合度反映了大分子链的长短和分子量的大小。

8.1.3 高分子材料的合成

高分子材料化合物的合成就是将低分子化合物（单体）聚合起来形成高分子化合物的过程。其进行的反应为聚合反应。聚合反应方式有加聚反应和缩聚反应两种。

1. 加聚反应

加聚反应是指由一种或几种单体聚合成高聚物的反应。这种高聚物链节的化学结构与单体的化学结构相同，反应中不产生其他副产品。

例如，乙烯单体$CH_2=CH_2$，在一定的条件下，进行加聚反应，生成聚乙烯，没有其他产物生成。

$$\underset{\text{乙烯(单体)}}{nCH_2=CH_2} \xrightarrow{\text{聚合}} \underset{\text{聚乙烯}}{\left[CH_2-CH_2\right]_n}$$

目前，产量较大的高聚物（如聚乙烯、聚丙烯、聚氯乙烯等）都是加聚反应的产品。所以，加聚反应是当前高分子合成工业的基础。另外，根据单体种类不同，加聚分为均加聚和共加聚两种。

a. 均加聚　加聚反应的单体只有一种时，其反应称为均加聚反应，所得高聚物为均聚物。例如，聚乙烯是乙烯的均聚物。

b. 共加聚　加聚反应的单体有两种或两种以上时，其反应称为共加聚反应，所得

高聚物为共聚物。例如,丁苯橡胶是由丁二烯单体和苯乙烯单体共聚而成的。

均聚物应用很广,产量很大,但由于结构的限制,性能的开发受到影响。共聚物则通过单体的改变,可以改进聚合物的性能,保持单体本身的优越性能,创造新产品。同时,共聚反应扩大了使用单体的范围。有些单体本身不能进行均聚反应,但可以进行共聚反应,因而扩大了制造聚合物的来源。

2. 缩聚反应

缩聚反应是指由一种或几种单体相互聚合而形成高聚物的反应。在生成高聚物的同时还产生其他物质,如水、氨、醇、卤化氢等。生成的高聚物称为缩聚物。这种高聚物链节的化学结构与单体的化学结构不同。例如,氨基己酸经缩聚反应生成尼龙 6 和副产物水。按单体不同,缩聚反应分为均缩聚和共缩聚两种。

a. 均缩聚　均缩聚是由含两种或两种以上相同或不同的反应基团的同一种单体所进行的缩聚,称为均缩聚,其产物为均缩聚物。

b. 共缩聚　共缩聚是由含有不同反应基团的两种或两种以上的单体所进行的缩聚,称为共缩聚,其产物为共缩聚物。

缩聚反应是制造聚合物的主要方法,在近代技术发展中对性能要求严格以及特殊的新型耐热高聚物,如聚酰亚胺等都是用缩聚合成的。

8.1.4 高分子材料的结构

高分子化合物的结构主要包括大分子链的结构和高分子的聚集态结构(即高分子化合物的分子间结构形式)。

按大分子链的几何形状,其结构可分为线型和体型两种。线型结构是由许多链节连成一个长链(如图 8-1(a)所示),其中有的带有一些小的支链(如图 8-1(b)所示)。这类结构的分子直径与长度之比可达 1∶1000左右。然而这种细而长的结构如无外力拉直,是不可能成为直线的。因此,通常蜷曲成不规则团状。这种蜷曲状的大分子链,时而收缩,时而伸长,很柔顺,有良好的弹性和塑性,在适当的溶剂中可溶胀或溶解,加热可软化或熔化。因此,线型高分子化合物易于加工成型,可重复使用。属于这种结构的高分子化合物有聚乙烯、聚氯乙烯等热塑性塑料。

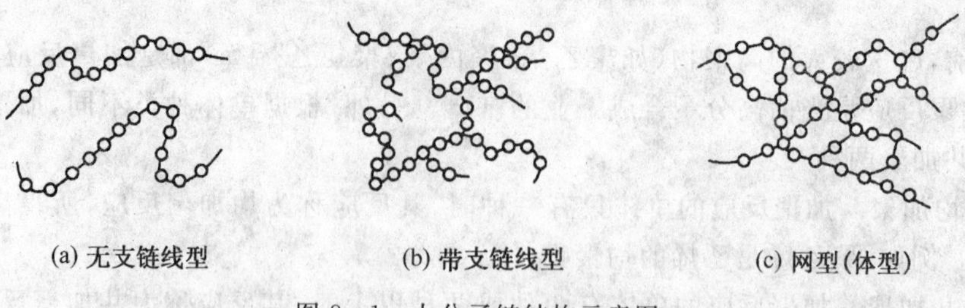

图 8-1　大分子链结构示意图

体型结构是指分子链间有许多短链节相互交连起来，形成立体结构，像不规则的网，故又称网状结构（如图 8-1(c)所示）。这种结构稳定性高，不溶于任何溶剂（有的会有些溶胀），加热不熔融，有良好的耐热性和强度，但脆性大，弹性与塑性低，只能在形成网状结构前进行一次性成形，不能重复成形。属于这种结构的高分子化合物有酚醛树脂等热固性塑料。

高分子化合物与低分子化合物相比具有许多特殊性能，这与高分子的聚集状态有密切关系。高分子化合物按其分子排列形态分为结晶型和无定型两类。结晶型高分子化合物的分子排列规整有序，而无定型高分子化合物的分子排列杂乱无规则。

8.1.5　高分子材料的力学状态

高分子化合物的结构决定了其物理、力学性能。在不同温度下，其性能不同。线型无定型高分子化合物在不同温度下呈现出三种力学状态，如图 8-2 所示。

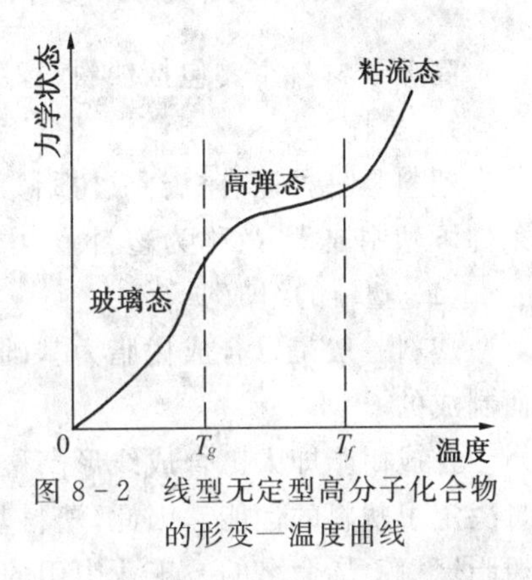

图 8-2　线型无定型高分子化合物的形变—温度曲线

1. 线型无定型高分子化合物的三种力学状态

(1) 玻璃态

当温度小于 T_g 时（T_g 为玻璃化温度）时，由于温度低，大分子链不能移动，且长链中具有独立运动能力的链段也不能运动，只有紊乱无序的分子在自身平衡位置上作轻微振动，高分子化合物保持为无定形的玻璃态。所以，处于玻璃态的高分子化合物变形量很小（$\delta<1\%$），有一定强度，可切削加工，能作结构件。

(2) 高弹态

当温度高于 T_g 时，随温度升高，原子动能逐渐增大，高分子化合物变得柔软而有弹性，即处于高弹态。对其施加外力，会产生缓慢变形，外力去除后，又会缓慢的恢复到原状。

(3) 粘流态

当温度升高到粘流化温度 T_f 时，大分子链可以自由运动，高分子化合物变为流动的粘液，称此状态为粘流态。在此状态下施加外力，可使高分子化合物发生变形，外力去除后，变形不能恢复。

2. 三种力学状态的实际意义

(1) 在室温下处于玻璃态的高分子化合物一般为塑料。它的强度、刚度等机械性能较好，可以作为结构材料，制造机器和仪表的零件。

(2) 在室温下处于高弹态的高分子化合物一般为橡胶。它们是很好的弹性材料，适于制造各种弹性物体或构件。高弹态是橡胶的使用状态，橡胶的 T_g 都低于室温(T_g=−40～−120℃),室温下的橡胶弹性高,不易加工。若要加工高精度的橡胶密封圈,必须将橡胶冷却至−70℃以下,使其硬化呈玻璃态进行加工,然后在室温下使用。

(3) 在室温下处于粘流态的高分子化合物一般为流动树脂,可作胶粘剂、涂料等,胶接各种金属或非金属零件或工具。一般将高分子化合物加热至粘流态后,通过喷丝、吹塑、挤出、浇铸等方法制成零件、型材或纤维等。T_f 的高低,决定了加工成型的难易程度。

8.1.6 常用高分子材料

高分子材料主要包括塑料、橡胶和粘结剂等。

1. 塑料

塑料是一种以有机合成树脂为主要组成部分的高分子材料,它通常可在加热、加压条件下塑制成型,故称为塑料。

(1) 塑料的组成

塑料一般是以合成树脂为基础,加入一些用来改善使用性能和工艺性能的添加剂而制成的。

合成树脂即人工合成线形高聚物,是塑料的主要成分。合成树脂的种类、性能、数量决定了塑料的性能。因此,塑料基本上是以树脂的名称命名的,如聚氯乙烯塑料是以树脂聚氯乙烯命名的。工业中用的树脂主要是合成树脂。

添加剂是为改善塑料的使用性能或成型工艺性能而加入的辅助成分。添加剂的种类较多,常用的有以下几种:

① 填料　主要起增强作用,还可使塑料具有所要求的性能,并能降低成本。用木屑、纸屑、石棉纤维、玻璃纤维等有机材料作填料,可增加塑料强度;用高岭土、滑石粉、氧化铝、二氧化硅、石墨、煤粉等无机物作填料,可使塑料有较高的耐热性、耐蚀性、耐磨性、热导性等。

② 增塑剂　为提高塑料的柔软性和可成型性而加入的物质,主要是一些低熔点的低分子有机化合物。增塑剂使塑料的塑性、韧性、弹性提高,强度、刚度、硬度、耐热性降低。常用的增塑剂有磷酸脂类化合物、甲酸脂类化合物、氯化石蜡等。

③ 稳定剂　稳定剂也称为防老剂,稳定剂可增强塑料对光、热、氧等老化作用的抵抗力,延长塑料寿命。常用的稳定剂有硬脂酸盐、铅的化合物、环氧化合物等。

此外,还有为防止塑料在成型过程中粘在模上,并使塑料表面光亮美观的润滑剂;为使塑料具有美丽的色彩加入的有机染料或无机染料等着色剂;以及固化剂、发泡剂、抗静电剂、稀释剂、阻燃剂等。并非每种塑料都要加入上述全部的添加剂,而是根据塑料品种和作用要求加入所需要的某些添加剂。

(2) 塑料的分类

① 按树脂在加热和冷却时所表现出的性能，将塑料分为热塑性和热固性塑料两种。

a. 热塑性塑料　这类塑料的分子结构主要是链状的线型结构，其特点是加热时软化，可塑造成型，冷却后则变硬，此过程可反复进行，其基本性能不变。这类塑料有较高的力学性能，且成型工艺简便，生产率高，可直接注射、挤出、吹塑成形。但耐热性、刚性较差，使用温度低于 120℃。

b. 热固性塑料　这类塑料的分子结构为体型，其特点是初加热时软化，可塑制成型，冷凝固化后成为坚硬的制品，若再加热，则不软化，不溶于溶剂中，不能再成型。这类塑料具有抗蠕变性强，受压不易变形，耐热性较高等优点，但强度低，成型工艺复杂，生产率低。

② 按塑料应用范围分为通用塑料和工程塑料两种。

a. 通用塑料　这类塑料主要是指产量大、用途广、通用性强、价格低的一类塑料。通用塑料的产量约占塑料总产量的 75%以上。广泛用于工业、农业和日常生活各个方面，但其强度较低，一般用于制造小型零件。

b. 工程塑料　这类塑料是指具有优异的力学性能（强度、刚性、韧性）、绝缘性、化学性能、耐热性和尺寸稳定性的一类塑料。与通用塑料相比，工程塑料的产量较小，价格较高，主要制作机械零件、工程结构、工业容器和设备。

(3) 塑料的性能特点

① 密度小、比强度高　塑料密度为 0.9～2.0g/cm^3，只有钢铁的 1/8～1/4，铝的 1/2。泡沫塑料的密度约为 0.01g/cm^3，这对减轻产品自重有重要意义。虽然塑料的强度比金属低，但由于密度小，故比强度高。

② 化学稳定性好　塑料能耐大气、水、酸、碱、有机溶液等的腐蚀。

③ 优异的电绝缘性　多数塑料有很好的电绝缘性，可与陶瓷、橡胶等绝缘材料相媲美。

④ 减摩、耐磨性好　塑料的硬度比金属低，但多数塑料的摩擦系数小。另外，有些塑料（如聚四氟乙烯、尼龙等）本身有自润滑能力。

⑤ 消声吸振性好。

⑥ 成形加工性好　大多数塑料都可直接采用注射或挤出工艺成形，方法简单，生产率高。

⑦ 耐热性低　多数塑料只能在 100℃左右使用，少数塑料可在 200℃左右使用；塑料在室温下受载荷后容易产生蠕变现象，载荷过大时甚至会发生蠕变断裂；易燃烧，在光、热、力、水、酸、碱、氧等长期作用下，会变硬、变脆、开裂等，产生老化现象；导热性差，约为金属的 1/500～1/600；热膨胀系数大，约为金属的 3～10 倍。

(4) 常用工程塑料的性能特点和应用

① 常用热塑性塑料的名称、性能和用途 如表 8-1 所示。

② 常用热固性塑料的名称、性能和用途 如表 8-2 所示。

表 8-1 常用热塑性塑料的名称、性能和用途

名称(代号)	主要性能	用途举例
聚乙烯(PE)	按合成方法不同,分低、中、高压三种。低压聚乙烯质地坚硬,有良好的耐磨性、耐蚀性和电绝缘性;高压聚乙烯化学稳定性高,有良好的绝缘性、柔软性、耐冲击性和透明性,无毒等。	低压聚乙烯用于制造塑料管、塑料板、塑料绳、承载不高的齿轮、轴承等;高压聚乙烯用于制作塑料薄膜、塑料瓶、茶杯、食品袋以及电线、电缆包皮等。
聚氯乙烯(PVC)	分为硬质和软质两种。硬质聚氯乙烯强度较高,绝缘性、耐蚀性好,耐热性差,在 $-15\sim60$℃使用;软质聚氯乙烯强度低于硬质,但伸长率大,绝缘性较好,耐蚀性差,可在 $-15\sim60$℃使用。	硬质聚氯乙烯用于化工耐蚀的结构材料,如输油管、容器、离心泵、阀门管件等;软质聚氯乙烯用于制作电线、电缆的绝缘包皮、农用薄膜、工业包装。但因有毒,不能包装食品。
聚丙烯(PP)	密度小($0.9\sim0.92g/cm^3$),强度、硬度、刚性、耐热性均优于低压聚乙烯,电绝缘性好,且不受湿度影响,耐蚀性好,无毒、无味,但低温脆性大,不耐磨,易老化,可在 100~120℃使用。	制作一般机械零件,如齿轮、接头;耐蚀件,如泵叶轮、化工管道、容器;绝缘件,如电视机、收音机、电扇等壳体;生活用具,医疗器械,食品和药品包装等。
聚苯乙烯(PS)	耐蚀性、绝缘性、透明性好,吸水性小,强度较高,耐热性、耐磨性差,易燃,易脆裂,使用温度小于 80℃。	制作绝缘件,仪表外壳,灯罩,玩具,日用器皿,装饰品,食品等。
聚酰胺(通称尼龙)(PA)	强度、韧性、耐磨性、耐蚀性、吸振性、自润滑性良好,成形性好,摩擦系数小,无毒、无味。但蠕变值较大,导热性较差(约为金属的 1/100),吸水性高,成形收缩率大,可在小于 100℃使用。	常用的有尼龙 6、尼龙 66、尼龙 610、尼龙 1010 等。用于制作耐磨、耐蚀的某些承载和传动零件,如轴承、机床导轨、齿轮、螺母;高压耐油密封或喷涂在金属表面作防腐、耐磨涂层。
聚甲基丙烯酸甲脂(俗称有机玻璃)(PMMA)	绝缘性、着色性和透光性好,耐蚀性、强度、耐紫外线、抗大气老化性较好。但脆性大,易溶于有机溶剂中,表面硬度不高,易擦伤,可在 $-60\sim100$℃使用。	制作航空、仪器、仪表、汽车和无线电工业中的透明件和装饰件,如飞机座窗、灯罩、电视和雷达的屏幕,油标、油杯,设备标牌等。

续 表

名称(代号)	主 要 性 能	用 途 举 例
丙烯腈(A)-丁二烯(B)-苯乙烯(S)共聚物(ABS)	韧性和尺寸稳定性高,强度、耐磨性、耐油性、耐水性、绝缘性好。但长期使用易起层。	制作电话机、扩音机、电视机、电机、仪表外壳,齿轮,泵叶轮,轴承,把手,管道,贮槽内衬,仪表盘,轿车车身,汽车挡泥板,扶手等。
聚甲醛(POM)	耐磨性、尺寸稳定性、减摩性、绝缘性、抗老化性、疲劳强度好,摩擦系数小。但热稳定性差,成形收缩率较大,可在－40～100℃长期使用。	制作减摩、耐磨及传动件,如轴承、齿轮、滚轮,绝缘件,化工容器,仪表外壳、表盘等。可代替尼龙和有色金属。
聚四氟乙烯(亦称塑料王)(F-4)	耐蚀性优良(可抗王水腐蚀,优于陶瓷、不锈钢、金、铂),绝缘性、自润滑性、耐老化性好,不吸水,摩擦系数小,耐热性和耐寒性好,可在－195～250℃长期使用。加工成形性不好,抗蠕变性差,强度低,价格较高。	制作耐蚀件,减摩件,耐磨件,密封件,绝缘件,如高频电缆、电容线圈架,化工反应器、管道、热交换器等。
聚碳酸脂(PC)	强度高,尺寸稳定性、抗蠕变性、透明性好,吸水性小。耐磨性和耐疲劳性不如尼龙和聚甲醛,可在－60～120℃长期使用。	制作齿轮、凸轮、涡轮,电气仪表零件,大型灯罩,防护玻璃,飞机挡风罩,高级绝缘材料等。

表 8－2　常用热固性塑料的名称、性能和用途

名称(代号)	主 要 性 能	用 途 举 例
酚醛塑料(俗称电木)(PF)	强度、硬度、绝缘性、耐蚀性(除强碱外)、尺寸稳定性好,在水润滑条件下摩擦系数小,价格低。但脆性大,耐光性差,加工性差,工作温度大于100℃,只能模压成形。	制作仪表外壳,灯头、灯座,插座,电器绝缘板,耐酸泵,刹车片,电器开关,水润滑轴承、皮带轮、无声齿轮等。
环氧塑料(俗称万能胶)(EP)	强度高,韧性、化学稳定性、绝缘性、耐热性、耐寒性好,能防水、防潮,粘结力强,成形工艺简便,成形后收缩率小,可在－80～155℃长期使用。	制作塑料模具,量具,仪表、电器零件,灌封电器、电子仪表装置及线圈,涂覆、包封和修复机件。是很好的胶粘剂。
氨基塑料(俗称电压)	颜色鲜艳,半透明如玉,绝缘性好。但耐水性差,可在小于 80℃长期使用。	制作装饰件和绝缘件,如开关、插头、旋钮、把手、灯座,钟表、电话机外壳。

2. 橡　胶

橡胶是一种具有极高弹性的高分子材料,其弹性变形量可达 100%～1000%,而且回弹性好，回弹速度快。同时，橡胶还有一定的耐磨性，很好的绝缘性和不透气、不透水性。它是常用的弹性材料、密封材料、减震材料和传动材料。

(1) 橡胶的组成和性能

橡胶是以生胶为主要原料，加入适量配合剂而制成的高分子材料。生胶是指未加配合剂的天然胶或合成胶，它也是将配合剂和骨架材料粘成一体的粘结剂。橡胶制品的性能主要取决于生胶的性能。

为了改善橡胶制品性能可加入配料作为配合剂，如硫化剂、活性剂、软化剂、填充剂、防老剂、着色剂等。

① 常用硫磺做硫化剂，经硫化处理后，可提高橡胶制品的弹性、强度、耐磨性、耐蚀性和抗老化能力。

② 活性剂　活性剂能加速发挥硫化促进剂的作用。常用的活性剂为氧化锌。

③ 软化剂　软化剂可增强橡胶塑性，改善附着力，降低硬度，提高耐寒性。

④ 填充剂　填充剂可提高橡胶强度，减少生胶用量，降低成本和改善工艺。

⑤ 防老剂　防老剂可在橡胶表面形成稳定的氧化膜，以抵抗氧化作用，防止和延缓橡胶发粘、变脆和性能变坏等老化现象。

骨架材料可提高橡胶承载能力、减少制品变形。常用的骨架材料有金属丝、纤维织物等。

橡胶弹性大，最大伸长率可过800%～1000%，外力去除后能迅速恢复原状；吸振能力强；耐磨性、隔声性、绝缘性好；可积储能量；有一定的耐蚀性和足够的强度。

(2) 常用橡胶

橡胶按原料来源分为天然橡胶和合成橡胶，按用途分为通用橡胶和特种橡胶。天然橡胶属通用橡胶，广泛应用于制造轮胎、胶管、胶带等。合成橡胶是指用石油、天然气、煤和农副产品为原料制成的高分子化合物。其中，产量最大的是丁苯橡胶，占总产量的60%～70%，发展最快的是顺丁橡胶。特种橡胶价格较贵，主要用于要求耐热、耐寒、耐蚀的特殊环境。

常用橡胶的种类、性能和用途见表8-3。

表8-3　常用橡胶的种类、性能和用途

种类	名称(代号)	σ_b/MPa	δ/%	使用温度 t/℃	回弹性	耐磨性	耐碱性	耐酸性	耐油性	耐老化	用途举例
通用橡胶	天然橡胶(NR)	17～35	650～900	-70～110	好	中	好	差	差		轮胎、胶带、胶管
	丁苯橡胶(SBR)	15～20	500～600	-50～140	中	好	中	差	差	好	轮胎、胶版、胶布、胶带、胶管

续　表

种类	名称(代号)	σ_b/MPa	δ/%	使用温度 t/℃	回弹性	耐磨性	耐碱性	耐酸性	耐油性	耐老化	用途举例
通用橡胶	顺丁橡胶(BR)	18～25	450～800	－70～120	好	好	好	差	差	好	轮胎、V 带、耐寒运输带、绝缘件
	氯丁橡胶(CR)	25～27	800～1000	－35～130	中	中	好	中	好	好	电线（缆）包皮，耐燃胶带、胶管，汽车门窗嵌条，油罐衬里
	丁腈橡胶(NBR)	15～30	300～1000	－35～175	中	中	中	中	好	中	耐油密封圈、输油管、油槽衬里
特种橡胶	聚氨橡胶(UR)	20～35	300～800	－30～80	中	好	差	差	好		耐磨件、实心轮胎、胶辊
	氟橡胶(FPM)	20～22	100～500	－50～300	中	中	好	好	好	好	高级密封件，高耐蚀件，高真空橡胶件
	硅橡胶	4～10	50～500	－100～300	差	差	好	中	差	好	耐高、低温制品和绝缘件

3. 胶粘剂

胶粘剂是以黏性物质环氧树脂、酚醛树脂、聚酯树脂、氯丁橡胶、丁腈橡胶等为基础，加入需要的添加剂(填料、固化剂、增塑剂、稀释剂等)组成的。俗称为胶。胶粘剂能将同种或不同种材料粘合在一起，并使胶接面有足够的强度。它能起胶接、固定、密封、浸透、补漏和修复的作用。胶接已与铆接、焊接并列为三种主要连接工艺。

胶粘剂按黏性物质化学成分不同，分为有机胶粘剂和无机胶粘剂(如水玻璃等)。有机胶粘剂又分为天然胶粘剂(如骨胶、松香等)和合成胶粘剂。工程上应用最广的是合成胶粘剂。

(1) 胶粘剂的组成

胶粘剂以富有粘性的物质为基础，并以固化剂或增塑剂、增韧剂、填料等改性剂为辅料。

① 固化剂　某些胶粘剂必须添加固化剂才能使基料固化而产生胶接强度。例如环氧胶粘剂需加胺、酸酐或咪唑等固化剂。

② 改性剂　用于改善胶粘剂的各种性能。有增塑剂、增韧剂、增黏剂、填料、稀释剂、稳定剂、分散剂、偶联剂、触变剂、阻燃剂、抗老化剂、发泡剂、消泡剂、着色剂和防腐剂等，有助于胶粘剂的配制、储存、加工工艺及性能方面的改进。

(2) 常用胶粘剂

胶接具有重量轻，粘接面应力分布均匀，强度高，密封性好，操作工艺简便，成本低等优点,但胶接接头耐热性差,易老化。选择胶粘剂时,主要应考虑胶接材料的种类、受力条件、工作温度和工艺可行性等因素。

常用材料适用的胶粘剂如表 8-4 所示。

表 8-4 常用材料适用的胶粘剂

被胶粘材料 / 胶粘剂	钢铁铝	热固性塑料	硬聚氯乙烯	软聚氯乙烯	聚乙烯、聚丙烯	聚酰胺	聚碳酸酯	聚甲醛	ABS	橡胶	玻璃、陶瓷	混凝土	木料	皮革
α-氯基丙烯酸酯	良	良	可以	可以	可以	可以	良	—	良	良	良	—	—	—
聚氨酯	良	良	良	可以	可以	可以	良	良	良	良	可以	—	优	优
环氧:胺类固化	优	优	—	—	可以	可以	—	良	良	可以	优	良	良	可以
聚丙烯酸酯	良	良	可以	—	—	—	良	—	可以	可以	良	—	—	良
氯丁橡胶	可以	可以	良	可以	—	—	—	—	可以	优	可以	—	良	优
环氧—丁腈	优	良	—	—	—	—	—	—	可以	可以	良	—	—	—
酚醛—氯丁	可以	可以	—	—	—	—	—	—		优	—	可以	可以	—
酚醛—缩醛	优	优	—	—	—	—	—	—		可以	良	—	—	—
无机胶	可以	—	—	—	—	—	—	—	—	—	优	—	—	—
聚氯乙烯—醋酸乙烯	可以	—	良	优	—	—	—	—	—	—	—	—	良	可以

8.2 陶瓷材料

陶瓷在传统意义上是指陶器和瓷器,但也包括玻璃、搪瓷、石膏等人造无机非金属材料。陶瓷是由金属和非金属元素组成的无机化合物。近些年来,陶瓷材料得到了巨大的发展,许多新型陶瓷材料的性能有了重大的突破,陶瓷的应用已渗透到各类工业、各种工程和各个技术领域。陶瓷材料与金属材料、高分子材料一起,成为现代工程材料的主要支柱。

8.2.1 陶瓷的分类与性能

1. 陶瓷的分类

陶瓷按原料不同,陶瓷材料分为普通陶瓷(传统陶瓷)和特种陶瓷(近代陶瓷)。

(1) 普通陶瓷

普通陶瓷也称为传统陶瓷。它是以天然的硅酸盐矿物(如粘土、长石、石英等)为原料的,这类陶瓷又称硅酸盐陶瓷。除陶器、瓷器外,玻璃、水泥、石灰、砖石、搪瓷、耐火材料都属于陶瓷材料。一般人们所说的陶瓷是指日用陶瓷、卫生陶瓷、电工陶瓷、绝缘陶瓷、建筑陶瓷、化工陶瓷等。

（2）特殊陶瓷

特殊陶瓷也称现代陶瓷。特殊陶瓷的原料是人工提炼的，即纯度较高的金属氧化物、碳化物、氮化物等化合物。这类陶瓷具有一些独特的性能，可满足工程中的特殊需要。属于这类陶瓷的有压电陶瓷、高温陶瓷、高强度陶瓷等。

按用途不同，陶瓷材料分为工程陶瓷和功能陶瓷。

（1）工程陶瓷

在工程结构上使用的陶瓷称为工程陶瓷。现代工程陶瓷主要在高温下使用，故也称高温结构陶瓷。这些陶瓷在高温下具有优越的力学、物理和化学性能，在某些科技场合和工作环境中往往是惟一的可用材料。工程陶瓷有很多种，目前应用广泛和有发展前景的有氧化铝、氮化硅、碳化硅和增韧氧化物等材料。

（2）功能陶瓷

利用陶瓷特有的物理性能可制造出种类繁多、用途各异的功能陶瓷材料。例如导电陶瓷、半导体陶瓷、磁性陶瓷、光学陶瓷（光导纤维、激光材料等）以及利用某些精密陶瓷对声、光、电、热、磁、力、湿度、射线及各种气氛等信息显示的敏感特性而制得的各种陶瓷传感器材料。

2. 陶瓷的性能

（1）力学性能

陶瓷的硬度高于其他材料，一般硬度＞1500HV，而淬火钢的硬度只有 500～800HV，高分子材料硬度＜20HV；陶瓷的热硬性高，抗高温蠕变能力强，在室温下几乎无塑性，韧性极低，脆性大；陶瓷内部存在许多气孔，故抗拉强度低，抗弯性能差，抗压性能高；陶瓷有一定的弹性，一般高于金属。

（2）化学性能

陶瓷的熔点一般高于金属，高温下抗氧化性好，抗酸、碱、盐腐蚀能力强，具有不可燃烧性和不老化性。

（3）物理性能

大多数陶瓷是电绝缘性体，功能陶瓷材料具有光、电、磁、声等特殊性能。

8.2.2　常用工业陶瓷

常用工业陶瓷的名称、性能和用途如表 8－5 所示。

表 8－5　常用工业陶瓷的名称、性能和用途

名　称	主　要　性　能	用　途　举　例
普通陶瓷	质地坚硬，不氧化，不导电，耐腐蚀，加工成形性好，成本低。但强度低，耐高温性能低于其他陶瓷，使用温度为1200℃。	广泛用于电气、化工、建筑、纺织等行业。例如，受力不大、工作温度低于200℃，且在酸、碱中工作的容器、反应塔、管道等；绝缘件；要求光洁、耐磨、低速、受力不大的导纱零件。

续表

名称	主要性能	用途举例
氧化铝陶瓷	主要成分是Al_2O_3，强度比普通陶瓷高2～6倍；硬度高（仅次于金刚石）；含Al_2O_3高的陶瓷可在1600℃长期使用，在空气中使用温度最高可达1980℃，高温蠕变小；耐酸、碱和化学药品的腐蚀；高温下不氧化；绝缘性好。但脆性大，不能承受冲击。	制作高温容器（如坩埚），内燃机火花塞；切削高硬度、大工件、精密件的刀具；耐磨件（如拉丝模）；化工、石油用泵的密封环；高温轴承；纺织机用高速导纱零件。
氮化硅陶瓷	化学稳定性好，除氢氟酸外，可耐无机酸（盐酸、硫酸、硝酸、磷酸、王水）和碱液腐蚀；硬度高，耐磨性和电绝缘性好；摩擦系数小，有自润滑性；高温抗蠕变性比其他陶瓷好；最高使用温度低于氧化铝陶瓷。	制作高温轴承，热电偶套管，转子发动机的刮片，泵和阀门的密封件，切削高硬度材料的刀具。例如，农用泵因泥砂多，要求密封件耐磨，现用氮化硅陶瓷代替原铸锡青铜作密封件，使用8400h，磨损仍很小。
碳化硅陶瓷	高温强度大，抗弯强度在1400℃以下仍保持500～600MPa；热传导能力强，热稳定性、耐磨性、耐蚀性和抗蠕变性好。	制作热电偶套管、炉管、火箭尾喷管的喷嘴，浇铸金属的浇口，汽轮机叶片高温轴承，泵的密封圈。
氮化硼陶瓷	绝缘性好（2000℃时仍绝缘）；化学稳定性优良，能抗大多数熔融金属的侵蚀；耐热性、热稳定性良好，有自润滑性。但硬度低，可进行切削加工。	制作热电偶套管，半导体散热绝缘件，坩埚，高温容器，管道，轴承，玻璃制品的成形模具。

8.3 复合材料

工程技术和科学的发展对材料的要求越来越高，这种要求是综合的，有时是相互矛盾的。例如，既要求导电性优良，又要求绝缘；既要求强度高于钢，又要求弹性类似橡胶。显然仅靠开发单一的新材料难以满足上述要求，而将不同性能的材料复合成一体，实现性能上的互补，是一条有效的途径。

所谓复合材料是指由两种或两种以上性质不同的物质，经人工制成的多相固体材料。复合材料具有各组成材料的优点，能获得单一材料无法具备的优良综合性能。例如，混凝土性脆、抗压强度高，钢筋性韧、抗拉强度高，为使性能取长补短，制成了钢筋混凝土。

8.3.1　复合材料的分类

复合材料种类很多,目前较常见的是以高分子材料、陶瓷材料、金属材料为基体,以粒子和纤维为增强体组成的各种复合材料。复合材料的全部相分为基体相和增强相。基体相起粘结剂作用,增强相起提高强度(或韧性)作用。复合材料有以下几种分类方法:

(1) 按基体不同,分为非金属基体和金属基体两类。目前使用较多的是以高分子材料为基体的复合材料。

(2) 按增强相种类和形状不同,分为颗粒、层叠、纤维增强等复合材料。

(3) 按性能不同,分为结构复合材料和功能复合材料两类。结构复合材料是指利用其力学性能,用以制作结构和零件的复合材料。功能复合材料是指具有某种物理功能和效应的复合材料,如磁性复合材料等。

8.3.2　复合材料的性能特点

复合材料不仅保持了单一组成材料的优点,同时具有许多优越的特性,这是复合材料应用越来越广泛的主要原因。

1. 比强度和比模量高

比强度、比模量是指材料的强度或模量与其密度之比。如果材料的比强度或比模量越高,构件的自重就会越小,或者体积就会越小。复合材料比强度和比模量(弹性模量/密度)比其他材料高很多。例如,碳纤维和环氧树脂组成的复合材料,其比强度是钢的 8 倍,比模量比钢大 3 倍(如表 8-6 所示)。这对构件在保证使用性能的条件下,减轻自重有重要意义。

表 8-6　各类材料强度的比较

材料名称	密度 ρ $g\cdot cm^{-3}$	抗拉强度 σ_b/MPa	弹性模量 E/MPa	比强度 σ_b/ρ	比模量 E/ρ
钢	7.8	1010	206×10^3	129	26×10^3
铝	2.8	461	74×10^3	165	26×10^3
钛	4.5	942	112×10^3	209	25×10^3
玻璃钢	2.0	1040	39×10^3	520	20×10^3
碳纤维Ⅱ/环氧树脂	1.45	1472	137×10^3	1015	95×10^3
碳纤维Ⅰ/环氧树脂	1.6	1050	235×10^3	656	147×10^3
有机纤维 PRD/环氧树脂	1.4	1373	78×10^3	981	56×10^3
硼纤维/环氧树脂	2.1	1344	206×10^3	640	98×10^3
硼纤维/铝	2.65	981	196×10^3	370	74×10^3

2. 抗疲劳性能好

因为复合材料中基体与增强纤维间的界面可有效地阻止裂纹的扩展，由于基体中密布着大量纤维，疲劳断裂时，裂纹的扩展要经历很曲折和复杂的路径，所以疲劳强度高。例如，碳纤维—聚酯树脂复合材料的疲劳强度是其抗拉强度 70%～80%，而大多数金属的疲劳强度只有其抗拉强度的 30%～50%，图 8-3 所示是三种材料的疲劳强度比较。

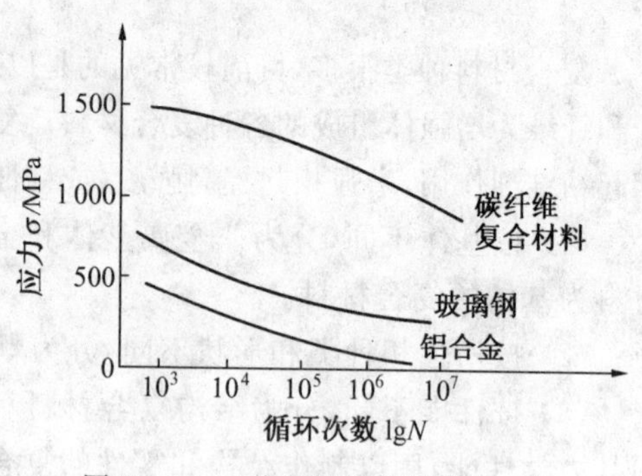

图 8-3 三种材料疲劳强度的比较

3. 断裂安全性高

纤维增强复合材料每平方厘米截面上有上万根隔离的细纤维，过载时会使其部分纤维断裂，但随即会迅速进行应力的重新分配，而由未断的纤维承担全部载荷，不致造成构件在瞬间完全丧失承载能力而断裂，所以工作安全性高。

4. 高温性能好

一般铝合金在 400～500℃时其弹性模量将大幅度下降，并接近于零，强度也显著下降。但用碳或硼纤维增强的铝复合材料，在上述温度时，其弹性模量和强度基本不变。用钨纤维增强钴、镍或它们的合金时，可把这些金属的使用温度提高到1000℃以上。

此外，因复合材料高温强度好，耐疲劳性能好，以及纤维与基体的相容性好，所以热稳定性也好。

5. 减振、减摩、耐磨性强

结构件的自振频率与结构本身的质量、形状有关，还与材料比模量的平方根成正比。因为纤维增强复合材料的比模量大，其自振频率也高，故可避免在工作状态下产生共振。此外，纤维与基体的界面有吸振能力，故其阻尼特性好，即使产生了共振也会很快衰减。例如用同样尺寸和形状的梁进行试验，金属材料制成的梁 9s 才停止振动，而碳纤维复合材料则只需 2.5s 就可停止振动。同时，复合材料的减摩性、耐蚀性和工艺性也都较好。

6. 其他特殊性能

金属基复合材料具有高韧性和抗热冲击性，是因为这种材料能通过塑性变形吸收能量。玻璃纤维增强塑料具有优良的电绝缘性能，可制造各种绝缘零件；同时这种材料不受电磁作用，不反射无线电波，微波透过性好，所以可制造飞机、导弹、地面雷达等。

另外复合材料还具有耐辐射性、抗蠕变性能高以及特殊的光、电、磁等性能。

纤维增强的复合材料目前存在的主要缺点是：各向异性，横向抗拉强度和层间剪切强度不高，伸长率较低，韧性较差，成本太高等。所以，复合材料目前应用不广。但是，复合材料是一种新型的、独特的工程材料，因此具有广阔的发展前景。

8.3.3　常用复合材料

复合材料的种类很多，仅对纤维增强复合材料、层叠复合材料和颗粒复合材料作一简单介绍。

1. 纤维增强复合材料

纤维增强复合材料可分为玻璃纤维复合材料、碳纤维复合材料、硼纤维复合材料和金属纤维复合材料。

玻璃纤维复合材料又称为玻璃钢。玻璃钢的应用极广，从各种机器的护罩到形状复杂的构件；从各种车辆的车身到大小不同、用途不同的配件；从电机电器上的绝缘仪表、器件到石油化工中的耐蚀耐压容器、管道等，都有越来越多的、不可替代的用途，并节约了金属，大大提高了性能水平。

常用纤维增强复合材料的性能和用途如表 8－7 所示。

表 8－7　纤维增强复合材料的名称、性能和用途

名称	性　能　特　点	用　途　举　例
玻璃纤维复合材料(俗称玻璃钢)	热塑性玻璃钢，以玻璃纤维为增强剂，以热塑性树脂为粘结剂制成的复合材料。与热塑性塑料相比，当基体材料相同时，强度和疲劳性能可提高 2～3 倍，韧性提高 2～4 倍，蠕变抗力提高 2～5 倍，达到或超过某些金属的强度。	制作轴承、轴承架、齿轮等精密零件；汽车的仪表盘、前后灯；空气调节器叶片、照相机和收音机壳体；转矩变换器、干燥器壳体等。
	热固性玻璃钢，以玻璃纤维为增强剂，以热固性树脂为粘结剂制成的复合材料。密度小、比强度高、耐蚀性好、绝缘性好、成型性好。其比强度比铜合金和铝合金高，甚至比合金钢还高。但刚度较差(为钢的 1/10～1/5)，耐热性不高(低于 200℃)，易老化和蠕变。	用途广，制作要求自重轻的受力构件，例如汽车车身、直升飞机的旋翼、氧气瓶；耐海水腐蚀的结构件和轻型船体；石油化工管道、阀门；电机、电器上的绝缘抗磁仪表和器件。
碳纤维复合材料	碳纤维树脂复合材料，多以环氧树脂、酚醛树脂和聚四氟乙烯为基体。这类材料的密度小，强度比钢高，弹性模量比铝合金和钢大，疲劳强度和韧性高，耐水，耐湿气，化学稳定性高，摩擦系数小，热导性好，受 X 射线辐射时强度和模量不变化。性能比玻璃钢优越。	制作齿轮、轴承，活塞、密封环，化工零件和容器；宇宙飞行器的外形材料，天线构架，卫星和火箭的机架、壳体、天线构件。

续表

名称	性能特点	用途举例
碳纤维复合材料	碳纤维复合材料，以碳或石墨为基体。除了具有石墨的各种优点外，强度和韧性比石墨高 5～10 倍。刚度和耐磨性高，化学稳定性和尺寸稳定性好。	用于高温技术领域(如防热)和化工装置中。可制作导弹鼻锥、飞船的前缘、超音速飞机的制动装置等。
	碳纤维金属复合材料，在碳纤维表面镀金属铝，制成了碳纤维铝复合材料。这种材料的在接近金属熔点时仍有很好的强度和弹性模量；用碳纤维和铝锡合金制成的复合材料，其减摩性比铝锡合金更优越。	制作高级轴承、旋转发动机壳体等。
	碳纤维陶瓷复合材料，用石墨纤维与陶瓷组成的复合材料。具有很高的高温强度和弹性模量。例如碳纤维增强的氮化硅陶瓷可在 1400℃下长期工作。又如碳纤维增强石英陶瓷复合材料，韧性比纯烧结石英陶瓷大 40 倍，抗弯强度大 5～12 倍，比强度、比模量可成倍提高，能承受 1200～1500℃高温气流的冲击。	制作喷气飞机的涡轮叶片等。
硼纤维复合材料	硼纤维树脂复合材料，这种材料的压缩强度和剪切强度高，蠕变小，硬度和弹性模量高，疲劳强度高，耐辐射，对水、有机溶剂、燃料和润滑剂都很稳定，导热性和导电性好。	用于航空和宇航工业，制造翼面、仪表盘、转子、压气机叶片、直升飞机螺旋桨叶和传动轴等。
	硼纤维金属复合材料，用高模量连续硼纤维增强的铝基复合材料的强度、弹性模量和疲劳强度，一直到 500℃都比高强度铝合金和高耐热铝合金高。它在 400℃时的持久强度为烧结铝的 5 倍，比强度比钢和钛合金高。	用于航空和火箭技术中的材料

2. 层叠复合材料

层叠复合材料是由两层或两层以上不同材料复合而成。用层叠法增强的复合材料可使强度、刚度、耐磨、耐蚀、绝热、隔声、减轻自重等性能分别得到改善。常见的层叠复合材料有双层金属复合材料、塑料-金属多层复合材料、夹层结构复合材料三种。

(1) 双层金属复合材料

这种材料是将性能不同的两种金属，用胶合或熔合(铸造、热压、焊接、喷涂)等方法复合在一起，以满足某种性能要求的材料。最简单的双层金属复合材料是将两块具有不同热膨胀系数的金属板胶合在一起。用它组成悬臂梁，当温度发生变化后，由于热膨胀系数不同而产生预定的翘曲变形，从而可作为测量和控制温度的简易恒温器。

此外，我国已生产的不锈钢—碳素钢复合钢板、合金钢—碳素钢复合钢板等，就是典型的层叠复合材料。

(2) 塑料—金属多层复合材料

例如 SF 型三层复合材料就是以钢为基体，烧结铜网或铜球为中间层，塑料为表面层的一种自润滑复合材料，如图 8-4 所示。这种材料的物理、力学性能主要取决于基体，而摩擦、磨损性能主要取于塑料。中间层多孔性青铜，它使三层之间获得可靠的结合力，优于一般喷涂层和粘贴层。一旦塑料磨损，露出青铜也不致严重磨伤轴。表面层常用的塑料为聚四氟乙烯或聚甲醛。这种复合材料比单一的塑料提高承载能力 20 倍，导热系数提高 50 倍，热膨胀系数降低 75%，从而改善了尺寸稳定性。可用作高应力(140MPa)、高温(270℃)及低温(−195℃)和无油润滑条件下的各种轴承。目前已用于汽车、矿山机械、化工机械等部门。

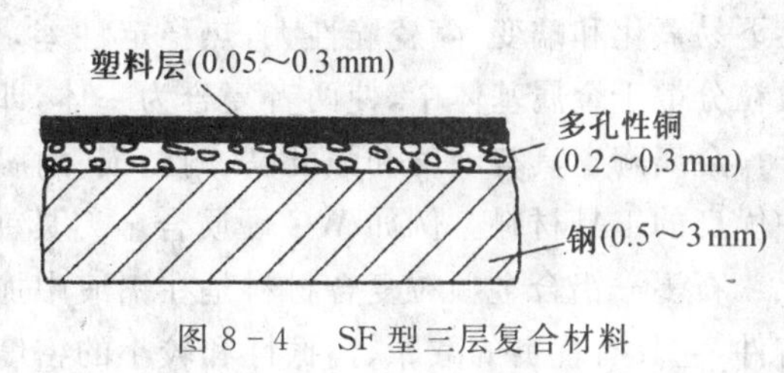

图 8-4　SF 型三层复合材料

(3) 夹层结构复合材料

这种材料是由两层薄而强的面板(或称蒙皮)中间夹着一层轻而弱的芯子组成。面板是由抗拉、抗压强度高，弹性模量大的材料组成，如金属、玻璃钢、增强塑料等。芯子有实心的或蜂窝格子的两类。芯子材料根据要求的性能而定，常用泡沫、塑料、木屑、石棉、金属箔、玻璃钢等。面板与芯子可用胶粘剂胶接，金属材料还可用焊接。

夹层结构的特点是：密度小，减轻了构件自重；结构和工字钢相似，有较高的刚度和抗压稳定性；可按需要选择面板、芯子的材料，以得到绝热、隔声、绝缘等所需的性能。

夹层复合材料的性能与面板的厚度、夹芯的高度、蜂窝格子的大小或泡沫塑料的性能等有关。一般，对于结构尺寸大、要求强度高、刚度好、耐热性好的受力构件应采用蜂窝夹层结构；而对受力不太大，但要求结构刚度好，尺寸较小的受力构件采用泡沫塑料夹层结构。

夹层结构复合材料已用于飞机的天线罩隔板、机翼以及火车车厢、运输容器等方面。

3. 颗粒复合材料

颗粒复合材料是由一种或多种材料的颗粒均匀分散在基体材料内所组成的材料。例如经弥散强化后的金属材料就是一种颗粒复合材料。只不过它的增强粒子有的是人为加入的，有的是热处理过程中析出第二相形成的。

颗粒复合材料的增强原理是利用大小适宜的增强粒子呈高度弥散分布在基体中，以阻止基体塑性变形的位错运动(金属材料)或分子链的运动(高分子材料)。增强粒子直径的大小直接影响增强效果。增强粒子直径太小则形成固溶体，增强粒子直径太大易引起应力集中，都降低增强效果。金属增强粒子直径在 0.01～0.1μm 范围内增强效果好。

金属陶瓷是一种颗粒复合材料。一般,金属及其合金的热稳定性和塑性好,但在高温下易氧化和蠕变;陶瓷脆性大,热稳定性差,但耐高温、耐腐蚀。为取长补短,将陶瓷微粒分散于金属基体中,使两者复合为一体,即是金属陶瓷。

金属陶瓷具有硬度和强度高、耐磨损、耐腐蚀、耐高温和热膨胀系数小等优点,是一种优良的工具材料。例如 WC 硬质合金刀具就是一种金属陶瓷。

石墨—铝合金颗粒复合材料是在铝液中加入颗粒状石墨并悬浮于铝合金中浇成的铸件,它具有优良的减摩、消振性和较小的密度,是一种新型的轴承材料。

思考练习题

1. 名词解释

(1) 单体、链节与聚合度

(2) 加聚反应与缩聚反应

(3) 玻璃态、高弹态与粘流态

(4) 热塑性塑料、热固性塑料、通用塑料工程塑料

(5) 天然橡胶与人工橡胶

(6) 普通陶瓷、特种陶瓷、工程陶瓷与功能陶瓷

(7) 纤维增强复合材料、层叠复合材料与颗粒复合材料

(8) 金属材料、高分子材料、陶瓷材料与复合材料

2. 试为下列塑料零件选材(每种零件选出两种以上):

(1) 一般结构件——机件外壳、盖板等;

(2) 传动零件——齿轮、蜗轮等;

(3) 摩擦零件——轴承、活塞环、导轨等;

(4) 耐蚀零件——化工管道、耐酸泵等;

(5) 电绝缘件——电器开关、印刷电路板等。

3. 塑料、橡胶和粘结剂的主要组成物是什么?

4. 导致高聚物老化的因素有哪些?观察生活中塑料和橡胶的老化现象。

5. 试举出五种常见工程塑料及其在工业中的应用实例。

6. 试举出三种橡胶在工业中的应用实例。

7. 为什么陶瓷的硬度很高,而塑性很差易脆裂?

8. 复合材料的基本组成是什么?各组分的作用是什么。

9. 高分子材料、陶瓷材料和复合材料的性能特点是什么?

第9章

机械工程材料的选择

多数定型或规格化的产品，在选用材料时，经常是套用而不是选用。更有甚者，连套用都做不到，而是随意取用。套用还可算是一定的经验积累，而随意取用就是完全盲目的了。这种简单化的选材方法已日益暴露出种种缺点，并证明是许多重大质量事故的根源。所以，选材正在逐渐变成一种严格地建立在试验与分析基础上的科学方法。一般机械零件，在设计和选材时，大多以使用性能指标作为主要依据。而对机械零件起主导作用的这些性能指标，则是根据零件的工作条件和失效形式提出的。

9.1 零件的失效分析

零件在工作过程中最终都要发生失效。所谓失效是指：① 零件完全破坏，不能继续工作；② 虽能继续工作，但不能保证安全；③ 虽能安全工作，但不能保证机器的精度或起到预定的作用。只要发生上述三种情况中的任何一种，都认为零件已经失效。对零件进行失效分析，找出失效的原因，失效分析的结果对于零件的设计、选材、加工以及使用，都有很大的指导意义。

9.1.1 零件失效的形式

一般机械零件的失效形式如图 9-1 所示，主要有以下三种类型。

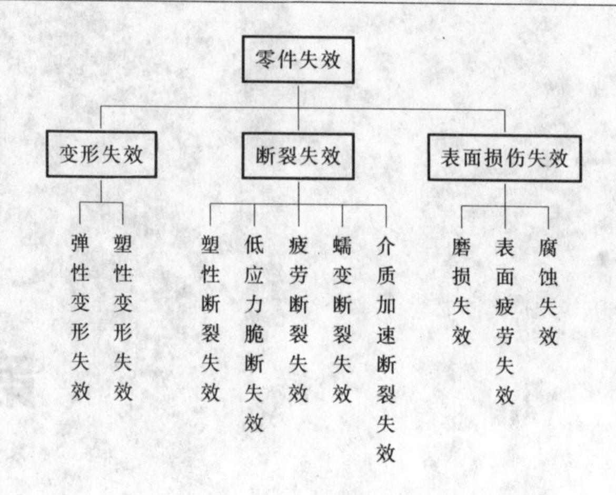

图 9-1 零件失效形式

1. 过量变形失效

过量变形失效是指零件在工作过程中产生超过允许值的变形量而导致整个机械设备无法正常工作，或者虽能正常工作但产品质量严重下降的现象，主要包括过量的弹性变形失效和塑性变形失效两种。

由于过量的弹性变形造成零件之间相对位置变化而不能正常工作，甚至造成零件破坏或设备无法运转的失效，称为过量弹性变形失效。例如，车床主轴在工作过程中，发生过量的弹性弯曲变形，不仅振动加剧，使轴和轴承配合不良，而且会造成加工零件质量的严重下降。

由于过量的塑性变形使零件不能继续工作的失效，称为过量塑性变形失效。例如，高压容器的坚固螺栓发生过量塑性变形而伸长，从而导致容器渗漏。

2. 断裂失效

断裂失效是指零件在工作过程中完全断裂而导致整个机械设备无法工作的现象。断裂失效的主要形式有塑性断裂失效、低应力脆性断裂失效、疲劳断裂失效、蠕变断裂失效、介质加速断裂失效等。

(1) 塑性断裂

是指零件在产生较大塑性变形后的断裂。由于这是一种有先兆的断裂，比较容易防范，故危险性较小。材料的屈强比(σ_s/σ_b)越小，断裂前的塑性变形量越大。

(2) 低应力脆性断裂

在断裂前不产生明显塑性变形，且工作应力远低于材料的屈服点。强度高、塑性和韧性差的材料发生脆性断裂的几率较大。脆性断裂常发生在有尖锐缺口或裂纹的零件中，特别是在低温或冲击载荷下最容易发生。因此，对于可能含有裂纹的零件(如大型零件)和高强度材料,断裂韧度是衡量材料抵抗脆性断裂能力的可靠判据。在工程材料中,钢和钛的断裂韧度较高,如果进行韧化处理,还可进一步提高韧性。

(3) 疲劳断裂

在循环交变应力的作用下,机械零件将会产生疲劳断裂。疲劳断裂一般发生较突然,危险性大。疲劳断裂主要发生在零件的应力集中的局部区域,因此,在工艺和设计上减少零件上各种会引起应力集中的不合理处,如刀痕、尖角、截面突变等,或采用表面强化方法(如喷丸等)在零件表面造成残余压应力,都可提高零件的抗疲劳能力。在工程材料中,金属材料,特别是钢和钛的疲劳强度较高。

(4) 蠕变断裂

是零件在高温下长期负载工作引起的。因此,在高温下工作的零件,其材料应具有足够的蠕变抗力。在常用的工程材料中,陶瓷和难熔金属的蠕变抗力较高,铁基和镍基合金的蠕变抗力也较高;塑料的蠕变抗力差,某些塑料甚至在室温下也会发生蠕变。

3. 表面损伤失效

表面损伤失效是指机械零件因表面损伤而造成机械设备无法正常工作或失去精度的现象,主要包括磨损失效、腐蚀失效、接触疲劳失效等。

此外,还有发生于有机高分子材料中的老化失效。老化失效是指高聚物零件在长期使用或存放过程中,由于受光、热、应力、氧、水、微生物等的作用,其性能逐渐恶化,直到丧失使用价值的现象。

9.1.2 零件失效的原因

机械零件失效的原因很多,如图 9-2 所示。一般主要从设计、材料、加工工艺和安装使用等几个方面来进行分析。

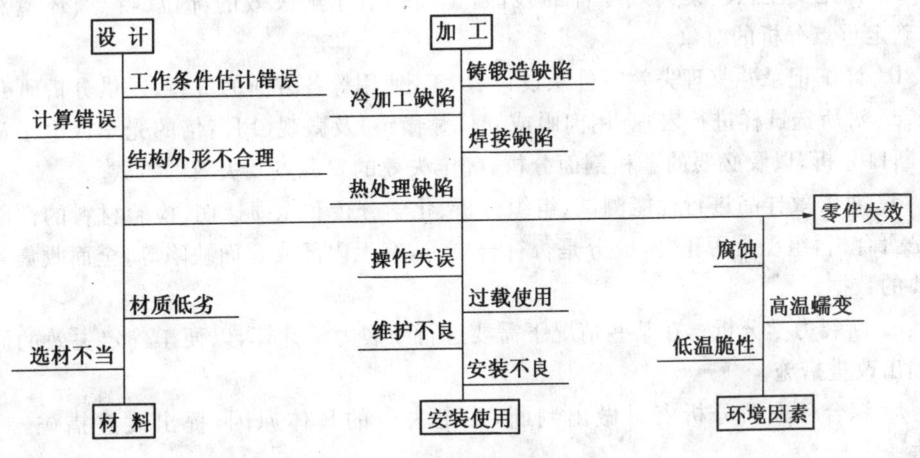

图 9-2　零件失效的主要原因

1. 设计与失效

机械零件的结构形状和尺寸设计不合理容易引起失效。如存在尖角、尖锐缺口，过渡圆角太小等均可造成较大的应力集中。另外，安全系数过小，在实际工作中机械零件的承载能力不够，或者对工作环境的变化情况估计不足等均属于设计不合理。

2. 选材与失效

在设计中对机械零件可能出现的失效方式判断有误，使所选用材料的性能不能满足工作条件的要求；或者所选材料名义性能指标不能满足材料对实际失效形式的抗力要求，错误地选择了材料。另外，所选用材料的质量太差，也容易造成机构零件的失效。

3. 加工与失效

机械零件在加工和成形过程中，由于采用的工艺方法、工艺参数不正确，可能造成各种缺陷。如冷加工中常出现表面粗糙值过大，刀痕较深，磨削裂纹等；热成形过程中容易产生过热、过烧、带状组织等；热处理工序中容易产生氧化、脱碳、淬火变形与开裂等；另外，还有球墨铸铁中的球化不良、白口组织等都是导致机械零件早期失效的原因。

4. 安装使用与失效

机械设备在安装过程中配合过紧、过松，或对中不准、固定不紧、重心不稳、润滑条件不良、密封不好等都会引起机械零件的失效。另外，不按工艺规程进行操作，维护、保养不善等均会使零件在不正常条件下工作而造成失效。

9.1.3 失效分析的一般过程

机械零件失效的原因是多方面的，一个零件的失效往往不只是单一原因造成的，可能是多种因素共同作用的结果。机械零件的失效分析是一项综合性的技术工作，大致有如下程序。

a. 首先要注意收集失效零件的残骸，全面调查了解失效的部位、特点、环境和时间，确定重点分析的对象。

b. 详细记录并整理失效零件从设计、加工、使用等各方面的资料，以供分析研究。

c. 对所选试样进行宏观(用肉眼或立体显微镜)及微观(用高倍的光学或电子显微镜)断口分析，以及必要的金相剖面分析，确定失效的发源点及失效的方式。

d. 对失效样品进行性能测试、组织分析、化学分析和无损探伤，检验材料的性能指标是否合格，组织是否正常，成分是否符合要求，有无内部或表面缺陷等，全面收集各种必要的数据。

e. 断裂力学分析。在某些情况下需要进行断裂力学计算，以便于确定失效的原因及提出改进措施。

f. 综合各方面分析资料做出判断，确定失效的具体原因，提出改进措施，写出报告。

9.1.4 失效分析与选材

通过失效分析，可以了解材料的破坏方式，这就可以作为选材的重要依据。从零件失效的角度看，选材时应考虑以下几个方面的问题。

1. 弹性变形失效与选材

从材料角度分析，控制弹性变形失效难易程度的指标是弹性模量。在容易发生弹性变形失效时，应选用具有高弹性模量的材料。而各类材料的弹性模量差别相当大，金刚石与各种碳化物、硼化物陶瓷的弹性模量最高；其次为氧化物陶瓷与难熔金属，钢铁也具有较高的弹性模量，有色金属则要低一些；高分子材料的弹性模量最低。因此在要求零件有较高刚度，而不能发生过大弹性变形时，不能用高分子材料。但是有些纤维复合材料具有相当大的弹性模量，由于其密度低，在许多特殊的场合(如飞行器结构)有很大用途。

2. 塑性变形失效与选材

决定塑性变形失效难易程度的指标是材料的屈服强度。在经典设计中，屈服强度是衡量材料承载能力的最重要指标，在很长一段时间内，获得高强度材料是材料学家和工程师的主要努力目标。从屈服强度的角度看，金刚石和各种碳化物、氧化物、氮化物陶瓷材料的屈服强度最高，但因为它们极脆，做拉伸试验时，在远未达到屈服强度的应力下即已脆断，因此根本不能通过拉伸试验来测定其屈服强度。由于这种材料太脆，强度高的特点发挥不出来，因此不能作为高强结构材料。高强合金钢的强度仅次于陶瓷，最广泛地用于各种高强结构之中。一般来讲，塑料的强度很低，目前最高强度的塑料也不超过铝合金，因此在要求零件有高强度时，不能用塑料。

3. 脆性断裂失效与选材

描述材料脆性断裂难易程度的指标是冲击韧度、韧脆转变温度和断裂韧度。从韧性的角度考虑，韧性最好的是各种奥氏体钢，其次是合金低碳钢，铝合金韧性通常并不好，而铸铁的韧性通常很低，高碳工具钢和轴承钢韧性也不好，不能用来制造要求韧性较高的结构零件。

4. 疲劳断裂失效与选材

疲劳寿命分为低周疲劳与高周疲劳寿命两种。一般对于具有高频率交变载荷的构件，应选用高周疲劳寿命比较高的材料，如弹簧等。对于具有低频率交变载荷的构件，应选用低周疲劳寿命比较高的材料，如抗地震建筑材料。

5. 蠕变失效与选材

蠕变失效通常发生在高温下，所以抗蠕变失效的材料应是耐高温材料。选材时主要考虑材料的工作温度和工作应力，在较高应力和较低温度下，可选用各种耐热钢及高温合金；在较低应力和较高温度下，应选用高熔点材料，如难熔金属和陶瓷材料，对金属材料还应使其晶粒尽可能大，甚至采用单晶材料，晶界也应平行于受力方向排列。

6. 表面损伤失效与选材

对于在有摩擦力存在的场合，应考虑表面损伤的影响。对于粘着磨损，所选材料应与和它配合工作的材料不属同类，而且摩擦系数尽可能小，同时，材料的硬度要高，材料最好有自润滑能力，或有利于保存润滑剂(如有孔隙等)。对于磨粒磨损，选用材料的硬度要高，材料组织中应含有较多的耐磨硬相，如白口铸铁耐磨损性能就较好。

9.2 机械工程材料的选用

机械零件的选材是一项十分重要的工作。零件的选材是否恰当，将直接影响到产品的使用性能、使用寿命及制造成本。选材不当，严重的可能导致零件的完全失效。

9.2.1 选材的一般原则

判断零件选材是否合理的基本标志是，所选材料能否满足必需的使用性能；能否具有良好的工艺性能；能否实现最低成本。选材的任务就是求得三者的统一。

1. 使用性原则

材料的使用性原则是指材料所能提供的使用性能指标对零件功能和寿命的满足程度。零件在正常工作条件下，应完成设计规定的功能并达到预期的使用寿命。当材料的使用性能不能满足零件工作条件的要求时，零件就会失效。因此，材料的使用性能是选材的首要条件。不同零件所要求的使用性能是不一样的，有的要求高强度、高硬度、高耐磨性；有的要求塑性好、耐冲击。因此，选材时主要任务是准确地判断出零件所要求的主要使用性能指标。

一般情况下，零件所要求的使用性能主要是材料的力学性能。零件的工作条件不同，失效形式不同，要求的力学性能指标也就不同，使用时应进行认真的分析判断，并根据具体情况对有关数据进行修正。在可能的情况下，尤其是大量生产的重要零件，可用零件实物进行强度和寿命的模拟试验，以提供可靠的选材资料。

几种常用零件的工作条件、常见失效形式及要求的力学性能指标如表 9-1 所示。

表 9-1 几种常用零件的工作条件、常见失效形式和要求的力学性能

零件(工具)	工作条件			常见失效形式	要求的主要力学性能
	应力种类	载荷性质	其他		
普通紧固螺栓	拉、切应力	静	—	过量变形、断裂	屈服强度及抗剪强度、塑性
传动轴	弯、扭应力	循环、冲击	轴颈处摩擦、振动	疲劳破坏、过量变形、轴颈处磨损、咬蚀	综合力学性能

续 表

零件(工具)	工作条件			常见失效形式	要求的主要力学性能
	应力种类	载荷性质	其他		
传动齿轮	压、弯应力	循环、冲击	强烈摩擦、振动	磨损、麻点剥落、齿折断	表面硬度及弯曲疲劳强度、接触疲劳抗力,心部屈服强度、韧性
弹簧	扭应力(螺旋簧)、弯应力(板簧)	循环、冲击	振动	弹性丧失、疲劳断裂	弹性极限、屈强比、疲劳强度
油泵柱塞副	压应力	循环、冲击	摩擦、油的腐蚀	磨损	硬度、抗压强度
冷作模具	复杂应力	循环、冲击	强烈摩擦	磨损、脆断	硬度、足够的强度、韧性
压铸模	复杂应力	循环、冲击	高温度、摩擦、金属液腐蚀	热疲劳、脆断、磨损	高温强度、热疲劳抗力、韧性和红硬性
滚动轴承	压应力	循环、冲击	强烈摩擦	疲劳断裂、磨损、麻点剥落	接触疲劳抗力、硬度、耐蚀性
曲轴	弯、扭应力	循环、冲击	轴颈摩擦	脆断、疲劳断裂、咬蚀、磨损	疲劳强度、硬度、冲击疲劳抗力、综合力学性能
连杆	拉、压应力	循环、冲击		脆断	抗压疲劳强度、冲击疲劳抗力

2. 工艺性原则

工艺性原则是指所选用的工程材料能保证顺利地加工成合格的机械零件。不同的材料对应不同的加工工艺,材料的工艺性能好坏,对于零件加工的难易程度、生产效率、生产成本等方面起着决定性的作用。因此,工艺性能是选材时必须同时考虑的另一个重要因素。材料的工艺性能主要包括下列几个方面。

(1) 铸造性能

指金属能否用铸造的方法获得合格铸件的能力。一般是根据流动性、收缩性和偏析倾向进行综合评定。不同的材料其铸造性能不同。在常用的几种铸造合金中,铸造铝合金和铸造铜合金的铸造性能优于铸铁,铸铁的铸造性能优于铸钢。在铸铁中以灰铸铁的铸造性能最好。

(2) 焊接性能

指材料在一定焊接条件下获得优质焊接接头的难易程度。一般用焊缝处出现裂纹、脆性、气孔或其他缺陷的倾向来衡量焊接性能。焊接性能优良的材料除焊接时不易产生各种缺陷外，其焊接工艺简单，且焊缝处具有足够的强度和韧性。通常低碳钢和低合金钢具有良好的焊接性能；高碳钢、高合金钢、铜合金和铝合金的焊接性能较差；铸铁基本上不能焊接。

(3) 压力加工性能

包括煅造性能、冷冲压性能等。材料塑性高，成形性好，则压力加工后表面质量优良，不易产生裂纹；变形抗力低，则变形比较容易，金属易于实现固态下的流动，易于充填模腔，不易产生缺陷。一般低碳钢的压力加工性能比高碳钢好，非合金钢的压力加工性能比合金钢好。

(4) 切削加工性能

指材料接受切削加工而成为合格工件的难易程度。一般用切削抗力大小、零件表面粗糙度值的大小、加工时切屑排除的难易程度以及刀具磨损大小来衡量其性能好坏。它是合理选择结构钢的重要依据之一。

(5) 热处理工艺性能

主要包括淬透性、淬硬性、变形开裂倾向、回火脆性、回火稳定性、氧化脱碳倾向等，选材时应根据零件的热处理要求选择与热处理工艺相适应的材料。

3. 经济性原则

经济性原则是指所选用的材料加工成零件后，应使零件生产和使用的总成本最低，经济效益最好。这里讲的总成本包括原材料价格、零件加工费用、零件成品率、材料利用率、材料回收率、零件寿命以及材料供应与管理费用等。

在满足零件使用性原则和工艺性原则的前提下，应考虑材料的经济性原则，主要从如下几方面来考虑。

(1) 从材料本身的价格来考虑

应尽可能选用价格比较便宜的材料。通常情况下，材料的直接成本为产品价格的30%～70%，因此，能用非合金钢制造的零件就不用合金钢，能用低合金钢制造的零件就不用高合金钢，能用钢制造的零件就不用有色金属等，这一点对于大批量生产的零件尤为重要。

我国目前常用工程材料的相对价格如表9-2所示。

表9-2　常用工程材料的相对价格

材料名称	相对价格	材料名称	相对价格
碳素结构钢	1	碳素工具钢	1.4～1.5
低合金高强度结构钢	1.2～1.7	量具刃具用合金钢	2.4～3.7
优质碳素结构钢	1.4～1.5	合金模具钢	5.4～7.2
易切削结构钢	2	高速工具钢	13.5～15
合金结构钢	1.7～2.9	铬不锈钢	8

续　表

材料名称	相对价格	材料名称	相对价格
镍铬合金结构钢	3	铬镍不锈钢	20
轴承钢	2.1～2.9	球墨铸铁	2.4～2.9
合金弹簧钢	1.6～1.9	普通黄铜	13

(2) 从材料加工费用方面来考虑

应当合理地安排零件的生产工艺，尽量减少生产工序，并尽可能采用无切削或少切削加工新工艺（如精铸、模锻、冷拉毛坯等），提高材料的利用率，降低生产成本。

零件的加工费用还与零件数量有关。例如，机床床身在批量生产时选用廉价的铸铁，用铸造方法生产成本较低；但对于单件生产，如果还是用铸造方法生产则成本太高，只能选择较贵的低碳钢板，用焊接方法生产。

(3) 从资源供应条件来考虑

应立足于国内和货源较近的地区，同时尽量减少所选材料的品种、规格，以便简化采购供应、保管及生产管理等各项工作。

(4) 注意选用非金属材料

许多零件都可以用工程塑料代替金属材料，不仅降低了零件成本，而且性能可能更加优异。

考虑经济性还应从长远的观点出发，不能只看到眼前利益，一些暂时看起来成本较高的材料，但由于其寿命长、维护保养费用少，从长远的观点来看，经济性还是好的。如对于那些重要的、加工复杂的零件和使用周期长的工具，就不能单纯从材料本身的成本考虑，而忽视整个加工过程及零件和工具的质量、寿命等。在这种情况下，采用价格比较昂贵的合金钢或硬质合金等材料，往往比采用成本低但使用寿命不长的非合金钢更为经济。

同时，还要考虑用户的喜爱和需求，如果材料价格稍贵，但用户喜欢，市场销量大，也应该按市场规律来办。例如，摩托车雨板，南方气温高，多雨，潮湿，玻璃钢雨板经久耐用，受到用户喜爱，市场销量大，低碳钢雨板容易生锈，在南方不受欢迎；而在北方，气候干燥、寒冷，低碳钢雨板销量大，玻璃钢雨板则不受欢迎。

9.2.2　选材的方法与步骤

材料的选择是一个比较复杂的决策问题。在符合选材原则的前提下，可选用的材料并不是惟一的。目前还没有一种确定选材最佳方案的精确方案。它需要设计者熟悉零件的工作条件和失效形式，掌握有关的工程材料的理论及应用知识、机械加工工艺知识以及较丰富的生产实际经验。通过具体分析，进行必要的试验和选材方案对比，最后确定合理的选材方案。对于成熟产品中相同类型的零件、通用和简单零件，则大多数采用经验类比法来选择材料。另外,零件的选择一般需借助国家标准、部颁标准和有关手册。

选材一般可分成以下几个步骤如图 9-3 所示。

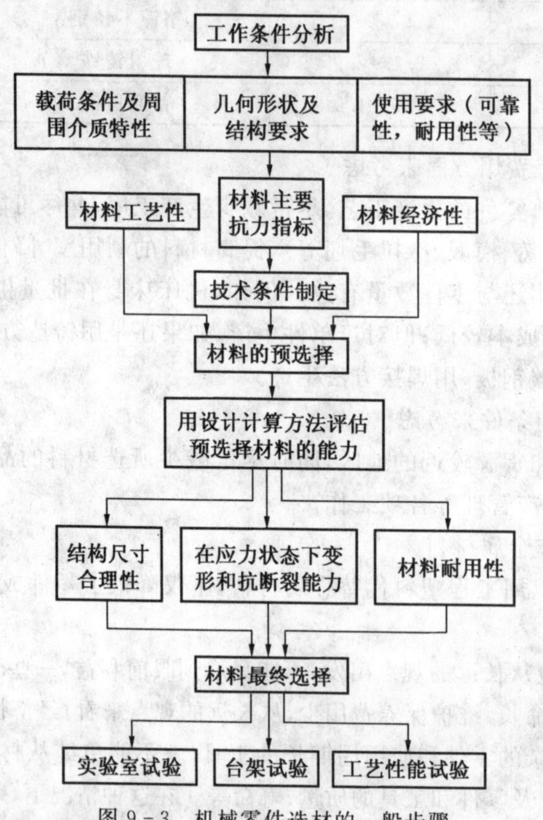

图 9-3　机械零件选材的一般步骤

a. 分析零件的工作条件及其失效形式,根据具体情况或用户要求确定零件的性能要求(包括使用性能和工艺性能)和最关键的性能指标。一般主要考虑力学性能,必要时还应考虑物理、化学性能。

b. 对同类产品的用材情况进行调研,并从使用性能、原材料供应和加工工艺等各个方面分析其选材的合理性,以供选材时参考。

c. 通过查有关设计手册,结合力学计算或试验,确定零件应具有的力学性能指标值或其他性能指标。

d. 初步选择出具体的材料牌号,并决定其热处理方法或其他强化方法。

e. 审核所选材料的经济性,确认其是否能适应高效加工和组织现代化生产。

f. 对于关键性零件,投产前应先在实验室对所选材料进行试验,初步检验所选材料与热处理方法能否达到各项性能指标的要求,冷热加工有无困难等。对试验结果基本满意后,便可逐步批量投产。

上述选材步骤只是一般过程,并非一成不变。如对于某些重要零件,如果有同类产品可供参考,则可不必试制而直接投产;对于某些不重要的零件或小批量生产的非标准设备及维修中所用的材料,若对材料选择与热处理方法有成熟的经验和资料,则可不进行试验和试制。

9.3　典型零件的选材

机构零件种类繁多,性能要求各异,而满足这些零件性能要求的材料也很多。工程上所用的材料主要有金属材料、高分子材料和陶瓷材料三大类。下面以轴类、齿轮类和箱体类零件为例,介绍典型机械零件的选材。

9.3.1　轴类零件的选材

1. 轴类零件的工作条件、失效形式及性能要求

轴是组成机械的重要零件之一,其作用是支承回转零件并传递运动和动力,是影响机械设备运行精度和寿命的关键零件。轴的种类很多,轴径也各不相同,钟表机心轴径可在 0.5mm 以下,水轮机的轴径则可达1000mm以上。轴类零件在工作时随机的载荷也比较复杂,主要承受交变弯曲应力和扭转应力的复合作用,并承受一定的冲击、振动和短时过载。

轴的基本失效形式有疲劳断裂、过量变形和轴颈处过度磨损等。因此,为保证轴的正常工作,选用材料必须具有足够的强度和刚度,适当的冲击韧性和高的疲劳强度,对于轴颈等受摩擦的部分,要求有高的硬度和耐磨性。在工艺性能方面,应具有良好的切削加工性和足够的淬透性。

2. 轴类零件的用材特点

轴类零件所用材料主要是经锻造或轧制的低碳钢、中碳钢或合金钢。选择材料的主要依据是载荷的性质和大小,以及轴的运行精度要求。

a. 对于承受弯曲和扭转应力的轴类零件,如发动机曲轴、汽轮机主轴、机床主轴等,一般采用调质钢制造。其中,对磨损较轻、冲击不大的轴,可选用 40,45 钢经调质或正火处理,然后对要求耐磨的轴颈等部位进行表面淬火和低温回火;对于受力不大或不重要的轴也可采用 Q235,Q275 等碳素结构钢,不进行热处理直接使用;对磨损较严重,且受一定冲击的轴可选用合金调质钢,经调质处理后再对需要高硬度的部位进行表面淬火。如普通车床主轴选用 45 钢;汽车半轴选用 40Cr,40CrMnMo 钢;高速内燃机曲轴选用 35CrMo,42CrMo 钢等。

b. 对于磨损严重、且受冲击载荷较大的轴,如载荷较大的组合机床主轴、齿轮铣床

主轴和汽车、拖拉机变速轴等，可选用合金渗碳钢20CrMnTi钢，经渗碳、淬火和低温回火处理后使用。

c. 对高精度、高转速的轴类零件，可选用渗氮钢、高碳钢或高碳合金钢。如高精度磨床主轴或精密镗床镗杆采用38CrMoAlA钢，经调质和渗氮处理后使用；精密淬硬丝杠采用9Mn2V或CrWMn钢，经淬火和低温回火处理后使用。

对中、低速的内燃机曲轴、连杆、凸轮轴等，还可以选用高强度灰铸铁和球墨铸铁制造，经正火、局部表面淬火或低温气体碳氮共渗处理，不仅力学性能可以满足要求，而且制造工艺简单、成本低，目前已得到广泛应用。

3. 轴类零件选材举例

以机床主轴的选材为例分析轴类零件的选材过程和方法。机床主轴是机床中传递动力的重要零件，它的工作条件及失效形式决定了主轴应具有良好的综合力学性能。但还应考虑主轴上不同部位上的不同性能要求。在选用机床主轴的材料和热处理工艺时，必须考虑受力大小、轴承类型、主轴的形状及可能出现的热处理缺陷等。如表9-3所示。

表9-3 常用机床主轴的工作条件、材料选择及热处理工艺

序	工作条件	选用钢号	热处理工艺	硬度要求	应用举例
1	(1) 在滚动轴承中运转；(2) 低速，轻、中等载荷；(3) 精度要求不高；(4) 稍有冲击载荷	45钢	调质	220～250HBS	一般简易机床主轴
2	(1) 在滚动轴承中运转；(2) 转速稍高，轻或中等载荷；(3) 精度要求不太高；(4) 冲击、交变载荷不大	45钢	整体淬火	40～45HRC	龙门铣床、立式铣床、小型立式车床的主轴
			正火或调质＋局部淬火	≤229HBS(正火) 220～250HBS(调质) 46～51HRC(局部)	
3	(1) 在滚动或滑动轴承内运转；(2) 低速，轻或中等载荷；(3) 精度要求不很高；(4) 有一定的冲击，交变载荷	45钢	正火或调质后轴颈局部表面淬火	≤229HBS(正火) 220～250HBS(调质) 46～57HRC(表面)	CB3463，CA6140，C61200等重型车床主轴
4	(1) 在滚动轴承中运转；(2) 中等载荷，转速略高；(3) 精度要求较高；(4) 交变、冲击载荷较小	40Cr 40MnB 40MnVB	整体淬火	40～45HRC	滚齿机、组合机床的主轴
			调质后局部淬硬	220～250HBS(调质) 46～51HRC(局部)	
5	(1) 在滑动轴承中运转；(2) 中或重载荷，转速略高；(3) 精度要求较高；(4) 有较高的交变、冲击载荷	40Cr 40MnB 40MnVB	调质后轴颈表面淬火	220～280HBS(调质) 46～55HRC(表面)	铣床、M7475B磨床砂轮主轴

续　表

序	工　作　条　件	选用钢号	热处理工艺	硬度要求	应用举例
6	(1) 在滚动或滑动轴承内运转；(2) 轻、中载荷、转速较低	50Mn2	正火	≤241HBS	重型机床主轴
7	(1) 滑动轴承中运转；(2) 中等或重载荷；(3) 要求轴颈部分有更高的耐磨性；(4) 精度很高；(5) 交变应力较大，冲击载荷较小	65Mn	调质后轴颈和头部局部淬火	56～61HRC(轴颈表面) 50～55HRC(头部)	M1450 磨床主轴
8	工作条件同上，但表面硬度要求更高	GCr15 9Mn2V	调质后轴颈和头部淬火	250 ～ 280HBS（调质） ≥59HRC(局部)	MQ1420，MB1432A 磨床砂轮主轴
9	(1) 在滑动轴承中运转；(2) 重载荷，转速很高；(3) 精度要求极高；(4) 有很高的交变、冲击载荷	38Cr MoAl	调质后渗氮	≤260HBS(调质) ≥850HV（渗氮表面）	高精度磨床砂轮主轴，T68 镗杆，T4240A 坐标主轴
10	(1) 在滑动轴承中运转；(2) 重载荷，转速很高；(3) 高的冲击载荷；(4) 很高的交变应力	20Cr MnTi	渗碳淬火	≤59HRC(表面)	Y7163 齿轮磨床、CG1107 车床、SG8630 精密车床主轴

下面再以 C616 车床主轴为例，介绍其选材方法并进行热处理工艺分析。C616 车床主轴如图 9-4 所示。

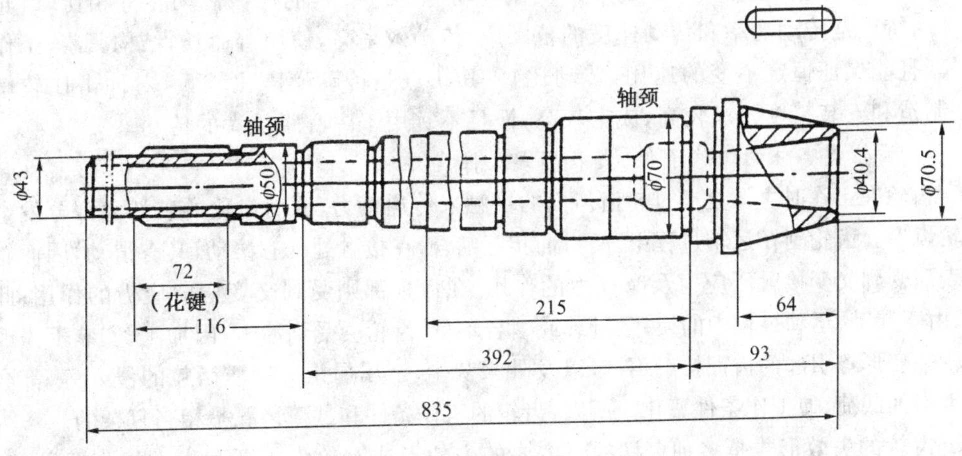

图 9-4　C616 车床的主轴

(1) 工作条件　承受交变的弯曲应力和扭转应力，有时受到冲击载荷的作用；主轴大端的内锥孔和外锥体经常与顶针及卡盘有相对摩擦；花键部分经常有磕碰或相对滑动等。

(2) 基本性能要求　整体要求具有良好的综合力学性能，调质后硬度应为220～240HBS，内锥孔和外锥体处硬度为43～50HRC，花键轴部分要求耐磨，其硬度为48～53HRC。

(3) 材料选择　该车床主轴属于中速、中等载荷的轴类零件。因此，该主轴可选用45钢制造，经锻造后进行正火处理。为了提高钢的强度和韧性，可在粗车后进行调质处理。调质处理后不但强度增高，而且疲劳强度也有所提高，这对主轴是十分有利的。另外，45钢价格低，锻造性能和切削加工性能比较好，虽然淬透性较差，但主轴工作时应力主要分布在表面层，所以能满足性能要求。

(4) 加工工艺路线　下料→锻造→正火→粗加工→调质→半精加工(除花键外)→局部淬火、回火(内锥孔及外锥体)→粗磨(外圆、外锥体及内锥孔)→铣花键→花键高频淬火、回火→精磨(外圆、外锥体及内锥孔)。

(5) 热处理工序的作用　正火可以消除锻造应力，并得到合适的硬度(180～220HBS)，以利于机械加工，同时也改善了组织，为调质处理作组织准备；调质处理是使主轴得到高的综合力学性能和疲劳强度，为充分发挥调质效果，将它安排在粗加工之后进行；内锥孔和外锥面采用盐浴炉快速加热并淬火，经回火后可达到所要求的硬度，以保证装配精度和耐磨性；花键部位采用高频表面淬火、回火，以减少变形并达到表面硬度的要求。

9.3.2 齿轮类零件的选材

齿轮是现代工业应用最广的一种机械传动零件。与其他机械传动零件相比，齿轮传动的特点是传动功率和传动速度的范围广，传动效率高，使用寿命长，结构紧凑，工作可靠，且能保证恒定不变的速比(传动比)。其缺点是传动噪声比较大，对冲击比较敏感，制造和安装精度要求较高，成本较高，而且不宜用于中心距较大的传动。

1. 齿轮类零件的工作条件、失效形式及性能要求

齿轮在工作时主要是通过轮齿齿面的接触来传递动力，因而齿轮的破坏大部分发生在轮齿上。齿轮副在运转过程中，两齿面相互啮合，在接触处既有滚动，又有滑动，因而轮齿表面受到交变接触压应力及摩擦力的作用；在齿根部则受到交变弯曲应力的作用；此外，由于起动、运动过程中的换挡、过载或啮合不良，齿轮会受到冲击；因加工、安装不当或齿轮轴变形等引起的齿面接触不良，以及外来灰尘、金属屑末等硬质微粒的侵入等，都会产生附加载荷，使工作条件恶化。所以，齿轮的工作条件和载荷情况是相当复杂的。

齿轮的失效形式是多种多样的。主要的失效形式有轮齿折断和齿面损伤两种，有时也有过量塑性变形、齿端磨损等其他形式的失效。为保证齿轮的正常工作，要求齿轮

材料经热处理后必须具有高的接触疲劳强度和抗弯强度，高的表面硬度和耐磨性，适当的心部强度和足够的韧性，以及最小的淬火变形。同时，还要求具有良好的切削加工性，以保证齿轮经加工后获得所要求的精度和表面粗糙度值；材质应符合有关的标准所规定的要求；价格适中，材料来源广泛。

2. 齿轮类零件的用材特点

根据其工作条件、运转速度、尺寸大小的不同，齿轮可选用调质钢、渗碳钢、铸钢、铸铁、非铁金属和非金属材料来制造。常用齿轮材料及其热处理工艺如表9-4所示。

表9-4　常用齿轮材料及其热处理工艺

传动	工作条件		小齿轮			大齿轮		
	速度	载荷	材料	热处理	硬度	材料	热处理	硬度
开式传动	低速	轻载，无冲击	Q255	正火	150～180HBS	HT200 HT250		170～230HBS 170～240HBS
		轻载、冲击小	45钢	正火	170～200HBS	QT500-7 QT600-3	正火	170～207HBS 197～269HBS
闭式传运	低速	中载 重载	45	正火	170～200HBS	35	正火	150～180HBS
			ZG310～570	调质	200～250HBS	ZG270～500	调质	190～230HBS
			45钢	整体淬火	38～48HRC	35，ZG270～500	整体淬火	35～40HRC
	中速	中载	45钢	调质	220～250HBS	35，ZG270～500	调质	190～230HBS
			45钢	整体淬火	38～48HRC	35钢	整体淬火	35～40HRC
			40Cr 40MnB 40MnVB	调质	230～280HBS	45、50钢	调质	220～250HBS
						ZG270～500	正火	180～230HBS
						35，40钢	调质	190～230HBS
		重载	45钢	整体淬火	38～48HRC	35钢	整体淬火	35～40HRC
				表面淬火	45～50HRC	45钢	调质	220～250HBS
			40Cr 40MnB 40MnVB	整体淬火	35～42HRC	35，40钢	整体淬火	35～40HRC
				表面淬火	52～56HRC	45，50钢	表面淬火	45～50HRC
	高速	中载无猛烈冲击	40Cr 40MnB 40MnVB	整体淬火	35～42HRC	35，40钢	整体淬火	35～40HRC
				表面淬火	52～56HRC	45，40钢	表面淬火	45～50HRC
		中载、有冲击	20Cr 20Mn2B 20MnVB 20CrMiTi	渗碳淬火	56～62HRC	ZG310～570	正火	160～210HBS
						35钢	调质	190～230HBS
						20Cr　20MnVB	渗碳淬火	56～62HRC

(1) 调质钢齿轮　调质钢主要用于制造对硬度和耐磨性要求不很高，对冲击韧度要求一般中、低速和载荷不大的中、小型传动齿轮。如车床、钻床、铣床等机床的变速箱齿轮、车床挂轮齿轮等，通常采用 45,40Cr,40MnB,35SiMn,45Mn2 等钢制造。一般常用的热处理工艺是经调质或正火处理后，再进行表面淬火和低温回火，有时经调质和正火处理后也可直接使用。对于要求精度高、运动速度快的齿轮，可选用渗氮用钢(38CrMoAlA)，经调质处理和渗氮处理后使用。

(2) 渗碳钢齿轮　渗碳钢主要用于制造高速、重载、冲击较大的重要齿轮，如汽车、拖拉机变速箱齿轮、驱动桥齿轮、立式车床的重要齿轮等，通常采用 20CrMnTi, 20CrMo,20Cr,18Cr2Ni4WA,20CrMnMo 等钢制造，经渗碳淬火和低温回火处理后，表面硬度高，耐磨性好，心部韧性好，耐冲击。为了增加齿面的残余压应力，进一步提高齿轮的疲劳强度，还可进行喷丸处理。

(3) 铸钢和铸铁齿轮　少数齿轮还可采用铸钢和铸铁等材料制造。铸钢可用于制造力学性能要求较高，但形状复杂难以锻造成形的大型齿轮，如起重机齿轮等，通常选用 ZG270～500,ZG310～570,ZG340～640,ZG40Cr 等铸钢制造；对于耐磨性、疲劳强度要求较高，但冲击载荷较小的齿轮，如机油泵齿轮等，可选用球墨铸铁制造，如 QT500－07,QT600－03 等，对于冲击载荷很小的低精度、低速齿轮，可选用灰铸铁制造，如 HT200,HT250,HT300 等。

(4) 非铁金属齿轮　仪器、仪表中的齿轮，以及某些在腐蚀介质中工作的轻载齿轮，常选用耐蚀、耐磨的非铁金属来制造，如黄铜、铝青铜、锡青铜、硅青铜等。

(5) 塑料齿轮　随着塑料的发展与性能的提高，采用尼龙、ABS,聚甲醛等塑料制造的塑料齿轮已得到越来越广泛的应用。塑料齿轮具有摩擦系数小、减振性好、噪声低、重量轻、耐蚀性好、生产成本低等优点，但其强度、硬度、弹性模量低，使用温度不高，尺寸稳定性较差。所以，塑料齿轮主要用于制造轻载、低速、耐蚀、无润滑或少润滑条件下工作的齿轮，如仪表齿轮、无声齿轮等。

3. 齿轮类零件选材举例

(1) 机床齿轮

各种机床中大量采用齿轮来传递动力和改变速度。机床齿轮运转平稳，载荷不大，工作条件较好，所以对齿轮的耐磨性及抗冲击能力要求不高。一般可选用中碳钢制造，为了提高淬透性，也可选用中碳合金钢，经高频淬火后使用。虽然在耐磨和耐冲击方面比渗碳钢齿轮差，但能够满足机床的工作条件，而且高频淬火变形小，生产效率高。下面以 CA6140 车床主轴箱齿轮(如图 9－5 所示)为

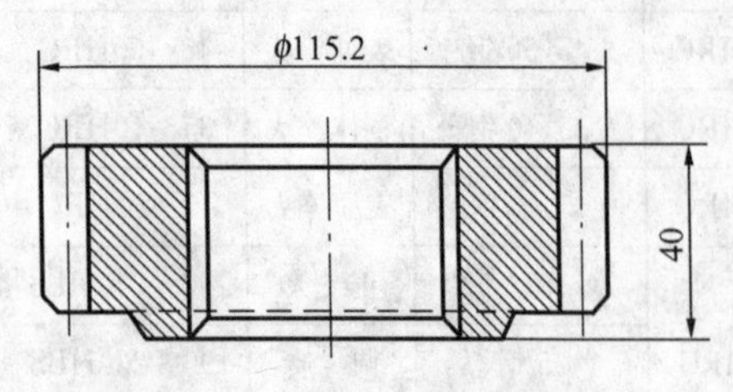

图 9－5　CA6140 车床主轴箱齿轮

例进行分析。

1）工作条件：齿轮运转比较平稳，承受的载荷不大，所受到的冲击较小，属于工作条件较好的齿轮。

2）基本性能要求：心部要求具有较好的综合力学性能，经调质后硬度应为 200～250HBS；表面具有较高的硬度、耐磨性和接触疲劳强度，齿面经高频淬火后硬度就为 45～50HRC。

3）材料选择：根据以上分析，选用 40Cr 钢可满足性能要求。40Cr 钢是典型的中碳合金钢，经调质后具有较好的综合力学性能；合金元素铬的加入提高了钢的淬透性，同时具有固溶强化作用；经高频淬火、回火后，表面可获得较高的硬度和耐磨性，而心部强韧性很好，所以能满足性能要求。

4）加工工艺路线：下料→锻造→正火→粗加工→调质→精加工→轮齿高频淬火及回火→推花键孔→精磨。

5）热处理工序的作用：正火处理可使同批齿轮坯料具有相同的硬度，便于切削加工，均匀组织，消除锻造应力，对于一般齿轮，正火处理也可作为高频淬火前的最后热处理工序；调质处理可使齿轮具有较高的综合力学性能，提高齿轮心部的强度和韧性，使齿轮能承受较大的弯曲应力和冲击力，并减少齿轮的淬火变形；高频淬火及低温回火是决定齿轮表面性能的关键工序，通过高频淬火提高齿轮表面的硬度和耐磨性，并使齿轮表面存在有残余压应力，从而提高疲劳抗力；低温回火可以消除淬火应力，防止磨削裂纹的产生，提高抗冲击能力。

(2) 汽车、拖拉机齿轮

汽车、拖拉机齿轮主要分装在变速箱和差速器中。在变速箱中，通过它来改变发动机、曲轴和主轴齿轮的速比；在差速器中，通过它来增加扭转力矩并调节左右两车轮的轮速，且通过它将发动机的动力传递到主动轮，推动汽车、拖拉机运行。下面以解放牌载重汽车（载重量为 8t）变速箱中的一速齿轮（如图 9－6 所示）为例进行分析。

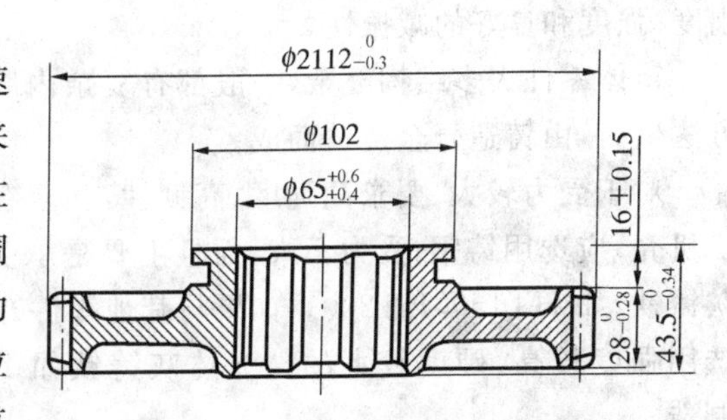

图 9－6　解放牌载重汽车一速齿轮

1）工作条件：汽车、拖拉机齿轮的工作条件比机床齿轮要繁重得多，承受载荷较大，磨损严重，并且承受较大的冲击。

2）基本性能要求：要求齿轮表面具有较高的耐磨性和疲劳强度，心部具有较高的强度与韧性。具体力学性能要求为：齿面硬度 58～62HRC，心部硬度 33～48HRC，心部强度 σ_b > 1000MPa，心部韧性 A_{KU} > 47J。

3）材料选择：根据以上分析，该齿轮选用合金渗碳钢 20CrMnTi 制造较为合适。因为此钢经渗碳淬火后，σ_b＝1100MPa，A_{KU}＞47J。从工艺性能方面，锻造性能良好，锻造、正火后硬度为 180～207HBS，切削加工性能较好；热处理工艺性能也好，淬透性好，不易过热，可直接淬火，变形较小。

4）加工工艺路线：下料→锻造（模锻）→正火→齿坯、齿形加工→渗碳淬火、低温回火→喷丸处理→校正花键孔→磨齿。

5）热处理工序的作用：正火是为了均匀组织和细化组织，消除锻造应力，获得较好的切削加工性能；渗碳淬火及低温回火是为了使齿面具有高硬度和高耐磨性，而心部具有较高的强度和足够的韧性。

另外，采用模锻可以提高生产率，节约材料，适合于大批量生产，而且可以使纤维分布合理，材料的力学性能提高。喷丸处理是一种强化手段，可使零件渗碳表层的压应力进一步增大，有利于提高疲劳强度，同时也可以清除氧化皮。

9.3.3 箱体类零件的选材

箱体是机器或部件的基础零件，它将有关零件连成整体，以保证各零件的正确位置和相互协调地运动。

常见的箱体类零件有机床上的主轴箱、变速箱、进给箱和溜板箱，内燃机的缸体和缸盖、泵壳，机床床身，减速机箱体等。

箱体主要承受压应力，也承受一定的弯曲应力和冲击力。因此，箱体应具有足够的刚度、强度和良好的减振性。

箱体零件大多结构复杂，一般都有复杂内腔。因此，在批量生产中，箱体都用铸造方法生产，由铸造合金浇铸而成。

对于受力较大、要求高强度、高韧性，甚至在高压、高温下工作的箱体零件（如汽轮机机壳）应选用铸钢；受力不大、而且主要是承受静压力、不受冲击的箱体零件，可选用灰铸铁，如 HT150，HT200。如果与其他零件有相对运动，相互间存在摩擦、磨损，则应选用强度较高、硬度较大的珠光体灰铸铁如 HT250，或孕育铸铁 HT300，HT350 等制造。

对于受力不大，要求自重轻或热导性良好的小型箱体零件，可选用铸造铝合金，如 ZAlSi5Cu1Mg（ZL105），ZAlCu5Mn（ZL201）。

对于受力很小，要求耐磨蚀、自重轻的箱体零件，则可选用工程塑料，如 ABS 塑料、有机玻璃和尼龙等。

对于受力较大，但形状简单，或者单件生产的箱体零件，可选用型钢焊接，如选用 Q235 或 45 钢钢板。

箱体零件的热处理根据选材不同而异。如选用铸钢，为了消除粗晶粒组织、偏析及铸造应力，改善切削加工性能，可采用完全退火或正火。如选用铸铁件，为了消除铸造应力，改善切削加工性能，应进行去应力退火。对铸造铝合金，根据成分不同，也应进行退火或淬火加时效处理，以改善铸铝件的力学性能。

以灰铸铁 HT200 制造的卧式车床主轴箱为例，箱体类零件的加工工艺路线为：铸造毛坯→去应力退火→划线→机械加工。

思考练习题

1. 名词解释

(1) 过量变形失效、断裂失效与表面损伤失效

(2) 使用性原则、工艺性原则与经济性原则

2. 试简述机械零件选材的一般原则、方法与步骤。

3. 汽车变速箱齿轮多半是用渗碳钢来制造，而机床变速箱齿轮又多采用调质用钢制造，原因何在？

4. 下列各齿轮选用何种材料制造较为合适？

(1) 直径较大（>400～600mm）、轮坯形状复杂的低速中载齿轮；

(2) 重载条件下工作、整体要求强韧而齿面要求坚硬的齿轮；

(3) 能在缺乏润滑油的条件下工作的低速无冲击齿轮；

(4) 受力很小，要求具有一定抗蚀性的轻载齿轮。

5. 为下列各轴选择合适的材料和热处理方法：

(1) 功率为 3.7kW（约 5 马力）、转速为 2200r/min 的 185 型单缸柴油机的曲轴；

(2) 精密镗床主轴，要求表面硬度不低于 850HV，心部硬度为 260～280HBS。

6. 回忆金工实习中所遇到的零件和工具，试分析它们的选材、热处理方法及加工工艺路线。

附表

附表Ⅰ　非合金钢、低合金钢和合金钢合金元素规定含量界限值(GB/T13304—1991)

合金元素	合金元素规定含量界限值/%		
	非合金钢	低合金钢	合金钢
Al	＜0.10	—	⩾0.10
B	＜0.0005	—	⩾0.0005
Bi	＜0.10	—	⩾0.10
Cr	＜0.30	0.30～＜0.50	⩾0.50
Co	＜0.10	—	⩾0.10
Cu	＜0.10	0.10～＜0.50	⩾0.50
Mn	＜1.00	1.00～＜1.40	⩾1.40
Mo	＜0.05	0.05～＜0.10	⩾0.10
Ni	＜0.30	0.30～＜0.50	⩾0.50
Nb	＜0.02	0.02～＜0.06	⩾0.06
Pb	＜0.40	—	⩾0.40
Se	＜0.10	—	⩾0.10
Si	＜0.05	0.50～＜0.90	⩾0.90
Te	＜0.10	—	⩾0.10
Ti	＜0.05	0.05～＜0.13	⩾0.13
W	＜0.10	—	⩾0.10
V	＜0.04	0.04～＜0.12	⩾0.12
Zr	＜0.05	0.05～＜0.12	⩾0.12
La系(每一种元素)	＜0.02	0.02～＜0.05	⩾0.05
其他规定元素(S,P,C,N除外)	＜0.05	—	⩾0.05

注：La系元素含量，也可为混合稀土含量总和。

附表Ⅱ　常用结构钢退火及正火工艺规范

牌　号	相变温度/℃			退　火			正　火	
	Ac_1	Ac_3	Ar_1	加热温度/℃	冷　却	HBS	加热温度/℃	HBS
35	724	802	680	850～880	炉　冷	≤187	860～890	≤191
45	724	780	682	800～840	炉　冷	≤197	840～870	≤226
45Mn2	715	770	640	810～840	炉　冷	≤217	820～860	187～241
40Cr	743	782	693	830～850	炉　冷	≤207	850～870	≤250
35CrMo	755	800	695	830～850	炉　冷	≤229	850～870	≤241
40MnB	730	780	650	820～860	炉　冷	≤207	850～900	197～241
40CrNi	731	769	660	820～850	炉冷＜600/℃		870～900	≤250
40CrNiMoA	732	774		840～880	炉　冷	≤229	890～920	
65Mn	726	765	689	780～840	炉　冷	≤229	820～860	≤269
60Si2Mn	755	810	700				830～860	≤254
50CrVA	752	788	688				850～880	≤288
20	735	855	680				890～920	≤156
20Cr	766	838	702	860～890	炉　冷	≤179	870～900	≤270
20CrMnTi	740	825	650				950～970	156～207
20CrMnMo	710	≤229	930～970		炉　冷	≤217	870～900	
38CrMoA1	800	940	730	840～870	炉　冷			

附表Ⅲ　常用工具钢退火及正火工艺规范

牌　号	相变温度/℃			退　火			正　火	
	Ac_1	Acm	Ar_1	加热温度/℃	等温温度/℃	HBS	加热温度/℃	HBS
T8A	730		700	740～760	650～680	≤187	760～780	241～302
T10A	730	800	700	750～770	680～700	≤197	880～850	255～321
T12A	730	820	700	750～770	680～700	≤207	850～870	269～341
9Mn2V	736	765	652	760～780	670～690	≤229	870～880	
9SiCr	770	870	730	790～810	700～720	197～241		
CrWMn	750	940	710	770～790	680～700	207～255		
GCr15	745	900	700	790～810	710～720	207～229	900～950	270～390
Cr12MoV	810		760	850～870	720～750	207～255		
W18Cr4V	820		760	850～880	730～750	207～255		
W6Mo5Cr4V2	845～880		805～740	850～870	740～750	≤255		
5CrMnMo	710	760	650	850～870	～680	197～241		
5CrMiMo	710	770	680	850～870	～680	197～241		
3Cr2W8V	820	1100	790	850～860	720～740			

附表Ⅳ 常用钢种回火温度与硬度对照表

牌号	淬火规范			回火温度/℃与回火硬度 HRC												备注
	加热温度/℃	冷却剂	硬度 HRC	180±10	240±10	280±10	320±10	360±10	380±10	420±10	480±10	540±10	580±10	620±10	650±10	
35	860±10	水	>50	51±2	47±2	45±2	43±2	40±2	38±2	35±2	33±2	28±2	250±2 HBS	220±2 HBS		
45	830±10	水	>50	56±2	53±2	51±2	48±2	45±2	43±2	38±2	34±2	30±2	250±2 HBS	220±2 HBS		
T8,T8A	790±10	水,油	>62	62±2	58±2	56±2	54±2	51±2	49±2	45±2	39±2	34±2	29±2	25±2		
T10,T10A	780±10	水,油	>62	63±2	59±2	57±	55±2	52±2	50±2	46±2	41±2		30±2	26±2		
40Cr	850±10	油	>55	54±2	53±2	52±2	50±2	49±2	44±2	44±2	41±2	36±2	31±2	260 HBS		具有回火脆性的钢如40Cr，65Mn，30CrMnSi等，在中温或高温回火后，用清水或油冷却
50CrVA	850±10	油	>60	58±2	56±2	54±2	53±2	51±2	49±2	47±2	43±2	40±2	36±2		30±2	
60Si2Mn	870±10	油	>60	60±2	58±2	56±2	55±2	54±2	52±2	50±2	44±2	35±2	30±2			
65Mn	820±10	油	>60	58±2	56±2	54±2	52±2	50±2	47±2	44±2	40±2	34±2	32±2	28±2		
5CrMnMo	840±10	油	>52	55±2	53±2	52±2	48±2	45±2	44±2	44±2	43±2	38±2	36±2	34±2	32±2	
30CrMnSi	860±10	油	>48	48±2	48±2	47±2		43±2	42±2			36±2		30±2	26±2	
GCr15	850±10	油	>62	61±2	59±2	58±2	55±2	53±2	52±2	50±2		41±2		30±2		
9SiCr	850±10	油	>62	62±	60±2	58±2	57±2	56±2	55±2	52±2	51±2	45±2				
CrWMn	830±10	油	>62	61±	58±2	57±2	55±2	54±2	52±2	50±2	46±2	44±2				
9Mn2V	800±10	油	>62	60±	58±2	56±2	54±2	51±2	49±2	41±2						
3Cr2W8V Cr12	1100 980±10	分级,油 分级,油	~48 >62	62	59±2		57±2			55±2	46±2	48±2 52±2	48±2	43±2	41±2 45±2	一般采用560~580℃回火二次

续表

牌号	淬火规范			回火温度/℃与回火硬度HRC												备注
	加热温度/℃	冷却剂	硬度HRC	180±10	240±10	280±10	320±10	360±10	380±10	420±10	480±10	540±10	580±10	620±10	650±10	
Cr12MoV W18Cr4V	1030±10 1270±10	分级,油 分级,油	>62 >64	62	62	60		57±2				53±2			45±2	一般采用560℃回三次,每次一小时

注:1. 水冷却剂为10%NaCl水溶液。
2. 淬火加热在盐浴炉内进行,回火在井式炉内进行。
3. 回火保温时间碳钢一般采用60~90min,合金钢采用90~120min。

附表Ⅴ　低合金高强度结构钢新旧标准牌号对照表(参考件)

GB/T1591—1994	GB 1591—1988	GB/T1591—1994	GB 1591—1988
Q295	09MnV,09MnNb,09Mn2,12Mn	Q345	12MnV,14MnNb,16Mn,16MnRE,18Nb
Q390	15MnV,15MnTi,16MnNb	Q420	15MnVN,14MnVTiRE

主要参考文献

[1] 郑明新.工程材料.北京:中央广播电视大学出版社,1986

[2] 朱张文.工程材料.北京:清华大学出版社,2001

[3] 许德诛.机械工程材料.北京:高等教育出版社,2001

[4] 王纪安.工程材料与材料成型工艺.北京:高等教育出版社,2000

[5] 梁耀能.工程材料及加工工程.北京:机械工业出版社,2001

[6] 侯旭明.工程材料与材料成型工艺.北京:化学工业出版社,2003

[7] 闫康平.工程材料.北京:化学工业出版社,2001

[8] 模具实用技术丛书编委会.模具材料与使用寿命.北京:机械工业出版社,2000

[9] 董允,张廷森,林晓娉.现代表面工程技术.北京:机械工业出版社,2001

[10] 钱苗根,姚寿山,张少宗.现代表面技术.北京:机械工业出版社,2003

[11] 丁德全.金属工艺学.北京:机械工业出版社,2000

[12] 娄海滨,杨泰正.金属材料与热处理.北京:高等教育出版社,2000

[13] 张继世.机械工程材料基础.北京:高等教育出版社,2000

[14] 大连工学院金相教研室.金属材料及热处理.沈阳:辽宁科学技术出版社,1981

[15] 编写组.机械零件热处理.北京:机械工业出版社,1982

[16] 编写组.机械工程材料手册.北京:机械工业出版社,1993

[17] 东北工学院编写组.机械零件设计手册.北京:冶金工业出版社,1986

图书在版编目(CIP)数据

机械工程材料/张宝忠主编. —杭州：浙江大学出版社，2004.8(2011.4 重印)
ISBN 978-7-308-03822-5

Ⅰ.机… Ⅱ.张… Ⅲ.机械制造材料—高等学校—教材 Ⅳ.TH14

中国版本图书馆 CIP 数据核字（2007）第 008388 号

机械工程材料

张宝忠　主编

丛书策划　樊晓燕
责任编辑　王　波
封面设计　刘依群
出版发行　浙江大学出版社
（杭州市天目山路 148 号　邮政编码 310007）
（网址：http://www.zjupress.com）
排　　版　杭州大漠照排印刷有限公司
印　　刷　富阳市育才印刷有限公司
开　　本　787mm×960mm　1/16
印　　张　16
字　　数　322 千
版 印 次　2004 年 8 月第 1 版　2011 年 4 月第 4 次印刷
印　　数　6001—7000
书　　号　ISBN 978-7-308-03822-5
定　　价　27.00 元

浙江大学出版社发行部邮购电话（0571）88925591